關於咖啡的一切

800 年風尚與藝文

All About Coffee

比一千個吻還令人愉悅的生活情調，
從老咖啡館、文學、繪畫、工藝到歷史遺物！

威廉・H・烏克斯 William H. Ukers／著

華子恩／譯

Tasting.07

關於咖啡的一切・800年風尚與藝文

比一千個吻還令人愉悅的生活情調，
從老咖啡館、文學、繪畫、工藝到歷史遺物！

原書書名	All About Coffee
作　　者	威廉・H・烏克斯（William H. Ukers）
封面設計	林淑慧
譯　　者	華子恩
特約編輯	王舒儀
主　　編	高煜婷
總 編 輯	林許文二

出　　版	柿子文化事業有限公司
地　　址	11677臺北市羅斯福路五段158號2樓
業務專線	（02）89314903#15
讀者專線	（02）89314903#9
傳　　真	（02）29319207
郵撥帳號	19822651柿子文化事業有限公司
E-MAIL	service@persimmonbooks.com.tw

業務行政	鄭淑娟、陳顯中

一版一刷	2021年06月
二刷	2021年06月
定　　價	新臺幣420元
I S B N	978-986-5496-09-8

國家圖書館出版品預行編目(CIP)資料

關於咖啡的一切.800年風尚與藝文:比一千個吻還令人愉
悅的生活情調，從老咖啡館、文學、繪畫、工藝到歷史遺
物！/ 威廉.H.烏克斯(William H. Ukers)著；華子恩譯. -- 一
版. -- 臺北市：柿子文化事業有限公司, 2021.06
　面；　公分. --（Tasting ; 7）
譯自：All about coffee.
ISBN　978-986-5496-09-8（平裝）
1.咖啡 2.飲料業

427.42　　　　　　　　　　　　　　　　110007174

第二版前言

　　30 年前，為了撰寫一本以咖啡為主題的書，本書作者開始了他的首次異國素材收集之旅。隨後的一年之中，他的足跡遍布各咖啡生產國。在初步調查結束後，多位特派員被委派到歐洲各主要圖書館及博物館進行研究；此一階段的研究工作一直持續到 1922 年 4 月。

　　與此同時，相同的研究也在美國的圖書館及歷史博物館中進行，一直持續到 1922 年 6 月最終考據回傳到出版社為止。

　　《關於咖啡的一切》初版在 1922 年 10 月發行。書中素材的整理和分類，就花費了整整 10 年的光陰，而稿件的撰寫時間則是長達 4 年。至於與此次第二版發行相關的修訂，則持續了逾 18 個月的時間。

　　本書共參考了逾 2000 位作者及專題的參考書目，以及逾 1 萬篇參考文獻，並收錄了一分囊括了 562 個具歷史重要性日子的大事年表。

　　過去關於這個主題中，最權威的作品是 1893 年於倫敦發行，由羅賓遜所著之《英國早期咖啡店發展史》；以及 1895 年於巴黎發行，由賈丁所著之《咖啡店》。本書作者希望能藉由這本著作，對上述兩位先驅所提供的啟發與指引，表達自己發自內心的感謝之情。

　　其餘以阿拉伯文、法文、英文、德文及義大利文所寫成，分別探討此一主題特定方面的作品也盡數收錄在內。無論如何，在儘可能做到的情況下，關於史實的描述都已通過獨立研究加以核實——當中需要花費數月進行追蹤去確認或證明為非的項目，確實為數頗多。

葉門咖啡梯田的山坡剖面圖。

自 1872 年休依特的《咖啡：它的歷史、種植與利用》，以及 1881 年特伯的《咖啡：從農場到杯中物》出版之後，美國便再未出現關於咖啡的嚴謹作品。上述兩本書籍現今皆已絕版，同樣已經絕版的還有於 1893 年沃爾什的《咖啡：它的歷史、分類與性質》。許多關於咖啡的著作都偏重於某一特定方面的介紹，而且有些還夾帶著宣傳伎倆在其中。《關於咖啡的一切》是全方位完整涵蓋咖啡此一主題的獨立著作，本書的目標族群不僅止於普羅大眾，同時也針對直接與咖啡產業相關的人士。

最後，本書作者希望對所有在準備《關於咖啡的一切》一書時伸出援手的人士表達感謝之意。來自咖啡貿易及工業業界內外的許多人對我們在咖啡知識的科學研究都有所貢獻，這些善意且無私的合作讓本書有了成書的可能。

1935 年 10 年 3 日寫於紐約

Preface
序

咖啡不僅僅只是一種飲料，世間男女飲用咖啡，是因為咖啡能增加幸福感——它的療癒力主要是來自其獨特的風味和香氣！

在文明的進程當中，僅僅發展出三種非酒精性的飲料——茶葉的萃取物、可可豆的萃取物，以及咖啡豆的萃取物。

葉片與豆類種子，是全球最受歡迎非酒精性飲料的植物性原料來源。在這兩者當中，茶葉在整體消耗上居於領先的地位，咖啡豆次之，可可豆位居第三。然而，在國際貿易方面，咖啡豆所佔據的地位，遠比其餘兩者中的任何一種都要來得重要——非咖啡生產國的咖啡豆進口量為茶葉的兩倍之多。

儘管每個國家的情況不盡相同，但是茶葉、咖啡豆和可可豆皆屬全球性消費的原料。在三者當中，無論是咖啡豆或茶葉，只要其中一種在特定國家中取得一席之地，另一種能獲得的注意力相對來說便會較差，而且通常很難有改善的空間，至於可可豆，它在任何一個重要的消費國中都未達到廣泛受到歡迎的程度，因此並未如同它的兩位競爭對手那般，出現嚴重對立的情形。

為了達到迅速「爆發」之目的，人們仍會訴諸於酒精性飲料及通常以毒品和鎮靜劑等形式存在的偽興奮劑。茶、咖啡和可可對心臟、神經系統和腎臟而言，都是貨真價實的興奮劑；咖啡對大腦的刺激性更大，對腎臟也更為刺激，而茶的作用則介於兩者之間，對我們大多數的生理功能都有溫和的刺激性。

這三種飲料必然都曾被認為與合理的生活方式、更為舒適的感受與更好的振奮效果有所關連。

咖啡的吸引力是全球性的，所有國家都對它推崇備至。

咖啡已經被認可為人類生命的必需品，不再只是奢侈品或一種愛好，它能直接轉化為人們的精力與效率——咖啡因其雙重功效（令人愉悅的感受及它所帶來的效率增長）而為人們所熱愛。

咖啡在所有普世文明人群的合理飲食中佔據了重要地位。它是大眾化的——不僅是上流社會的飲品，也是全世界無論勞心或勞力工作的男男女女最喜愛的飲料，並被讚譽為「最令人愉快的人體潤滑劑」和「自然界中最令人愉快的味道」。

然而，從未有任何一種食用飲品像咖啡那般，曾遭受過如此多的反對。儘管咖啡是經由教會的引進而面世，並且還受到醫學專業的背書，它仍舊遭受來自宗教的盲目恐懼（1600 年代有些天主教修道士認為咖啡是「魔鬼飲料」，慫恿當時的教宗克勉八世禁喝，但教宗品嚐後認為可飲用，並祝福了咖啡，讓咖啡得以在歐洲逐步普及）和醫學上的偏見。

　　在咖啡發展的數千年過程當中，它遭遇過猛烈的政治對立、愚蠢的財政限制、不公平的稅則與令人厭煩的關稅，但皆安然度過，大獲全勝地佔據了「最受歡迎飲料」目錄中最重要的位置。

　　然而，咖啡的內涵遠比僅是一種飲料更深，它是全世界最重要的輔助食品之一，其他的輔助食品沒有任何一種在適口性和療癒效果上能超越咖啡，而療癒效果的心理學效應則是來自咖啡獨特的風味和香氣。

　　世間男女飲用咖啡，是因為咖啡能增加他們的幸福感。對全人類來說，咖啡不僅聞起來氣味美妙，嚐起來也十分美味，無論未開化或是文明社會的人們，對其神奇的激勵特性都會有所反應。

　　咖啡精華中最主要的有益因子，是它所含有的咖啡因與咖啡焦油。

　　咖啡因是主要的興奮劑成分，它能提升體力勞動和心智活動的能力，而且不會有任何有害的反作用力。咖啡焦油則為咖啡提供了它的風味與香氣，那種令人無法形容的、讓我們透過嗅覺緊緊追隨的來自東方的芬芳氣味，是構成咖啡吸引力的主要成分之一。此外還有一些其他的成分──包括咖啡單寧酸，它與咖啡焦油的組合，賦予了咖啡極佳的味覺吸引力。

　　1919 年，咖啡獲得針對它的最高讚譽。一位美國將領說，咖啡身為三大營養必需品的一員，與麵包和培根同樣享有協助同盟國贏得世界大戰的榮譽。

　　和生命中所有美好的事物一樣，喝咖啡這件事也有被濫用的可能。對生物鹼特別敏感的人，對茶、咖啡或可可的攝取確實應該有所節制。在每個高生活壓力的國家中，都會有一小群人會因為自身特定的體質而完全無法飲用咖啡，這一類人屬於人類族群中的少數──就像有些人不能吃草莓，但這並不能成為給草莓全面定罪之令人信服的理由。

　　已故的湯瑪斯・A・愛迪生曾說，吃太飽可能導致中毒；荷瑞斯・傅列契相信過量飲食是導致我們所有疾病發生的元凶；過分沉溺於食用肉類很可能對我們之中最健壯的人都預示著麻煩的到來……但咖啡被誣告的機率可能比被濫用的機率高多了，全都要視情況而定。多給一點包容吧！

　　利用人們因疑神疑鬼而導致的輕信和對咖啡因過敏的問題，近年來在美國及美國境外出現了大批稀奇古怪的咖啡替代品。這些東西真可說是不倫不類！大部分這類事物都被政府官方的分析證明缺乏食用價值──也就是它們宣稱的唯一優點。

　　一位對咖啡成為國飲很有意見的抨擊者，為了沒有一種美味熱飲能夠取代咖啡地位的事實而哀嘆。造成這種情況的原因其實並不難找──咖啡就是無可取代的！已故的哈維・華盛頓・威利為此做出了出色的結論，「替代品應該要能夠履行真品的主要功能，戰事的替補兵員必須要有作戰的能力。入伍後領取津貼而開小差的人無法被視為替補。」

　　本書作者的目標在為廣大的讀者講述完整的咖啡相關故事，然而技術上的精確性讓本書亦具有極高的商業價值。本書的目的，是希望成為一本涵蓋所有關於咖啡的起源、種植、烘製、沖煮及發展等各方面重點的有用的參考書目。

　　好的咖啡，在經過精心烘焙和適當的沖泡後，會得到 1 杯甚至連做為老對手的茶和可可都無法勝過的、帶有滋補效果的天然飲品。這是一種 97% 的人都覺得無害且有益身心健康的飲品，而且少了它的日子確實會變得單調無趣——咖啡是「大自然實驗室」中純粹、安全而且有益的興奮劑化合物，也是生命中最重要的樂趣之一。

Contents
目錄

| **Part1** |
| 老城裡的咖啡風情 |
| 十七世紀的倫敦咖啡館被稱為「一便士大學」， |
| 攝政時期的巴黎成了一間巨大的咖啡館， |
| 紐約早期的咖啡館甚至會拿來舉行市議會會議…… |

| Part2 |
向世界宣傳咖啡
品嚐咖啡能獲得真正的愉悅，
來杯咖啡是聚會的標配，
正確的上咖啡是種品味，
宣傳咖啡千萬不可忽略這三點！

Chapter 5　咖啡廣告簡史　107

| Part3 |
咖啡是生活美學的靈感泉源
啟發詩人、音樂家、畫家和工匠的想像力，
為世人留下無數偉大而美麗的作品，
讓我們在忙亂的生活中，
追尋到比 1000 個吻還讓人愉悅的幸福感⋯⋯

| Part 1 |

老城裡的咖啡風情

十七世紀的倫敦咖啡館被稱為「一便士大學」，

攝政時期的巴黎成了一間巨大的咖啡館，

紐約早期的咖啡館甚至會拿來舉行市議會會議……

Chapter 1
老倫敦的咖啡館

　　一般相信，現今給小費的習慣，還有「小費」這個字本身，都起源於咖啡館，咖啡館常常會懸掛用黃銅做框架的箱子，期望顧客能為得到的服務將錢幣丟進箱子裡。這些箱子上會雕刻「為迅速即時做保證」的字樣，而這些字首縮寫便演變為「小費」一字。

　　在咖啡歷史中，最別具一格的兩個篇章必然與十七和十八世紀時，老倫敦和巴黎的咖啡館時代有關係。許多關於咖啡的詩歌與傳奇都集中在這段時期。

　　「咖啡館的歷史，」迪斯雷利說，「在俱樂部發明之前，乃是關乎一個人的禮節、道德和政治手腕。」

　　因此，十七及十八世紀的倫敦咖啡館史，事實上也就是當時英國人禮節與習慣的歷史。

倫敦的第一間咖啡館

　　英國古物收藏者兼民俗學者約翰·奧布里（1626～1697 年）曾經說：「倫敦第一間咖啡館位於康希爾的聖麥可巷，就在教堂的對面，是由一位……伯曼先生（土耳其商人霍奇斯先生的馬車夫，他是被霍奇斯先生騙去開店的）在大約1652 年所開設。這比所有其他咖啡店開張的時間早了大約 4 年，而且是由伯曼先生從事這行業的首位弟子法爾·強納森·佩因特先生開設在聖麥可教堂的對面。」

　　另一項我們要歸功於目錄學家威廉·奧爾德斯的記錄，則是有關愛德華先生這位倫敦商人，他在土耳其養成喝咖啡的習慣，並把出生於達爾馬提亞拉古薩的亞美尼亞或希臘籍青年帕斯夸·羅西帶回家鄉，為他準備咖啡。奧爾德斯說：「其新穎性讓許多公司找上愛德華先生，他准許上述那位僕人與他女婿的僕人一同在康希爾的聖麥可巷開設了倫敦的第一家咖啡館。」

　　由此看來，帕斯夸是這門生意的合夥人，而根據奧布里的說法，伯曼是霍奇斯的馬車夫、愛德華的女婿，同時也是一位商務旅行者。

　　奧爾德斯告訴我們，帕斯夸和伯曼很快就分道揚鑣。另一位英國古物研究者約翰·提布斯（1801～1875 年）說，他們發生爭吵，帕斯夸得到了房子，合夥人伯曼獲得剩下的東西，在聖麥可教堂的庭院搭了一個帳棚販售咖啡。

　　這個歷史性事件還有另一個記載於1698 年《Houghton's 典藏》中的版本：

　　似乎是有位士麥那的英國商人丹尼爾·愛德華先生在 1652 年帶了一位名為帕斯夸、幫他準備咖啡的希臘人一同來到這個國家；這位愛德華先生娶了那住在沃爾布魯克的奧德曼·霍奇斯之女，並在康希爾的聖麥可教堂庭院的棚屋資助帕斯夸做一位咖啡師，此地如今是一位公證人華麗的房舍，當咖啡生意興隆時，售賣啤酒的小販向倫敦市長大人陳情，理由是帕斯夸並非當地公民。

此舉令奧德曼‧霍奇斯決定讓自己具有公民身分的馬車夫伯曼加入生意行列，成為合夥人；但帕斯夸因為一些情節不重的罪被迫在國內逃亡，而伯曼藉著他的手藝和 1000 個 6 便士銀幣的捐獻將棚屋改建成一棟房子。

伯曼的第一位弟子是約翰‧佩因特，接著是漢弗里，我是由漢弗里的妻子處得知這件事的。

第一份咖啡宣傳單

這則敘述顯示愛德華似乎是霍奇斯的女婿。

無論他們之間的關係為何，大多數的權威專家都同意，帕斯夸‧羅西是第一個在倫敦公開販賣咖啡的人——不管地點是帳棚或者是棚屋，時間則是在 1652 年當年或接近這個時候。

他的店鋪海報原稿，也就是店鋪傳單，是第一份為咖啡做宣傳的廣告，現在收藏於大英博物館。

廣告的內容相當直接了當：「咖啡飲品的諸多功效，首次在英國製作及販賣，由帕斯夸‧羅西煮製……地點在康希爾的聖麥可巷……以帕斯夸自己的頭像做招牌。」

亨利‧理查德‧福克斯‧伯恩（在大約 1870 年時）獨樹一幟地為這個歷史事件提出截然不同的看法。他說：「尼古拉斯‧克里斯佩爵士在 1652 年於倫敦開設了第一間在英國揚名的咖啡館，咖啡是由一位為這項工作而帶來的希臘

女孩所準備的。」但這個故事沒有任何證據支持，大多數的證據都是支持愛德華－帕斯夸那個傳說的版本。

於是咖啡館就這麼出現在倫敦，將咖啡這種民主的飲料介紹給了英語系國家的人民。

說來奇怪，咖啡和公共福利的發展是齊頭並進的，英國的咖啡館和同時代的法國咖啡館一樣，都是自由思想的發源地。

接受「愛德華與霍奇斯之女結婚」此版本的羅賓森說，在帕斯夸和伯曼分道揚鑣之後，伯曼在羅西的攤位對面搭起了帳棚，一位熱情的支持者用一首以「獻給帕斯夸‧羅西，他在倫敦第一個咖啡帳棚旁的聖麥可巷用自己的頭像及半身像做為招牌」為題的詩歌敘述了這些事蹟：

我的淚之泉，
是因你冒著熱氣的咖啡而耗盡，
這是毋庸置疑的。
但是它們將匯聚成滔滔江河，
這點不容置喙。
從而得見，
可憐的帕斯夸，你的苦難。
啊！帕斯夸，
你乃是為了公眾利益，
將此瓊漿玉露引入的第一人，
你必然乞求了基德的教導，
好驅動一條他熟知的貿易航道。
你不過本著自己的信念，
否則今日他豈能知書識字？
灌注你的勇氣吧，帕斯夸，

The Vertue of the COFFEE Drink.

First publiquely made and sold in England, by *Pasqua Rosee*.

THE Grain or Berry called *Coffee*, groweth upon little Trees, only in the *Deserts of Arabia*.

It is brought from thence, and drunk generally throughout all the Grand Seigniors Dominions.

It is a simple innocent thing, composed into a Drink, by being dryed in an Oven, and ground to Powder, and boiled up with Spring water, and about half a pint of it to be drunk, fasting an hour before, and not Eating an hour after, and to be taken as hot as possibly can be endured; the which will never fetch the skin off the mouth, or raise any Blisters, by reason of that Heat.

The Turks drink at meals and other times, is usually *Water*, and their Dyet consists much of *Fruit*, the *Crudities* whereof are very much corrected by this Drink.

The quality of this Drink is cold and Dry; and though it be a Dryer, yet it neither *heats*, nor *inflames* more then hot *Posset*.

It so closeth the Orifice of the Stomack, and fortifies the heat within—

it's very good to help digestion, and therefore of great use to be bout 3 or 4 a Clock afternoon, as well as in the morning.

uch quickens the *Spirits*, and makes the Heart *Lightsome*.

is good against sore Eys, and the better if you hold your Head over it, and take in the Steem that way.

It suppresseth Fumes exceedingly, and therefore good against the *Head-ach*, and will very much stop any *Defluxion of Rheums*, that distil from the *Head* upon the *Stomack*, and so prevent and help *Consumptions*, and the *Cough of the Lungs*.

It is excellent to prevent and cure the *Dropsy*, *Gout*, and *Scurvy*.

It is known by experience to be better then any other Drying Drink for *People in years*, or *Children* that have any *running humors* upon them, as *the Kings Evil*. &c.

It is very good to prevent *Mis-carryings in Child-bearing Women*.

It is a most excellent Remedy against the *Spleen*, *Hypocondriack Winds*, or the like.

It will prevent *Drowsiness*, and make one fit for business, if one have occasion to *Watch*; and therefore you are not to Drink of it after *Supper*, unless you intend to be *watchful*, for it will hinder sleep for 3 or 4 hours.

It is observed that in Turkey, where this is generally drunk, that they are not trobled with the *Stone*, *Gout*, *Dropsie*, or *Scurvy*, and that their Skins are exceeding cleer and white.

It is neither *Laxative* nor *Restringent*.

Made and Sold in St. *Michaels Alley* in *Cornhill*, by *Pasqua Rosee*, at the Signe of his own Head.

第一則咖啡廣告，1652 年，開設倫敦第一家咖啡館的帕斯夸‧羅西曾用過的傳單（翻攝自藏於大英博物館之原件）。

別怕圍困你的仇敵所帶來的傷害；
貫徹你的立場，
準備好你的武器，
堅持住這個夏季，
那麼即使他將掀起風暴，
他必將無法獲勝——
在你面前，
這將為咖啡壺帶來一線生機。

最終，帕斯夸‧羅西消失無蹤，有些人說他在歐洲大陸——可能是荷蘭或德國，開了一家咖啡館。

伯曼則和奧德曼‧霍奇斯的廚娘結婚，並說服大約 1000 位顧客每人借他 6 便士銀幣，將他的帳棚改造成一棟堅固的房屋，而且最後還為這門生意收了一個學徒。

至於倫敦第二間咖啡館的老闆，也就是彩虹咖啡館的所有人詹姆斯‧法爾，他最有名的顧客便是亨利‧布朗特爵士，愛德華‧哈頓說：

我發現記錄中有位詹姆斯‧法爾，他是一位擁有一間咖啡店的理髮師，店名現在改為彩虹咖啡館，位置就在內殿大門旁邊（英國最早的咖啡館之一），當時是 1657 年，他遭到西部聖鄧斯坦公會陪審團的起訴，理由是製作並販賣一種叫做咖啡的飲料，對鄰近地區構成極大的麻煩和損害等等。

誰想得到，倫敦曾經可能會有接近 3000 個這樣的麻煩事件，而咖啡本應像現在一般，被最有名望的上流人士和醫師大量飲用？

顯然哈頓將法爾的麻煩事歸咎於咖啡本身，然而，陪審團的申告中已經清楚地顯示，有麻煩的是法爾的煙囪，而不是咖啡。

剛才已經提到，被當做「英國咖啡館之父」提及的亨利‧布朗特爵士和他對這項殊榮所擁有的權利看起來是有理有據的，理由是他那強勢鮮明的性格「銘刻在這系統之上」。

亨利‧布朗特爵士最喜愛的座右銘是，「大眾也許會談論它；智者則選擇它。」羅賓森則說，「這將他們的目的完美地用口語的形式表達出來，並且因為出自這些擁有遍及全球經驗的人之口而十分自然。」

奧布里談到亨利‧布朗特爵士時是這麼說的，「他現在接近或完全就是 80 高齡，他的智力良好，而且身體也相當強壯。」

即使英國的咖啡館並不像其他歐洲國家那般，可以讓兩性同樣光顧，然而在建立英國的咖啡銷售行業上，女性仍然扮演了醒目的角色。

1660 年的倫敦市 Quaeries 提及「一位女性咖啡商人」瑪麗‧史俊格於 1669 年在 Little Trinity 巷經營一間咖啡館；1672 年時，安‧布朗特是加農街土耳其人頭像咖啡館的女主人。威廉‧隆的遺孀瑪麗‧隆，她與丈夫的姓名首字母一起出現在位於科芬園橋梁街的玫瑰旅社所發行的紀念幣上。座落在科芬園的「劇場旁玫瑰咖啡館」所發行的瑪麗‧隆紀念幣與其他咖啡館經營者的紀念幣一同列在本書 28～29 頁。

第一則報紙廣告

第一則咖啡的報紙廣告出現於 1657 年 5 月 26 日，刊登在倫敦的《大眾諮詢報》，由一位早期以咖啡為題材寫作的作者在 5 月 19 日到 5 月 26 日間所撰寫，內容如下：

在老交易所後面的巴多羅買巷，有一種叫做咖啡的飲料，那是一種十分有益身心健康和自然的飲料，具有許多極佳的功效，能熄滅胃部的火焰、增加身體蘊含的熱量、幫助消化、激發精力、

The Publick Advifer,

WEEKLY

Communicating unto the whole
Nation the feveral Occafions of all perfons
that are any way concerned in matter of Buying and
Selling, or in any kind of Imployment, or dealings
whatfoever, according to the intent of the OFFICE
OF PUBLICK ADVICE newly fet up in
feveral places, in and about *London* and *VVeft-
minfter.*

For the better Accommodation and Eafe of
the People, and the Univerfal Benefit of the
Commonwealth, in point of
PUBLICK INTERCOURSE.

From Tuefday May 19 to Tuefday May 26.

In *Bartholomew* Lane on the back fide of the Old
Exchange, the drink called *Coffee*, (which is a very whol-
fom and Phyfical drink, having many excellent vertues,
clofes the Orifice of the Stomack, fortifies the heat with-
in, helpeth Digeftion, quickneth the Spirits, maketh the
heart lightfom, is good againft Eye-fores, Coughs, or
Colds, Rhumes, Confumptions, Head-ach, Dropfie,
Gout, Scurvy, Kings Evil, and many others is to be fold
both in the morning, and at three of the clock in the af-
ternoon.

咖啡的第一則報紙廣告。這則廣告於 1657 年 5 月 19 日到 5 月 26 日一整週刊在倫敦的《大眾諮詢報》，比第一則於 1658 年 9 月 23 日 9 月 30 日刊登在倫敦的《政治快報》上的茶的報紙廣告早了大約 16 個月。

讓心臟輕盈，還對預防眼睛酸痛、咳嗽或感冒、鼻炎、肺癆、水腫、痛風、壞血病、甲狀腺腫，以及許多其他種疾病的預防有好處，將在早晨及下午 3 點等 2 個時段販售。

巧克力也在同一年打廣告促銷。1657 年 6 年 16 日的《大眾諮詢報》刊登了以下這則佈告：

主教門街皇后巷一間法國人開的店鋪販賣一種叫做巧克力的超棒西印度飲料，你可以隨時享用製作好的，也可以用合理的速度將它由半成品做出來。

1657 年，茶葉首次在加拉維所開設的店鋪——即加威的店——公開販售。

奇特的混合咖啡

醫師們非常不情願讓咖啡脫離神祕的藥典內容，變成一種任何人花 1 便士就能從咖啡館買到、或在自家製作的「單純且提神的飲料」。

在這件事情上，醫師們得到許多充滿善意但方向錯誤之人士的協助和鼓動，這些人當中，有一部分是相當有智慧的，但是他們似乎執著於「咖啡是種難以下嚥的藥物」，所以需要添加些東西好將這種詛咒帶走，不然就需要複雜的製作方法。

相關證據請見沃爾特‧魯塞「法官」所著、面世於 1657 年的《咖啡飪

劑》，該著作與他另一部奇特的作品《Oraganon Salutis：一種清理胃部的工具》有關。

這種器械本身是一根 2 或 3 吋長、具有彈性的鯨魚骨，末端有一顆亞麻或絲綢材質的鈕釦，這個設計的目的是，要將此器械引進胃裡面，製造出催吐劑的效果。

咖啡舐劑是讓病患在使用此一器械的前後服用的，對此法官將其稱為他的 Provang。而這就是法官「新穎且更高級的咖啡製作法」，他在如何製作咖啡（「cophie」）舐劑的處方中寫到：

取等量的牛油和 Salletoyle，將其完全融化混合，但不要煮沸；然後充分攪拌，直到兩者完全融合在一起。

接著，立刻在上述混合物中融入 3 倍量的蜂蜜，並充分攪拌使其混合；隨後在裡面加入土耳其咖啡粉，將其製作成濃厚的舐劑。

只要稍做思考，就能說服任何人這種舐劑八成能夠有效達到它被推薦使用的功效。

另一種法官大人發明的混合物被稱為「wash-brew」，裡面有燕麥、「咖啡」粉末、1 品脫麥芽啤酒或任何酒類、薑、用來讓口感愉悅的蜂蜜或糖；除了這些成分之外，也可以加入牛油和任何一種果汁粉，或是可口的香料。製成的混合物要裝進法蘭絨布袋中，「如此可像澱粉漿一樣隨意保存。」這是深受威爾斯地區普羅大眾喜愛的一種藥物。

《Oraganon Salutis》這本書的前言中包含了一份由作家兼傳記作者詹姆斯·豪威爾（1595～1666 年）所寫信件的有趣歷史文件，內容是這麼寫的：

接觸咖啡之後，我同意他們所持有關於咖啡的觀點，亦即咖啡就是古時候斯巴達人所飲用、並且有詩作傳唱的黑色高湯。它必然是有益於健康的，因為有如此多最睿智和最聰明的國民大量地飲用它。

但是，除了它所具有能讓胃內雜質乾燥的乾燥性質外，它還有能舒緩大腦的作用，其蒸氣能夠增強視力，還能預防水腫、痛風、壞血病，以及脾臟和臆想症脹氣（咖啡對所有以上症狀的作用一點都不激烈，也不太會造成擾亂）。

依我看來，除了以上所有迄今已被發現的特性，這種叫做咖啡的飲料還使得國民之間有更大的清醒程度。

這是因為從前學徒、教堂執事和其他人習慣在早餐時飲用麥芽啤酒、啤酒或紅酒等早餐飲料，這會造成大腦的昏沉，對日常工作非常不適合，他們現在改喝這種讓人警醒並文明友好的飲料，扮演熱誠且令人感到親切的人的角色：因此那位可敬的、將本文中這種作法首先引進倫敦的紳士穆迪福德先生應該得到全國的尊敬。

咖啡這種飲料在某段時間會與糖果混合，也曾與芥末混合。無論如何，在咖啡館中，通常提供的還是黑咖啡；「少數人接著會加入糖或牛奶。」

奇異的咖啡主張

我們不可能沒有注意到，咖啡被引進英國的過程，總是伴隨著因其支持者的輕率言行而造成的困擾。一方面，醫療行業中的庸醫虎視眈眈、伺機想宣稱咖啡乃專屬於醫療之用；另一方面，多少有些愚昧無知的俗人將如此多的功效歸諸在咖啡上。

咖啡擁護者最喜歡的休閒活動就是誇大咖啡的價值與優點；而其敵對者的最佳消遣，則是詆毀那些使用咖啡的人。上述所有這些提供了贊成或反對咖啡館的優良「範本」，而這些「範本」則成了每一回全新爭論的中心思想。

從早期用「比誘人的食物還要有益健康」等諷刺字眼對咖啡大加指責的英國作家，到推動關於咖啡的各種荒誕不經主張的帕斯夸·羅西和那些與他同時代的人，咖啡不得不在誤解和偏狹所構成的泥沼中奮力前行。

歷史上沒有任何一種無害的飲料像咖啡一般，同時從支持者和反對者手中受到那麼多的磨難。

擁護者將其視為萬靈丹，反對者則將其駁斥為慢性毒藥。法國和英國都有人主張咖啡會招致憂鬱，也有人認為咖啡是治療憂鬱的良藥。

托馬斯·威利斯醫生（1621～1673年）是一位著名的牛津醫師，安東·波爾塔（1742～1832年）稱他為「有史以來最偉大的天才之一」。據說，威利斯醫生有時候會讓他的患者去咖啡館，而非前往藥劑師開設的藥店。一張稍後本章會再詳加描述的古老巨幅傳單強調，「若你只用這種罕見的阿拉伯飲料當做興奮劑使用，那麼你或許就能拒絕所有暴躁庸醫的診治。」

做為醉酒的解藥，咖啡「魔法般的」效力被它的擁護者交口稱讚，連它的反對者也心有不甘的勉強認同這點。

咖啡做為一種除臭劑而被一位作家讚揚；另一位作家理查·布雷德利在他關於咖啡在瘟疫上之應用的專書中表示，如果咖啡的特性在 1665 年就被充分了解的話，「那麼它就應該被霍奇斯醫生和當時的學識淵博之人推薦使用。」事實上，在吉登農·哈維所著、於 1665 年出版的《瘟疫防治指南》中，我們可以發現以下文字：「咖啡被推薦用來防治接觸性傳染病。」

以下文字是《Rebellious Antidote》的作者對咖啡重大功效的稱頌：

來吧，瘋狂的傻子們，
停下你們發酒瘋的行為，
順服，而我將召回你們的理智。
由全然的瘋狂轉變為端莊的稟性，
付出 1 便士的代價我將你再度喚回，
用正式的技巧賦予你所有的 mene，
請進且喝下然後出席你的命運之旅；
無論酩酊大醉或清醒而來，
都只需溫和的費用，
來吧，你們這些如此瘋狂之人，
我將成為你們的醫師。

威利斯醫師著有《Pharmaceutice Rationalis》（1674 年出版），是第一批

試圖用公正態度對待咖啡問題正反兩方意見的人之一。

他認為咖啡充其量只是一種多少有些風險的飲料，而咖啡的信徒在某些情況下，必須做好要忍受倦怠甚至癱瘓的心理準備；它可能會攻擊心臟並引起四肢震顫。

另一方面，他也指出：如果明智且謹慎地使用咖啡，它將證明能帶來絕妙的功效，「每日飲用會完美地讓靈魂的每個部分澄澈並得到啟發，還能驅散身體每一種功能的所有陰雲。」

這種「新奇飲品」的真相在經過相當長的一段時間後才得到確認；特別是在除了它所具有的純粹的社交功效之外，「與其說咖啡具有醫學價值，不如說它更具有政治意義」。

蒙佩利爾大學的詹姆斯・鄧肯博士在他於 1706 年傳入英國的著作《預防熱性藥劑濫用之安全建議》中建立了「咖啡不比毒藥更值得稱為萬靈藥」的說法。此外，著名的英國醫師喬治・凱恩（1617～1743 年）用以下陳述表達自己的中立立場：「我對其並無高度讚譽，也沒有激烈的指責。」

咖啡價格與咖啡執照

咖啡、茶與巧克力於 1660 年首次在英國法規典籍中被提及，在每加侖這些產品被製造和銷售時，「製造者需要繳納」4 便士的稅金。英國下議院將咖啡歸類為「其他異國飲料。」

有記錄顯示，1662 年位於交易巷的土耳其人頭像咖啡館出售「合適的咖啡粉」，價格是「每磅 4 先令到 6 先令 8 便士；以研缽研磨成粉 2 先令；東印度漿果 1 先令 6 便士；研磨好的正宗土耳其漿果，3 先令。未研磨的（在豆子中）價格較低，會附上如何以相同方式使用的用法說明。」巧克力也同樣可以用「每磅 2 先令 6 便士；加香料的 4 先令到 10 先令」的價格購得。

咖啡在英國一度賣到 1 磅 5 基尼、甚至每磅 40 克朗——約 48 美元——的高價。

1663 年，所有英國的咖啡館都必須有營業執照，辦理的費用是 12 便士。若未取得執照，每個月都將面臨 5 磅的違法罰款。

政府官員密切地監督著咖啡館，其中一位就是穆迪曼，他是一位優秀的學者，同時也是一個「流氓頭子」，他曾經「為國會代筆」，不過，後來他成了一個受雇傭的間諜。

擁有「情報獨家權利」特權的 L'Estange 曾經在他的著作《情報員》中提及，他對於「國會新聞的尋常書面文章……任由咖啡館和所有其他廣受歡迎的俱樂部論斷那些議事和協商——儘管那與他們一點關係也沒有」此種不良效應感到十分擔憂。

第一份皇家咖啡委託書是由查理二世授與一位名為亞歷山大・曼的蘇格蘭人，他追隨蒙克將軍來到倫敦，並在白廳開設咖啡館。他在此廣告，將自己宣傳為「查理二世的咖啡師」。

有鑑於茶、咖啡和報紙日益增高的稅金，1714 年，在安妮女王統治時代將要結束時，咖啡館店主們普遍將他們的商品價格提高如下：咖啡 2 便士一碟；綠茶 1½ 便士一碟。所有的烈酒都是每打蘭 2 便士。

至於零售價部分，咖啡的售價是 1 磅 5 先令；而茶的價格則由 1 磅 12 先令到 1 磅 28 先令不等。

羅塔咖啡俱樂部

1665 年，一位時事評論者說：「咖啡和全體公民因改革而攜手同行，以共同創造一個自由且清醒的國家。」這位作家主張言論的自由「在持有不同看法的人群聚集之處」應當被認可；此外，他還補充說：「那場所就是咖啡館，還有什麼地方能讓人像在那裡一樣讓人如此自由的交談呢？」羅賓森對此的評論十分貼切：

我們現在或許並不常將社交活動的觀念還有討論的自由與清教徒統治的時代聯想在一起，然而我們必須承認，誠如皮普斯所言，親切友好與開放坦誠乃是羅塔咖啡俱樂部的特徵。

這個「足智多謀紳士們的自由且開放的俱樂部」是在 1659 年由共和黨的某些黨員所創建，他們曾經怯生生地表達過自己的獨特意見，但是在偉大的奧利佛・克倫威爾手下並未獲得友善的包容。隨著緊接而來的積弱不振之政府，

這些觀點被以極度厭惡和一定程度的恐懼態度對待。

本身也是成員之一的奧布里說：「他們在位於西敏新宮殿廣場的土耳其人頭像（麥爾斯的咖啡館）聚會，他們會在那裡喝水，就在麥爾斯咖啡館，階梯旁的那棟房舍，裡面刻意製作了一個巨大的橢圓形桌子，中間附有通道，讓麥爾斯遞送他的咖啡。」

羅賓森繼續評論：

這種奇特的提神飲料吧和對飲料本身的興趣，被認為遠遜於另一項新奇體驗所帶來的刺激。

在經過激烈爭論後，當一位成員想要對會議的主張進行測試，任何特定的觀點都可能在經過一致同意後，提出來並進行投票，一切都取決於「我們的木製神諭」——即英國首次出現的投票箱。制定程序的嚴謹與待議事項極為實際的本質，互相結合後，賦予了這個尚未成熟的國會極為重要的地位。

羅塔俱樂部——或如皮普斯所稱呼的咖啡俱樂部，基本上是宣傳散播共和主張的辯論會社。它只有在亨利四世統治時期，被以下幾個俱樂部超越：

La Court de Bone Compagnie 俱樂部；華特・雷利爵士的星期五街道俱樂部，也就是 Bread Street 俱樂部；位於 Bread Street 的美人魚酒館內的俱樂部，莎士比亞、博蒙特、弗萊徹、羅利、謝爾登、多恩等人，都曾經是這個俱樂部

COFFEE HOUSE JESTS

十七世紀的倫敦咖啡館。由該時期的木刻畫所翻攝。

的會員；還有座落在中聖堂門和聖堂酒吧間的「稀有」班・強森的惡魔酒館俱樂部。

　　羅塔俱樂部之名，其實是從一項計畫而來的，那是為了年度輪換時變更特定國會成員所設計的晉升計畫。這個計畫是由詹姆士・哈靈頓建立的，他在自己的著作《大洋國》中，以最公正的立場將那理想中的公民描繪出來。

　　威廉・配第爵士曾是羅塔俱樂部的

一員。奧布里表示，「每天晚上在一間塞滿了人的房間內」，米爾頓〔？〕和邁威爾、西里亞克・史金納、哈靈頓、內維爾還有他們的朋友們圍坐在桌旁，討論深奧的政治問題。

　　羅塔俱樂部因其與文學相關的嚴苛限制而聲名遠播。其中包括了「羅塔俱樂部對米爾頓先生所著作、名為《建設自由共和國的簡易方法》一書的譴責」（1660 年）——儘管米爾頓是否曾經造訪過這間「熙來攘往的咖啡館」，是仍然有待商榷的。羅塔俱樂部同樣對《德萊頓先生的格拉納達戰爭》發出過譴責（1673 年）。

　　許多早期咖啡館的經營者對「四處林立的咖啡館是否該為了確保優質客層免受打擾，而在有所限制的情況下經營」這一點感到極度焦慮。在十七世紀時，下列以不那麼押韻的方式寫下的一套規範被幾個咖啡館展示在牆上：

請進，先生們，
請隨意，
但首先，如果可以的話，
請詳細閱讀我們的公民規則，
即以下所列事項。
第一點，
所有人，仕紳階級、工匠，
都歡迎蒞臨，
並且可以不受冒犯地同席而坐：
早先的顯赫地位在此毋需在意，
只要找到合適座位就坐即可：
若有任何更高階級的人進入店內，
也毋需起身讓渡自己的座位；

我們認為限制花費是不公平的，
但會讓口出咒罵者支付 12 便士罰款；
在此地開啟爭端的人，
應當贈與所有人 1 杯咖啡，
以彌補此一過失；
同時他應提供咖啡給他的友人飲用；
徹底克制大聲爭執的噪音，
這裡沒有脆弱易感的人在角落暗自神傷，
所有人都活潑健談，但恰到好處，
關於神聖的事物，
不允許任何人擅自觸碰，
也不允許褻瀆《聖經》，
或用傲慢無禮的不當言語對待國家大事：
讓歡樂維持單純，
而每個人都毋需深思熟慮地看待自己說
出口的俏皮話；
為了讓咖啡館保持安靜和不受外界責難，
我們因此禁止紙牌、骰子及一切遊戲；
也不接受超過 5 先令的賭注，
因為那往往帶來許多麻煩；
讓所有的損失或罰款，
都在於咖啡館發洩時，
花費在那有益的汁液上。
而顧客們在力所能及的情況下，
為遵守平靜、合宜的時光盡力而為。
最後，讓每個人為自己的需要付款，
那麼如此，
每天都歡迎你的光臨。

　　早期的咖啡館大多位於一段樓梯之上，並且是由單一個「以各式各樣不同話題區分座位」的大房間所構成。馬龍所引述、一齣 1681 年喜劇的序幕開場白為上述情景提供了參考：

在眼下一間咖啡館的烏合之眾當中
我直言詢問：叛國者坐在哪一桌？

　　曼的咖啡館以及其他被機智風趣之人、文人學士和「對流行有直覺之人」喜愛的咖啡館都採用這樣的佈置。在稍晚期，明顯為商務服務的咖啡館則設有獨立的房間，以供商業交易之用。木製隔間——和小酒館一樣的木質包間——也是在稍微晚一點的時期引進。

　　右頁的圖畫是一份 1674 年的印刷品，畫面中有五位階級不同的人士，其中一位正坐在椅子上吸菸，桌上放著沒有墊盤的小水盆或碟子，還有菸斗。與此同時，一位咖啡侍者正端上咖啡。

　　一開始，英國的咖啡館只有販售咖啡。不久，巧克力、冰凍果子露和茶也被加了進來；但是，咖啡館仍舊保有其社交和禁酒代理人的重要地位。

　　「希臘」咖啡館的康斯坦丁・詹寧斯（或是喬治・康斯坦丁）在 1664 年到 1665 年間為零售的巧克力、冰凍果子露和茶打廣告；還提供了如何製備這些飲品的免費教學說明。「只有新開的咖啡館會供應少量烈酒和水果果汁。」在關於 1689 年的作品中，小埃弗德這麼說。儘管早在 1669 年就有幾間咖啡館將麥芽酒和啤酒加入販售，不過，會讓人喝醉的酒精飲料在許多年內仍然不是重要的商品。

　　1666 年倫敦大火發生之後，許多不再侷限於「一段樓梯上單一房間」這種架構的咖啡館開張了。而且，因為咖啡館老闆們過度強調咖啡讓人清醒的特性，

查理二世時期的一間咖啡館。由 1674 年的刻畫翻攝。

這使得他們在九點的打烊時間之後，還吸引了許多從小酒館及啤酒館來的討厭人物。

這些人根本一點都不適合用來改善咖啡館的名聲；而的確，咖啡館做為戒酒機構的作用逐漸削弱，這似乎可以追溯到對邪惡小酒館受害者虛假的憐憫之心，許多咖啡館後來懷抱著與小酒館相同的邪惡，因此招致了自己的毀滅。

身為戒酒機構，早期的咖啡館可謂是獨一無二，其獨特的特徵與任何英國或歐洲大陸的酒吧都不一樣。後來到了十八世紀，這些獨有的特色逐漸變得模糊不清，再用咖啡館這個名稱稱呼戒酒機構便不再恰當。

然而，羅賓森說：「在失去其豐富的社交傳統前，還有為政治自由奮鬥的議題尚不明確之時，咖啡館常客間的親密互動只會導致對立者間更大的混亂或互相抱團。各種不同的要素在同理心的作用下逐漸統合，或者因迫害而表面上看起來被強制結合在一起，直到最終產生一股近乎所向披靡的社會、政治及道德力量。」

咖啡代幣

1666 年的倫敦大火摧毀了一部分的倫敦咖啡館，但在那些倖存的著名咖啡館中，最出名的是彩虹咖啡館，而最早的咖啡館代幣之一，便是由它的經營者詹姆斯‧法爾所發行——毫無疑問的，那是基於他由大火中逃生的感恩回憶。

法爾的代幣是由火燒雲中浮現出的拱形彩虹，表示他一切安好，而且彩虹咖啡館依舊光芒四射。代幣背面鑴刻的字樣是「位於艦隊街——½便士」。

Andrew Vincent
in Friday Street

Morat Ye Great Coffee House
in Exchange Alley

Robins' Coffee House
in Old Jewry

Mary Long
in Russell Street

Union Coffee House
in Cornhill

James Farr, the Rainbow
in Fleet Street

Chapter Coffee House
in Paternoster Row

Sultaness Coffee House
in Cornhill

Achier Brocas
in Exeter

Morat Coffee House
in Exchange Alley

圖版 1 ——十七世紀咖啡館主人的代幣。為本書由收藏於大英博物館與市政廳博物館的畢佛伊典藏原件所製作之翻繪。

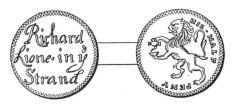

Richard Lione
in the Strand

Henry Muscut
opposite Brook House in Holborn

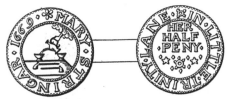

Mary Stringar
in Little Trinity Lane

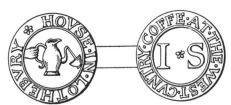

West Country Coffee House
in Lothebury

Richard Tart
in Gray Friars, Newgate Street

Thomas Outridge
in Carter Lane End, near Creed Lane

William Russell
in St. Bartholomew's Close, Smithfield

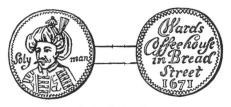

Ward's Coffee House
in Bread Street

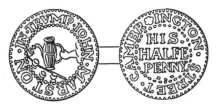

John Marston
in Trumpington Street, Cambridge

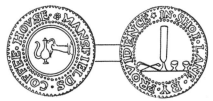

Mansfield's Coffee House
in Shoe Lane

圖版 2 ──十七世紀咖啡館主人的代幣。為本書由收藏於大英博物館與市政廳博物館的畢佛伊典藏原件所製作之翻繪。

這些交易用的硬幣被十七世紀的咖啡館老闆和其他零售商大量釋出，做為其發行者需支付給代幣持有者之欠款總額的證明。

代幣的發行是起因於小額零錢的稀缺，其材質有黃銅、銅、白鑞（錫與鉛、黃銅等的合金），甚至還有鍍金的皮革。代幣上則刻有發行者的姓名、地址、職業、該代幣象徵的價值，以及一些關於發行者所從事貿易的介紹。

出示這些代幣可以毫無問題地兌換相同面額的金錢。不過，它們只在附近相鄰的地區流通，很少超過一條街的範圍。C・G・威廉森寫道：

本質上，代幣的出現是大眾喜聞樂見的，若非出於政府對公眾需求的漠視，代幣顯然不會有發行的機會；由代幣的出現，我們能注意到一則例證，那就是人民迫使立法機關立即順從合理且必要之民意。

如果把這些代幣當做一整個系列來看的話，它們是普通卻有些古怪的，缺乏美感但又自成一格，別具奇特的本土藝術感。

在普遍的簡樸風格之中，羅賓森發現交易巷咖啡館所發行的代幣可謂例外。這些代幣所用的模版可說是用來顯示約翰・羅蒂爾斯的高超手藝。裝飾最繁複的模版雕刻了當代一位因其暴行而聞名、最終自殺而亡的土耳其蘇丹（回教國家的統治者頭銜）之頭像；其上的銘文內容是：

人們稱我為穆拉德大帝；
凡聽聞我名之地都將為我征服。

為了本書的寫作，許多收藏於市政廳博物館畢佛伊典藏中、最有趣的咖啡館主人的代幣都已拍照收錄於本書，同時展示的還有根據照片繪製的代幣圖樣。我們可以發現，1660 年到 1675 年間，許多商人採用的交易標誌是一隻手從壺中倒出咖啡的圖像，而且無一例外，全都是土耳其大口水壺的樣式。穆拉德大帝（阿木姆）和蘇里曼經常被用來做為十七世紀咖啡館的標誌。

喬舒亞・哈羅德・本恩在他所著的《貿易商的代幣目錄》中敘述，1672 年時，「若干人認為……黃銅和銅製的印花、硬幣，以及流通的 ¼ 便士、½ 便士及 1 便士」「都因一項嚴重的起訴而被扣留」；不過在提出仲裁後，他們的罪刑獲得赦免，同時一直到 1675 年，私人代幣才停止做為流通貨幣之用。自此之後，代幣發行時都會打上「必需之零錢」的標記。

1674 年末的一份皇家公告禁止對任何「將賤金屬用於私人印花」或「妨礙因交易所需而流通的那些 ½ 便士和 ¼ 便士」的人提出控告。

咖啡館的反對者

咖啡館立即在所有階層的知識分子中受到歡迎的原因其實顯而易見。在咖啡館到來之前，一般英國人只有小酒館

能做為平日的休閒場所；然而，現在出現了一種公共機構，裡面提供一種不醉人的飲料——這種吸引力是立即且普遍的。做為交換意見的會面場所，咖啡館很快獲得了廣泛的歡迎。

不過，也並非沒有反對者的存在。在眼睜睜地看著生意從眼前溜走後，酒館老闆和啤酒館主人開始用激烈的宣傳手段抵制這種新型態的社交中心；而且，有相當多的攻擊就落在抵制咖啡這種飲料上。

在王政復辟（1660 年查理二世的復辟）到 1675 年期間，8 份以倫敦咖啡館為主題寫成的小冊子中，有 4 份會用「咖啡館特色」的字眼做為標題的一部分。這些小冊子的作者似乎急切地想將許多讀者不熟悉的、城裡最新流行的事物傳播開來。

《咖啡大亂鬥》（1662 年）是這些早期的小冊子之一，並宣稱收錄了「一位博學的騎士與一名可鄙的假博學者」之間的對話。

在這本小冊子裡，包括了一則關於一間清教徒人群依舊佔據優勢之場所的有趣報導。報導當中有為數眾多的客人們，而每個小群體都各自佔據自己的主題，大體造成的效果，就像是另一座巴別塔。

在一個人致力於引用古典文學的同時，另一位仁兄則在對鄰座吐露他有多仰慕歐幾里得：

三分之一是關於演講，
四分之一是推測，

五分之一是 1 鎊中的 1 便士。

神學被引進提出；化裝舞會和戲劇被譴責非難；其他人再次討論新聞，並深深沉浸於即將到來的「水星事件」。有人對哲學思維大為推崇，假學問到處蔓延，當每位學徒「以拉丁文點咖啡」而且所有人都如此迅速地使用自己學來的引文語錄時，「這情形會讓一位可憐的教區牧師全身發抖。」

▶ 咖啡再度成了攻擊目標

第一樁對咖啡展開攻擊的努力是一張在 1663 年出現的諷刺抨擊文章，標題是「1 杯咖啡：咖啡的真相」：

對那些變得和土耳其人一樣的一般人和基督徒來說，想要將罪行歸咎於他們的飲料，是比魔術還神奇的事。

1663 年的抨擊文章。

完全的英國模仿者！就我所知，如果那是符合流行的，你可能也會學著去吃蜘蛛。

作者對於有人喜歡咖啡更勝於加那利葡萄酒感到不解，還提到博蒙特、弗萊徹和班‧強生的年代做為佐證：

他們飲用純淨的瓊漿玉液，如同諸神也會飲用的一般，從而將因此……因圓潤的加那利葡萄酒得到昇華。

這些不及咖啡的自身，這些咖啡大師，這些微不足道之人，幾乎無法製作他們的高湯，皆因成為笑柄而令人發笑。

至於葡萄藤的純淨血液，儘管齜牙咧嘴，並依然給予你們。

一種尚未被完全了解的、令人厭惡的飲品，可是煤灰色的糖漿，或舊鞋的精華，攪和以每日新鮮事及新聞之書？

可以看出，《1杯咖啡》的作者並不怕事，直接了當地戲謔咖啡。

一段以詩歌體呈現的對話「在少女對咖啡提出控訴後，遭到解雇的咖啡大師的 Granado」也在 1663 年出現。

《咖啡館的特色，眼見及耳聞之證言》出現在 1665 年。這是一本 10 頁的小冊子，同時，它也被證明是一份出色的咖啡文宣——製作優良，而且包含了如此豐富的地方色彩。

《從咖啡館來的新聞；其中顯示數種他們熱愛的話題》於 1667 年時出現。這份文件在 1672 年以「咖啡館或稱新聞傳播者會堂」之名再版。

這些巨幅傳單其中數個章節被大量引用。它們被用來進一步還原十七世紀時，任一讓人頻繁光顧的咖啡館當時的習慣，以及符合該場合的對話——特別是在斯圖亞特王朝統治期間。它們是對早期咖啡館顧客特質的精微描寫。在 1667 年版本中，對法國有敵意的第五節於 1672 年巨幅傳單修訂並再版時被刪除，同年，英國與法國再度聯手，向荷蘭宣戰。以下帶有註釋的詩篇是由 Timbs 所做：

從咖啡館來的新聞

你們因機智風趣與歡笑而愉悅，
並渴望聽聞如此消息的人，
以來自世上各個角落的身分，
荷蘭人、丹麥人，
還有土耳其人及猶太人，
我將遣你們前往一個會面的地點，
那裡的消息新鮮出爐；
去咖啡館聆聽消息吧，
那必然是真實的。
那裡的戰役和海戰打得不可開交，
還有血淋淋的陰謀展現其中；
他們知曉的事情比之前所想還要多，
否則始終會遭到背叛；
沒有任何製幣廠的錢幣，
有如此光亮嶄新程度的一半；
而若從咖啡館而來，
那必然是真實的。
在海軍艦隊開始工作之前，
他們知道誰將是贏家；
因此他們可以告訴你，
土耳其人上週日拿什麼當正餐；

他們最後所為，
就是從德·魯伊特帶領的快樂水手手中，
收割了他的玉米；
否則就是那首先帶來惡魔之角的人，
以上所述必然為真。
一位漁夫確實放膽直言，
並激烈的保證，
他捕到一群青花魚，
所有談判都以荷蘭語進行，
並大叫道轉向、轉向、轉向 Myne 在此；
但就像他們繪製的草圖一樣，
他們因為蒙克的出現，
而散發出恐懼的惡臭，
以上所述必然為真。

* * *

滿世界都無事完成，
從君王到膽小鬼皆然，
除了在每個白天或夜晚，
用力推擠進入咖啡館內。
占星師莉莉和預言家布克，
使用自身技藝無法帶來的，
你將在咖啡館發現任何一個人，
能迅速地發現真相。
他們知道何人將要來到，
無論是肯定的，
或是尚未完成的，
從偉大的羅馬聖彼得街，
到倫敦的 Turnbull 街。

* * *

他們知曉會毀滅你們，
或拯救你們的所有好事，或傷害；
國家、軍營和海軍，
擁有學院，以及法庭；
我認為不會有任何更偉大的大學；

讓你在其中花費 1 便士，
就可能成為一位學者。

* * *

在此，
人們確實可談論所有事，
用著宏亮且自由的音量，
就如同正八卦閒言碎語的女士們，
在舌頭上加了兩道箍；
很快在你的視線範圍內，
他們會立刻帶來巨幅傳單，
其中內容他們信誓旦旦皆為真實。
在那裡喝下巧克力，
能讓一個傻瓜蛻變成蘇菲教徒；
人們認為土耳其的穆罕默德，

1667 年的巨幅傳單。

是第一個受到咖啡啟發的人，

藉此，

他的威能滿溢巴勒斯坦的土地：

那麼讓我們前去咖啡館吧，

這遠比飲酒便宜多了。

你們應該會知道，流行的趨勢為何；

Perry 假髮是如何卷曲的；

而付出 1 便士你就能聽到，

全世界發生的新奇事。

你會看見年老或年少、偉大或渺小，

以及富有或貧窮的人；

所以讓我們全都來杯咖啡，

一路跟著我來吧。

羅伯特‧莫頓在1670年出版的《咖啡的本質、品質，以及最出色功效的附加說明》一書中，為關於咖啡的爭議添磚加瓦。

1672 年發行的《反對咖啡的巨幅傳單》，又名「土耳其人的婚姻」，因其別具一格的生動謾罵方式，獲得了相當高的名聲。

同時他們也強調，帕斯夸‧羅西的合夥人曾是一名馬車夫，還模仿拉古薩少年結結巴巴的英文：

反對咖啡的巨幅傳單
又名「土耳其人的婚姻咖啡」

土耳其變節者的一種，

最近被拿來與基督活水相比較；

一開始在他們當中出現一個異端，

然而他們彼此結合，

不過發生極大的騷動；

* * *

一份 1670 年的巨幅傳單。

一份 1672 年的巨幅傳單。

咖啡冰冷如泥土，
活水則如同泰晤士河之水，
並且處於急需託付之火的狀態。
＊＊＊
咖啡的色澤在還是漿果時，
看起來就呈現如此深棕色調，
對一位如此美好、如此剔透的仙女來說，
過於黝黑。
＊＊＊
一名馬車夫，
是第一個（在此）製作咖啡的人，
而從此之後，其他人在此行受到激勵；
我的英文不好！
而確實，
他扮演蒙古大夫，
來緩解這黑漆漆玩意兒的問題；
對胃、咳嗽、礦坑病都有好處，
而我相信了他，
因為那看來確實很像藥劑。
咖啡的硬殼和被燒成焦炭的煤炭一樣，
氣味和口感就像中國瓷碗的贗品一樣；
在氣喘吁吁的情況下，
他們讓肺臟費力工作，
以免如同〈路加福音〉中的財主一般，
他們將為自己的言語受苦。
然而他們告訴你，
它並不會發燙，
儘管你要回覆陪審團的猛烈抨擊；
它狂暴的熱度讓水翻騰上漲，
並在通過你雙眼的淨化後靜止。
懼怕和慾望，
你在一次次情感爆發中屈從，
就好像餓犬舔舐滾燙的燕麥粥。
它在治療醉鬼方面有極高的名聲；

牛奶酒和燕麥粥，
難道這些無法達到相同效果？
所有的困惑都被塞進一個場景當中，
就像在諾亞的方舟裡，
潔淨的與不潔的共存。
但如今——
唉！這種給牲口用的藥水獲得信任，
而不願喝下的人便非紳士；
如此發育不良之物竟能達到如此高度！
但習慣與天性的分隔不過一步之遙。
一個小小杯盞與一間大咖啡館，
這是什麼，
除了一座大山和一隻小老鼠之外？
＊＊＊
Mens humana novitatis avidissima

　　因此最後發生的事情是，咖啡的歷史又再次在英國重演——許多善良的人逐漸相信咖啡是一種危險的飲料。

　　在那遙遠的年代裡，反對咖啡長篇累牘的激烈批評，現在聽來和如今我們的咖啡替代品生產廠商所用的廣告行話沒什麼兩樣——咖啡甚至被描述為「傻瓜湯」和「土耳其稀粥」而大加嘲諷。

　　一篇名為「關於那能帶來清醒且有益健康、被稱做咖啡之飲料的卓越好處的簡短論述」在 1674 年出現，並證明其對咖啡先前遭受的攻擊來說，是一份有力且有尊嚴的答卷。

▶ 女性加入反對行列
　　同年，史上頭一遭，性別在一次關於咖啡的爭議中發生分歧，同時發佈了一份名為「女性反對咖啡訴願書，向公

眾關注提出因過度飲用無酒精及使人孱弱之汁液而累積在她們性別之上的重大不便」的請願書。

在這份請願書中，並沒有和法國、德國、義大利和歐洲大陸其他國家一樣，被賦予前往英國咖啡館之自由的女士們抱怨道，咖啡讓男人們「如同傳說中購買這種倒楣漿果的沙漠地區一樣──不毛無後」。

除了日益嚴重的關於整個種族都面臨滅絕危險的抱怨聲浪之外，還有人極力主張：「在一個家庭的中心思想中，一位丈夫能夠在路上順便造訪，喝上幾杯咖啡。」

一般相信這份小冊子加速了隨後數年王權對咖啡的鎮壓，儘管還有在 1674 年迅速出現的「男士們對女性反對咖啡

1674 年的巨幅傳單，第一份附有插圖的傳單。

訴願書的回應，維護辯白……近日在她們造謠中傷的宣傳小冊子中，加諸在他們的飲品上的不當誹謗」。

1674 年為咖啡辯護的巨幅傳單首次附上了插圖；而在所有自命不凡的華麗詞藻和偶爾出現的矯揉做作下，對咖啡來說，亦不失為一份不錯的押韻廣告。

這份傳單是為保羅・格林伍德印製的，同時在「布藝博覽會靠近西史密斯菲爾德附近，有磨豆機及菸捲標誌的店鋪內出售，那裡還販售最好的阿拉伯咖啡粉及以西班牙方式製作的巧克力蛋糕或巧克力捲等物品」。以下摘錄的部分將能用來闡明這份傳單敘事詩的特性：

當用那背叛的葡萄製成的甜蜜毒藥，
全面糟蹋影響了這個世界；
使我們的理性和我們的靈魂
在滿溢大碗的幽深海洋中溺斃……
＊ ＊ ＊

當朦朧的麥芽啤酒，
在留下強而有力的灰暗煙霧後，
已然團團包圍住我們的大腦……
＊ ＊ ＊

於是上帝出於憐憫，
為了達到救贖的目的──
＊ ＊ ＊

最初在我們之中送來這全能療癒漿果，
立即讓我們既清醒又愉快。
阿拉伯咖啡，那味道濃厚的興奮劑，
是可負擔且對人有益的，
帶有如此多的功效長處，
它的國度因它而被稱為幸福之鄉。
由旭日升起的華美寢室，

還有藝術，

以及所有美好潮流起源之處，

到世上精選的稀世珍寶獲得祝福之地，

瀕死的鳳凰在此建造奇妙的巢；

咖啡，

那重大且有益的汁液，來到了此地，

治癒了腸胃，

讓天賦才思更加敏捷，

讓記憶和緩，

恢復悲傷的情緒。

＊ ＊ ＊

然而，

這罕見的**阿拉伯**興奮劑確實有效，

你或許遭到所有醫師拒絕。

那麼，別作聲，愚鈍的**蒙古大夫**，

你們的江湖騙術即將終止，

咖啡是更快速見效的百病良方；

它具有多麼大的好處，

我們會因此做如是想，

第三世界將咖啡當做一般的飲料：

簡而言之，

健康即為所有你的豐富財寶獎賞，

同時不再招致酒糟鼻，

或溼潤朦朧的眼神，

只餘自身的清醒做為你的要領，

並立刻喜愛上良善的同伴及其節儉；

對酒來說，

已無法產生智慧並創造戰利品，

只有每晚在此沉浸嬉戲於咖啡中。

在查理二世時期之前，為咖啡辯護所發表的最後一篇論述是一本 8 頁的對開本，它試圖遵循凱爾·貝和科普魯律的腳步，這本對開本在 1675 年上半年發行。它被賦予的標題是：「為咖啡館辯白。對近期出版之咖啡館的特性一文的答覆。由理性、經驗談，以及優良的作家主張此汁液的絕佳用途和對身體的功效……加上擁有此類公民休閒並進行巧妙談話的場所所具備的重大便利性。」

因此咖啡館與「酒吧」相較之下的優點便被列舉如下：

第一，關於輕鬆消費方面。在等待朋友或與人會面的場合，小酒館的消費很快就會將錢包裡的存款消耗殆盡；在啤酒屋，你得一壺接一壺的狂飲……然而在這裡，只要 1 便士或 2 便士，你就能消磨 2 至 3 個小時，有屋頂可遮風避雨、有爐火可供取暖，還有娛樂供客人們消遣；如果你願意，還可享用抽一管菸的便利；而這一切都不會為你招來任何抱怨或不滿。

第二點，為了清醒的緣故。我輩之間已經逐漸形成一種共識，任何討價還價或人與人之間的交易，都必須在某間酒吧處理……在那裡不斷的啜飲……會易於讓酒精進入他們的頭腦，使得他們昏昏欲睡且感到不適……反之，現在有機會選擇咖啡館，他們在那裡恢復，為每個人上 1 或 2 碟咖啡（到目前為止，根據起因，它能治療任何頭暈目眩，或令人心煩的煙霧）：而因此得以調度他們的生意，比起之前，更生氣勃勃的處理他們的事務……

最後一點，娛樂消遣方面……除了咖啡館，究竟還有哪裡，能夠讓年輕的紳士或店主人們更純潔且更有利地在傍晚消磨 1、2 個小時？他們無疑將在那裡

遇見同伴，同時由於咖啡館的慣例，不會像其他場所一般吝嗇和有所保留，而是自由隨意且健談的，在咖啡館裡，每個人都能夠適度地講述自己的故事，並且在他認為適當的時機，向其他人提出自己的建議。

　　……因此，整體說來，儘管有落在咖啡館上的那些無根據的諷刺和卑鄙的指責，藉著清楚明白的事實，我們或許可以簡短描述一間有良好規範的咖啡館所具備的特點（因為我們的筆鋒不屑為那些以掩蓋糜爛習慣為名、實則支持任何骯髒漏洞的卑劣行為辯護），它應當是健康的庇護所、節制的溫床、儉樸的樂事，以及謙恭有禮的學院和獨創性的免費學校。

　　「啤酒店女主人對咖啡館的抱怨」是一段酒商妻子與一位咖啡師之間的對話，內容是關於彼此如何拐帶走對方的生意，這段對話也在 1675 年發行。

▶ 政府的公然打壓

　　早在 1666 年，政府就計畫對咖啡館展開打擊，1672 年又再度出手。到了 1675 年時，這些「煽動叛亂的溫床」已經被各種階級和資產的人經常光顧，安德森說，「這些適合我們本國特質的人」，「就法院在這些及相似的觀點方面看來，在其中受用極大的自由，因而與人民的意見相悖。」

　　1672 年，似乎急於仿效對東方國度抱持偏執態度的先輩，查理二世決定用鎮壓來小試身手。「由於被告知數量眾多的民眾經常光顧咖啡館而引起的極大

不便」，國王陛下「詢問掌璽大臣和大法官他能用多大程度合法地控告這些咖啡館」。

　　羅格・諾斯在他所著的《每日反省》中講述了完整的故事；而迪斯雷利對這故事做出評論，他說：「這在明顯不重視英國憲法的情況下是無法完成的。」法院裝做沒有違反法律，而法官們被傳喚前來進行諮詢；但 5 位參與會議的法官無法達成共識——威廉・考文垂爵士出言反對。

　　他指出，政府從咖啡獲得相當可觀的稅收，以至於國王陛下自己都應該在他的復辟大業上，對這些看起來令人不快的場所表達大幅的感謝；因為它們在克倫威爾的時代便被允許存在，當時國王的友人運用了比「他們敢於在任何其他地方所用的」更多的言論自由。

　　考文垂爵士同時還力諫，發佈一條有極大可能不被遵守的命令很可能是過於輕率魯莽的。

　　最終，迫於做出回覆的強大壓力，法官們迎合國王的政策，給出了一個軟弱無力的意見——就好像咖啡第一次遭受迫害時，麥加的醫師和法學家們被強迫做出的不情願裁決那般。羅賓森說，「英國律師們客套及不確定的語言風格，將使得他們東方的同道們羨慕嫉妒。」他們宣布：

　　咖啡零售或許是純潔的行業——以它執業方式來說；但是，現今咖啡的使用方式，在類似一般聚會的情況下談論國家大事、新聞及偉大人物，此乃懶散

和實用主義的溫床，並且妨礙我們本地糧食的消耗，從這些情況來看，它們或許可被視為公害。

一項將公眾意見塑造成贊同打壓咖啡的嘗試被刊登在《解密英格蘭大憂患》中，這對國王陛下的冒險精神是很好的宣傳，但因無法將信念傳達給那些愛好自由的人而徹底失敗。

在經過多次反覆後，國王在 1675 年 12 月 23 日發佈了一份公告，公告的標題明確地陳述其目的——「為打壓咖啡館。」此處引用精簡過的內容：

奉國王之令：打壓咖啡館公告聲明

R・查理

有鑑於——非常顯而易見的——近年來帝國境內、威爾斯自治領地，以及特韋德河畔伯立克鎮等地大量咖啡館的開設和營運，以及前往這些場所的無所事事和有反叛之意的民眾，已經造成十分有害且危險的影響。

同時還有許多零售商人和其他人等，於此虛擲他們的大把光陰，而這些時間或許且很可能本應被用於他們合法的職業和業務之上；不僅如此，還浪費在這樣的場所……

各種各樣虛假、惡意和誹謗性質的傳聞在此被策劃出來，並且散播對國王陛下政府的中傷，還擾亂了王土之內的平靜祥和。

國王陛下認為，（為了未來著想）鎮壓並打壓上述咖啡館是恰當且必須的……嚴格指示並命令各色人等，他們，

或任何人，自接下來的 1 月 10 日起，不得擅自經營任何公共咖啡館或他們的商號，或儲藏任何（欲在同一場所使用或消耗的）的咖啡、巧克力、冰凍果子露或茶，否則他們將自負站在對立面的責任……（所有的營業執照將被撤銷）。1675 年 12 月 23 日，君臨的第 27 年，於我們在白廳的法院頒佈。

天佑吾皇

之後發生了一件值得注意的事。前一個月的 29 日才發佈的皇家公告在隔月的 8 號就被撤回是很不尋常的，不過查理二世創下了這個紀錄。

公告在 1675 年 12 月 23 日撰寫，並在 1675 年的 12 月 29 日發佈。公告中禁止咖啡館在 1676 年 1 月 10 日之後繼續營業，但民情激動的程度是如此劇烈，以至於短短 11 天的時間就足以說服國王他犯了個天大的錯誤。

所有黨派的人們都發出怒吼，反對他們慣常前去的場所遭到剝奪。咖啡、茶和巧克力業者則證明，這份公告將大幅削減國王陛下的稅收……動亂和不滿日益擴大。

國王注意到這個警兆，在 1676 年 1 月 8 日發佈另一篇公告，用來取消之前的第一篇公告。為了挽救國王的顏面，第二份公告中嚴肅地敘述「國王陛下」出於「大度的考量和皇室的憐憫」，願意讓咖啡的零售商繼續營業到來年的 6 月 24 日。

不過，這顯然只是皇室用的托辭，因為接下來並無任何進一步的干擾妨礙，

而在第二份公告已廣為流傳的時刻，皇室若有任何行動看來都將十分可疑。

「比較兩份公告無法證明更大的過失，也無法證明更多的弱點。」安德森如是說。

羅賓森如此評論：「在議會不經常召開，同時新聞自由並不存在的時期，關於言論自由這個問題的戰役被發動而且還取得了勝利。」

一便士大學

我們在 1677 年讀到：「除非有辦法就議會是否被解散的問題進行辯論，否則沒有人敢冒險進入咖啡館。」

在十七世紀剩下的那幾年，以及大半個十八世紀，倫敦的咖啡館可以說是欣欣向榮。如同之前所述，咖啡館一開始是戒酒機構，與小酒館和啤酒館大相逕庭。「咖啡館內總是非常嘈雜、非常喧嘩、非常忙亂，但是規矩、體面卻從未被冒犯。」

在每杯只要 1 至 2 便士的價格範圍內，咖啡的需求增長到如此龐大的數量，以至於咖啡店老闆不得不用能盛裝 8 或 10 加侖的壺來煮咖啡。

十七世紀的咖啡館有時候會被稱為「一便士大學」；因為它們是由談話構成的學校，而入門的學費只需要 1 便士。1 杯咖啡或茶的價格普遍是 2 便士，但這個價錢包含了報紙和照明。常客的慣例是：在進入或離開咖啡館的時候，將支付的錢留在吧檯上──交換才氣煥發的

機智與高明對話的入場券，是人人唾手可及的！

多麼優秀的一間大學啊！

我想不會再有比這裡更好的學校了；在這裡，你將有可能成為一位學者，只要花費 1 便士就好。

「常客」如我們被如此告知，「會有特定的座位和吧檯女士，以及茶和咖啡侍者的特別關照。」

一般相信，現今給小費的習慣，還有「小費」這個字本身，都起源於咖啡館，咖啡館常常會懸掛用黃銅做框架的箱子，期望顧客能為得到的服務將錢幣丟進箱子裡。

這些箱子上會雕刻「為迅速即時做保證」的字樣，而這些字首縮寫便演變為「小費」一字。

《國家評論報導》指出，「在 1715 年之前，倫敦的咖啡館估計達到 2000 家。」雖然達弗爾在 1683 年的作品中宣稱，根據由數名暫住在倫敦的人所提供的資訊，有 3000 個這樣的場所（咖啡館），不過，我認為 2000 這個數字或許最接近真實狀況。

在英國歷史的那個關鍵時期，人民厭倦於斯圖亞特末代王朝的惡政，迫切需要一個公共集會場所以討論重大議題，咖啡館因此成為避難所。為了永世英國人的利益，最具政治意義的事件，常在此處被反覆推敲並決定。同時，由於在這些問題中，有許多在當時經過如此周詳縝密的考慮，之後完全沒有必要再為

這些問題進行鬥爭。英國為政治自由所做最重大的抗爭，事實上是在咖啡館開戰並獲得勝利的。

在查理二世統治的尾聲，政府看待咖啡的角度與其說將其視為一種附加的奢侈品，不如說是關於營業執照的全新籌碼。

革命發生之後，倫敦的咖啡商人被迫向上議院請願，反對新的進口關稅，而直到 1692 年，政府才「為了更大幅度的激勵並促進貿易，以及上述個別的商品與貨物更大的進口量」，免除了半數令人憎惡的關稅。

倫敦大火過後不久，咖啡替代品開始出現。

最早的是一種用藥水蘇做成的汁液，那是「為了那些無法習慣咖啡苦味的人所製作出來的。」藥水蘇是一種屬於薄荷家族的藥草，以前它的根被用來做為催吐劑或瀉藥。

1719 年，咖啡的價格來到 1 磅 7 先令時，出現了後來被稱為沙露普湯的 bocket，這是一種黃樟和糖一起熬煮而成的汁液，沙露普湯在無法負擔茶或咖啡的人群中廣受歡迎，以至於倫敦街頭出現許多販賣沙露普湯的攤販。艦隊街的 Read 咖啡館也售賣沙露普湯。

咖啡師意圖把控報紙

到了 1729 年，咖啡館老闆的公眾影響力變得如此之大，以至於他們完全喪失了做出正確判斷的能力；我們發現，他們認真的提議要篡奪、取代報紙的功能。這些自負的咖啡師要求政府將壟斷新聞業的權力交給他們；他們的論述是，當時的報紙被廣告堵塞，充斥著由野心勃勃的新聞撰稿人所寫的荒謬報導，而政府避免「由新聞自由所引起進一步的暴行」，和擺脫「那些社會蠹蟲、無照的新聞販子」唯一的解決之道，就是委託給身為「主要自由擁護者」並且發行咖啡館公報的咖啡師。

報刊的資訊是由光顧咖啡館的常客自行提供，記錄在黃銅板或象牙雕刻版上，由公報的代理人每天徵集 2 次。所有的利潤都將歸於咖啡師——包括因此而增加的來客數。

不消說，這個由咖啡大師們所提出的匪夷所思的、讓民眾撰寫報紙的提議遭到了鄙視和嘲弄，而且從未達成任何成果。

咖啡日益增加的需求讓政府慢慢地開始尋求在英屬殖民地刺激咖啡種植的興趣。

1730 年，咖啡的種植在牙買加進行實驗，到了 1732 年，實驗結果看來前景一片大好，讓國會「為了鼓勵國王陛下在美國的農場種植咖啡」，調降由該地生產之咖啡的內陸關稅，從每磅 2 先令降為 1 先令 6 便士，「不過，不適用於其他地區。」

「看起來法國在馬丁尼科、伊斯帕尼奧拉島，還有接近馬達加斯加的波本島，搶佔了一些英國在這項新產品上的先機，在蘇利南的荷蘭人也是如此，但他們迄今都還沒有從全世界其他地區各

自獨有的咖啡種類中，找到足以與由阿拉伯來的咖啡匹敵的。」亞當・安德森在1787年寫下上述文字，有點不太禮貌地試圖明褒暗貶英國的商業競爭對手。當時爪哇咖啡甚至處於領先地位，而波旁－山多士品種的種子正在巴西的土地中快速繁衍。

然而，英屬東印度公司對茶的興趣遠大於對咖啡的興趣。

既然在「阿拉伯產的小小棕色漿果」上輸給了法國和荷蘭，英屬東印度公司因此活躍地致力於一項名為「振奮人心的 1 杯」的宣傳活動，這乃是有鑑於從 1700 年到 1710 年，茶葉的年平均進口量是 80 萬磅，而到了 1721 年則超過了 100 萬磅。1757 年，約莫有 400 萬磅茶葉進口。而當咖啡館終於屈服時，茶——而非咖啡，已然固守住做為英國百姓的全國性飲料之地位。

1873 年，一項振興咖啡館的活動以咖啡「宮殿」的形式出現，這個設計旨在取代小酒吧成為勞工的休閒場所，愛丁堡城堡應運而生在倫敦開張。

這個活動在整個英倫群島獲得相當大的成功，甚至擴展到美國去。

所有的行業、交易、階級，還有政黨都有各自喜愛的咖啡館。「那叫做咖啡的苦味黑色飲料。」皮普斯先生是這麼形容這種飲品的，咖啡將形形色色和各種身分的人匯聚一堂；而由他們混雜的交際中，發展出偏好特定咖啡館並賦予它們特色的老客群。

追蹤一個老客群轉變為小集團，隨後再變成俱樂部的過程是很容易的，短時間內可以持續在咖啡館或巧克力店聚會，但最終會需要一個專屬場所。

咖啡館的衰退和減少

咖啡館一開始是為平民服務的公開集會場所，很快，它們就變成有閒階級的玩具；而當俱樂部逐步成形，咖啡館開始退化到小酒館的水準。因此見識過咖啡館的影響力和大眾化達到顛峰的十八世紀，也見證了它的衰退和減少。據說十八世紀即將結束時，俱樂部的數量與世紀之初的咖啡館數量不相上下。

當閱讀報紙的習慣沿著社會階層向下流傳，咖啡館有一段時間因而重獲新生。沃爾特・貝桑特爵士的觀察如下：

在當時，咖啡館經常被並非前去聊天、而是為了閱讀的人們所光顧；小生意人和較高層級的技工到咖啡館點 1 杯咖啡後，和咖啡一起送上來的還有他們負擔不起的日報。每間咖啡館會買 3 或 4 份報紙；如今，這曾經的社交機構在後期似乎沒有了一般的對話。

做為休閒談話場所的咖啡館逐漸衰退了，而你很難說清原因——除了「所有人類的公共機構都將腐朽衰敗」這一點。或許是禮儀的逐漸衰落、文壇領袖不再在咖啡館出現、城市書記官開始湧入，而小酒館及俱樂部吸引了咖啡館的顧客吧。

少數幾家咖啡館倖存到十九世紀初

期，但社交的部分已經消失不見。隨著
茶和咖啡進入一般家庭，高級俱樂部接
替取代了大眾化的咖啡廣場，咖啡館轉
變為小酒館或小吃店，或者因確信咖啡
館已不再有用而終止營業。

咖啡館生活素描

從愛迪生發表在《旁觀者》、斯蒂
爾刊登在《閒談者》、麥凱在他的《全
英雜誌》中所刊載，以及其他許多文章
的記載，我們或許可以據此描繪出一幅
相當精確的古老倫敦咖啡館生活的素描。

十七世紀的咖啡館通常開設在遠離
街道的地方。一開始，咖啡館只有散佈
在沙地上的幾張桌椅，後來，這種佈置
漸漸被包廂或雅座替代——如同那幅由
羅蘭森創作、忠實呈現出勞埃德保險社
內部情景的諷刺畫一樣（見 57 頁圖）。

牆上張貼著傳單和海報，宣傳江湖
偽藥、藥丸、酊劑、藥膏，還有當時的
乾藥糖劑，這些在靠近入口處的吧檯都
買得到，吧檯由一位女士管理——這些
女士便是現代英國酒吧女侍的原型。此
外，店內還有戲劇的節目單、拍賣公告
等等，具體種類則取決於那間咖啡館的
性質。

和現在一樣，當時的酒吧女侍會被
老顧客特別關照。湯姆・布朗談論她們
時，說她們是迷人的「Phillise，用她們
多情的秋波邀請你進入她們煙霧瀰漫的
領地」。

常客可以在吧檯留訊息和收信。史

黛拉被要求將「位於聖詹姆斯、替愛迪
生提供掩護的」斯威夫特咖啡館做為她
的收件地址。麥考利說：

異鄉人評論道，是咖啡館讓倫敦與
所有其他城市相比格外不同；咖啡館是
倫敦人的故鄉，而那些希望找到某位紳
士的人最常詢問的，不是他是否住在艦
隊街或法院巷，而是他經常光顧的，是
希臘咖啡館還是彩虹咖啡館。

所以上層或中層階級的每個人每天
都會光顧特定的咖啡館，去獲得新聞並
互相討論。更高級的咖啡館，則是社會
上最富有階層人士的會面場所。每間咖
啡館都有自己的演說家，對他的讚賞者
來說，這名演說家成了某種「第四等級」
的存在。

麥考利為我們描繪了 1685 年的咖啡
館圖像：

凡是在吧檯上留下 1 便士的人都不
會被拒絕進入。每一種社會階層和職業，
每一種宗教和政治主張，都各自有自己
的「總部」。

聖詹姆斯公園附近的咖啡館是紈絝
子弟的聚集之地，他們的頭部和肩膀披
著黑色或亞麻色的假髮，髮量豐沛的程
度不比那些大法官和下議院院長遜色。
那裡的空氣和香水店的沒什麼兩樣，以
濃厚薰香鼻煙之外的形式出現的菸草都
是令人厭惡的。如果有任何一個跳樑小
丑無視這間咖啡館的習慣，要求來根菸
斗的話，全體顧客的輕蔑嘲笑以及侍者

的簡短回應，很快就會說服他最好到別處去。

而確實，他也不需要走太遠，因為一般來說，散發著菸草刺鼻氣味的咖啡館就和禁閉室一樣。

沒有比威爾咖啡館更常被煙霧繚繞的地方了，這間著名的咖啡館位於柯芬園和鮑街之間，是純文學的聖地；那裡的談話內容是關於因果報應，以及時間和空間的統一。沒有其他地方能看見比這裡更多變的人物種類，有帶著星形勳章和嘉德勳章的伯爵、穿著黑色法袍和講道帶的神職人員、矯健的聖殿騎士、羞怯的學院少年、穿著破爛粗呢外套的翻譯家和索引編纂者。

最大的壓力是靠近約翰・德萊頓滿意的那個位置，冬天的時候，那個座位永遠被放在火邊最溫暖的角落；到了夏天，那張椅子則會被放在露臺。向這位桂冠詩人低頭致意，並聆聽他對拉辛最新悲劇劇作，或博蘇以史詩為主題寫就之論文的評價，均被視為一項殊榮。一小撮由德萊頓鼻煙盒拿出來的鼻煙粉，就是足以讓年輕的狂熱者暈頭轉向的無上光榮了。

還有，最早的醫生可能會前去諮詢的咖啡館。在 1685 年一躍成為倫敦最大執業醫生的約翰・拉德克利夫醫師每天在皇家交易所擠滿人的時刻，會從他的住所——位於當時算是首都時髦地段的鮑街——前去加拉維的咖啡館，在某個被外科醫生和藥劑師所包圍的座位可以找到他。

在清教徒咖啡館裡，你不會聽到發誓賭咒，頭髮平直的人在那裡帶著鼻音討論選舉和遺棄論。

在猶太咖啡館中，來自威尼斯和阿姆斯特丹的黑眼珠貨幣兌換人互相招呼問候。

在天主教咖啡館中，如同一個好新教徒所相信的，耶穌會會士邊喝咖啡邊計畫著另一場大火，還有澆鑄射殺國王的銀製子彈。

內德・沃德為我們描繪出這幅十七世紀咖啡館的景象。他所敘述的，是蘇格蘭場的老人咖啡館：

我們現在爬上兩層階梯，它帶領我們進入一間古典的房間內，在這裡，衣著華麗的人群帶著芳香的 Tom-Essences 氣味正在四處走動，他們將自己帽子拿在手中，唯恐帽子會將他們假髮的前額髮弄亂。

我們擠進去，直到來到房間的另一端，我們在那裡的一張小桌子旁落座，並注意到聽見任何人要求一碗政客燕麥粥或任何其他烈酒，並不比聽見一位花花公子點一管菸草來得更罕見；他們唯一的活動就是裝滿和清空他們的鼻孔，還有讓假髮的捲曲度保持恰當整齊。

開關鼻煙盒蓋發出的碰撞聲，製造出比他們的說話聲還多的噪音。最新的點頭致意和阿諛奉承的風格，於此地在友人之間以奇妙的精確度彼此交流。他們發出的嗡嗡聲就好像一大群擠在鄉村煙囪裡的大黃蜂，那不是他們交談的聲音，而是他們一邊在竊竊私語談論他們

新的小步舞曲和 Bories，一邊將手放在口袋中——只要他們的手有離開他們的鼻煙盒的話。

我們開始注意到菸草菸斗，因此我們大膽地點了一些吞雲吐霧的用具，於是那用具被送到我們這裡，但卻是帶著某種不情願的態度，就好像他們寧願擺脫我們的陪伴；因為他們的桌面是如此整潔，而且打磨閃亮的如同用於市府參事鞋子的上等皮革，還有著像鄉村主婦的櫥櫃頂端一樣的棕色。

地板乾淨得像 Courtly 爵士的餐廳，這讓我們四處張望，看看是否有懸掛告示令，向任何在壁爐邊吐出來的人課徵清潔罰金。雖然沒看見任何告示，我們仍需要些勇氣來支持我們粗俗的無禮行為，我們要求他們將蠟燭點燃，以蠟燭的火焰點燃我們的菸斗並將煙霧吐在空中；看到這種情形，幾位 Foplins 先生臉色扭曲成許多憤怒的皺紋，每當那些混跡於鮑街咖啡館的紈絝子弟們發現有人戴著牡蠣桶充當暖手筒、以蕪菁做鈕釦，再混入他們當中大肆嘲笑他們的紈絝行徑時，他們也會做出一樣的表情。

▶ **各具特色的咖啡館**

在《大不列顛歡樂簡史》一書中，我們讀到：

倫敦有數量龐大的咖啡館，風格模仿我曾在君士坦丁堡建過的咖啡館。這些咖啡館是生意人和無所事事者固定會面的地點。除了咖啡，店裡還有許多其他飲料，而大眾一開始無法很好地欣賞這些飲料。他們會吸菸、玩遊戲，還有閱讀刊登消息的報紙；他們在此探討國家大事、與異國王侯結盟並再次破壞盟約，處理會對整個世界帶來決定性影響的事務。

他們將咖啡館描繪成倫敦最令人愉快的事物，依我看來，它們的確是適合發展人脈的正確場所，或者說，這裡是比在家裡更愜意又能消磨時間的地方；但在其他方面來說，咖啡館十分令人厭惡，跟禁閉室一樣充滿煙霧，也跟禁閉室一樣的擁擠。我相信就是這些地方提供了誹謗者的棲身之所，因為在那裡，人們會鉅細靡遺地聽到每件發生在倫敦城裡的事，就好像這裡只不過是一個小村落一般。

鄰近法院有懷特咖啡館、聖詹姆斯咖啡館、威廉咖啡館等咖啡館，那些咖啡館中，談話主題轉變到大部分圍繞在馬車及侍從的要素、馬匹的配種、假髮、時尚，還有貸款；可可樹咖啡館的對話焦點則在賄賂和貪汙、惡毒的大臣們、政府犯下的過失和錯誤；在面對查令閣的蘇格蘭咖啡館裡，話題則是投資與津貼補助；Tiltyard 咖啡館和青年人咖啡館

位於聖詹姆斯街的懷特與布魯克咖啡館。

則談論著輕蔑侮辱、榮譽、報復、決鬥、還有論戰交戰。我被告知後者（指決鬥）在這一區發生的頻率如此之高，以至於隨時都有一位外科醫生和一位律師在此待命；醫生負責包紮和治療傷口，而萬一有死亡的情況發生，律師就設法讓倖存的那一方由 Se Deventendo ──也就是殺人罪──的判決中脫罪。

　　教堂附近咖啡館的話題通常都是關於訴訟、訴訟費用、異議、二次答辯及抗辯；位於艦隊街的威爾斯人丹尼爾的咖啡館，談話主題則是家世、血統還有血緣關係；柴爾德和查普特咖啡館中討論的是土地、什一奉獻、聖職推薦權、教區長住宅和講師職位；諾斯咖啡館的話題圍繞著不正當的選舉、偽造的投票、選票複查等等；漢姆林咖啡館中則是以幼兒洗禮、聖職任命的安排、自由意志、天選論和遺棄論為討論主題；在巴生的咖啡館裡，人們議論胡椒、靛藍染料和硝石的價格；而在商人聚會處理他們業務的地方，所有關於交易所的業務都處於短線交易無休止的忙亂中。撒謊、行騙和行陰謀詭計的孤兒寡婦，還有掠奪和搶劫都在公共場合發生。

　　十八世紀時，除了販售茶和巧克力之外，咖啡館通常也會販賣啤酒和葡萄酒。丹尼爾・笛福在撰寫他於 1724 年前往舒茲伯利的遊記時寫道，「我在市政廳周圍發現的咖啡館，是我所見過的任何城市中數量最多的，但當你進入這些咖啡館，你會發現它們其實不過就是酒吧，只不過他們認為咖啡館這個名稱能為這些場所帶來比較好的氛圍。」

　　談到倫敦市內的咖啡館，貝贊特如此說：

　　有錢的商人們獨自大膽地進入某些咖啡館，比起交易所，他們在咖啡館裡能更為隱密和迅速地處理生意。有些咖啡館只有軍官會光顧，有些讓城裡的店主與好友會面，有些有演員在那裡聚集；還有分別專屬於牧師、律師、醫師、幽默大師及他們的聽眾的咖啡館。

　　所有咖啡館都一樣，訪客在支付 1 便士之後進入，如果是常客的話，他就可以到自己的老位子坐下；他會點 1 杯茶或咖啡，並為此支付 2 便士，如果他想的話，也可以點 1 杯甘露酒；他可能

十七世紀咖啡館中的政客。

會與鄰座的客人交談——不論他們是否認識。

人們會為了遇見在那裡出沒的著名詩人和作家,而光顧特定的咖啡館,就跟波普前去尋找德萊頓一樣。日報和當天的小冊子會被帶進咖啡館。有些咖啡館允許吸菸,但不是那些比較體面的。

麥凱在他的《全英雜誌》(1724年)中說:

我們大約九點起床,而那些經常出入宮廷午朝並從中找到樂趣的人則是到11點才起身,或者,像在荷蘭一樣坐在茶桌前。大約12點時,上流社會人士會在幾個咖啡館或巧克力店聚集;其中最好的是可可樹還有懷特巧克力店、聖詹姆斯咖啡館、士麥那咖啡館、羅奇福德夫人咖啡館,以及不列顛咖啡屋;這些店全都彼此相鄰,你可以在不到一小時內見到它們所有的顧客。我們被用椅子(或說轎子)送到這些地方去,費用在此地十分便宜,每週1基尼或每小時1先令,你的轎夫便會提供從行李搬運到跑腿打雜的服務,就跟威尼斯的貢多拉船夫所做的一樣。

如果天氣晴朗宜人,我們會改道前去公園直到2點為止,那時我們會去用餐;如果天氣惡劣,你可以在懷特咖啡館用牌戲或巴吉度獵犬消遣娛樂,或者,你可能會在士麥那咖啡館或聖詹姆斯咖啡館談論政治。我一定不能忘記告訴你,

冰凍泰晤士河上的盛大市集,1683 年。翻印自題名為「深水之上的奇觀」的大字報。標示為 2 的地方是約克公爵的咖啡館。

安妮皇后時期（1702～1714 年）的咖啡館。
畫面中顯示咖啡壺、咖啡碟和咖啡侍者。

不同政黨有不同的地盤，然而一位陌生人在這些地方總是被充分接納的；不過就跟輝格黨員不會去可可樹咖啡館一樣，你也不會在聖詹姆斯咖啡館看見托利黨黨員。

蘇格蘭人通常會光顧不列顛咖啡屋，而士麥那的客群則是魚龍混雜。這個區域還有許多其他經常被光顧的小型咖啡館——青年人咖啡館是軍官去的；年長者咖啡館是股票經紀人、主計官和朝臣去的；而小人物咖啡館則是騙子賭徒的地盤。

在進入上述最後一類咖啡館時，我這輩子從未像現在一般倉皇失措。我看

見 2、3 張桌子坐滿在玩法羅紙牌的人，周圍圍繞著看來精明狡詐的面孔，令我害怕我將被他們的目光吞噬。我很慶幸在法羅牌戲丟下 2 或 3.5 克朗後，得以毫髮無損的脫身離開，並因徹底擺脫他們而欣喜若狂。

我們通常會在 2 點前去用餐，普通餐廳在此地不像在異國那般常見，不過法國人為方便沙福街的異鄉人，開設了 2 或 3 家不錯的，人們在那裡能得到差強人意的服務；不過此處常見的方式是讓在咖啡館的一夥人到小酒館去用餐，我們會在那裡坐到 6 點，直到我們去看戲為止——除非你受邀與某些經常被陌生人獻殷勤並豪爽招待的大人物同桌。

▶ 名人與咖啡館

麥凱寫道：「在所有的咖啡館中，你不僅有外文印刷品，還會有除了道德說教及政黨相爭的報紙之外的幾種報導國外事件的英文印刷品。」

「在戲劇演出結束後，」笛福寫道。「最出色的客人們通常會前去近乎毗鄰的湯姆還有威爾的咖啡館，在那裡你可以玩紙牌還有享受最高品質的對話，直到午夜時分。你會在這裡看見藍色及綠色的飾帶，明星們用同樣直率的態度友好隨意地就座交談，就好像他們把自己的階級平等與冷淡疏離的地位遺忘在家裡一樣。」

人們對待咖啡館的態度就和現在他們對待俱樂部的態度一樣——有時候會滿足於 1 個，有時候會加入 3 到 4 個。舉例來說，除了常去的小酒館之外，強

1730 年巴騰咖啡館的名人三人組。穿著斗篷的是維維亞尼伯爵，面向讀者正在下西洋棋的人物是亞畢諾醫師，而站立的人可能是波普。

森還會與聖詹姆斯、土耳其人頭像、貝德福，及皮爾等咖啡館有所聯繫。

愛迪生和史迪爾會使用巴騰咖啡館；史威夫特會去巴騰、士麥那，還有聖詹姆斯咖啡館；德萊頓常出沒在威爾咖啡館；波普則流連在威爾咖啡館和巴騰咖啡館；戈德史密斯喜歡去聖詹姆斯和查普特咖啡館；菲爾丁選擇貝德福咖啡館；賀加斯會去貝德福和屠宰場咖啡館；謝立丹是去廣場咖啡館；瑟羅則選擇南多咖啡館。

J・A・芬德利先生在他的作品《波羅的海交易所簡史》中暗示，奴隸的買賣偶爾也會包括在倫敦咖啡館眾多活動之中，他在其中引用了 2 則 1728 年刊登於倫敦的《日報》的報紙廣告。

第一則廣告是用來協尋一名從布萊克希斯的主人家逃跑的黑人女性，並提供 2 基尼酬金給將她的下落留在牙買加咖啡館吧檯公告的人，第二則廣告則公開宣告，「待售——一名黑人男孩，年約 11 歲。請洽詢皇家交易所後方、針線街上的維吉尼亞咖啡館。」

當代著名的咖啡館

十七世紀時期，著名的英國咖啡館有聖詹姆斯、威爾咖啡館、加拉維咖啡館、懷特咖啡館、屠宰場咖啡館、希臘咖啡館、巴騰、勞埃德咖啡館、湯姆咖啡館，還有唐・沙特羅咖啡館。

聖詹姆斯是間經常被國會成員光顧的輝格黨咖啡館，還有相當少數的文壇明星。加拉維咖啡館則迎合當時的上流社會人士，那些人自然就偏好托利黨。

安妮女王統治時期，最值得注意的咖啡館就是巴騰咖啡館。幾乎每天中午和下午，愛迪生都會被發現在此出沒，和史迪爾、戴夫南特、凱利、菲利普斯，以及其他志同道合之人一道。波普曾是同一個咖啡館俱樂部的成員，時間長達一年，但他天生的暴躁易怒最終導致他的退出。

巴騰咖啡館有一個賀加斯仿照威尼斯的雄獅所設計的獅頭像，「一個知識與行動恰到好處的象徵，所有頭腦和尖爪的存在。」獅頭像的設置是為了接收從《衛報》來的信件和報紙。

《閒談者》和《旁觀者》是從咖啡館中誕生的，而若非咖啡館的關係，或許英國散文根本不會受到由愛迪生和史迪爾所撰寫之隨筆的刺激。

波普著名的作品《秀髮劫》生長自咖啡館的流言蜚語。詩作本身就包含一段關於咖啡的迷人段落。

當代咖啡館的其他常客還包括了丹尼爾・笛福、亨利・菲爾丁、托馬斯・格雷，以及理察・布林斯利・謝立丹。

巴騰咖啡館的獅頭像，1713 年由賀加斯設計，並由愛迪生打造。翻攝自 T‧H‧ 舍菲德的水彩畫作。

加里克常出現在伯爾欽巷的湯姆咖啡館，查特頓在他英年早逝之前的無數個夜晚可能也曾在那裡出現。

休閒花園的興起

　　在十八世紀下半葉喬治三世統治期間，咖啡館依舊是倫敦生活的要素，但還是不免稍微受到會供應茶、巧克力及其他飲料——當然還有咖啡——的花園遊樂場所影響。

　　對咖啡館本身來說，儘管咖啡還是最受歡迎的飲料，但是咖啡館老闆在抱著希望能夠增加客人光顧的想法下，開始販賣葡萄酒、麥芽啤酒及其他種類的

烈酒。這看來應該就是咖啡館走向衰敗的第一步。

　　無論如何，咖啡館仍舊是知識生活的中心。當時塞繆爾‧詹森和大衛‧加里克一同前往倫敦，文學發展暫時前景不佳，而當代的寒門文士皆聚居在格拉勃街。

　　直到詹森獲得一定的成功，並在土耳其人頭像咖啡館成立了他的第一個咖啡館俱樂部，文學寫作才再次成為時髦的職業。這個確實十分有名的文學俱樂部於 1763 年到 1783 年間都在土耳其人頭像咖啡館聚會。俱樂部中最著名的成員有詹森、英國散文界權威人士；奧利弗‧戈德史密斯；傳記作家包斯威爾；演說家伯克；演員加里克；以及畫家約書亞‧雷諾茲爵士。晚期的成員則有歷史學家吉朋；以及政治經濟學家亞當‧史密斯。

　　可以肯定的是，在英國咖啡館發揮影響力期間，英格蘭產生了更好的散文作品，這也具體表現在英格蘭的小品文、文學評論、小說等各方面，都比從前所產出的要來得更好。

　　休閒花園的出現將咖啡公然帶入英國，而拉內拉赫和佛賀等休閒花園開始比咖啡館更常被人光顧的原因，在於它們對女性和男性來說，都是十分受歡迎的休閒場所。

　　休閒花園中提供所有種類的飲料；而很快，女士們開始青睞以茶做為下午的飲料。我們至少可以確定，飲用茶飲的重大發展是由這個時期開始的；而許多這一類的休閒場所則自稱為茶園。

到現在為止，咖啡的使用已經在一般家庭中穩固地建立起做為早餐和正餐飲料的地位，在咖啡館逐漸衰微的整個過程中，這樣的消耗彌補了咖啡館逐漸衰退所造成的損失。然而，隨著喬治三世統治的到來，國人品味改變的徵兆並非無跡可尋；因為英屬東印度公司的積極宣傳在安妮女王統治時期就已經相當充分地展開了。

十八世紀的倫敦休閒花園十分獨特。有一度休閒花園中會有一個「巨大迷宮」。它們的季節從 4 或 5 月一直持續到 8 月或 9 月。一開始進場不需要收費，沃里克‧沃斯告訴我們，訪客通常會購買乳酪蛋糕、乳酒凍、茶、咖啡和麥芽啤酒。

4 個倫敦最著名的休閒花園分別是佛賀、馬里波恩、庫珀——這幾處的入園費用隨後被確定為不少於 1 先令；以及拉內拉赫，這裡的入園費是半克朗，其中包括茶、咖啡以及麵包和牛油等「精緻佳餚」。

休閒花園提供步行場所、可供跳舞的房間、九柱戲場地、板球草坪、種類繁多的娛樂活動，以及逍遙音樂會；還有不少地方被劃歸給流行的賭博和競賽。

佛賀花園是追求享樂的倫敦人最為喜愛的休閒場所之一，位於薩里的泰晤士河畔，佛賀橋東方不遠處。

佛賀花園最初命名為新春園（1661年），後來為了有別於位在查令閣的春園而改名，它們在查理二世統治期間開

慶典之夜的佛賀花園。

始變得有名。佛賀以其步行場所、點亮園區數以千計的燈火、音樂及其他表演、晚餐和煙火著稱。各色人等都能在那裡被發現，而在涼亭內飲用茶和咖啡是一大特色。

前頁的插圖顯示花園在慶典活動時被燈籠和油燈映照得明亮。涼亭內則供應咖啡和茶。

拉內拉赫是「公眾的娛樂場所」，在 1742 年於切爾西設立，有一點像喬裝打扮後的佛賀花園。被稱為「圓形大廳」的主要建築是圓形的，直徑 150 英呎，中央有樂隊席，層層排列的包廂全部圍繞在周圍。在包廂內散步和享用茶點是主要的娛樂方式。除了慶典之夜的面具舞會和煙火之外，拉內拉赫只提供茶、咖啡以及麵包和牛油。

狗與鴨（聖喬治溫泉）曾屬於與礦泉有所關連的花園類別，最後這裡成了一座名聲可疑的茶園和舞蹈沙龍。

根據沃斯的認定，還有另一個主要由茶園構成的分支，其中包括 Highbury Barn、Hornsey & Copenhagen 會所、卡農伯里會所、Bagnigge Wells，以及 White Conduct 會所。最後提到的兩個地點是當時的經典茶園。兩處皆有為避雨而設的「長房」，室內散步區還有管風琴音樂，然後還有亞當與夏娃茶園，裡面有涼亭可舉辦飲茶宴會，這裡後來成為亞當與夏娃小酒館暨咖啡館。遠近馳名的還有貝斯沃特茶園以及猶太豎琴會所暨茶園。所有這些場所都提供整潔「體面的」包廂，並為喝咖啡和茶的顧客嵌入樹籬和壁龕。

位於拉內拉赫花園的圓形大廳，顧客正在其中用早餐—— 1751 年。

著名咖啡館集錦

康希爾交易巷三號的**加拉維咖啡館**是眾多商業交易進行的場所。

原來的老闆托馬斯‧加威是一名菸草商兼咖啡師,他宣稱他是第一個在英國賣茶的人——雖然不是在這個地點。之後的加拉維咖啡館除了茶和咖啡之外,還因三明治和一間能飲用雪莉酒、愛爾淡啤酒和潘趣酒的飲酒室而出名了很長一段時間。據說,為了應付一天的消耗量,負責製作三明治的人光是切割和擺放當天的三明治,就得忙上整整 2 個小時。

在 1666 年倫敦大火後,加拉維咖啡館搬到交易巷內、大火前的埃爾福德舊

位於交易巷的加拉維咖啡館。加威(又稱加拉維)宣稱他曾是第一個在英國販茶的人。

址。在此地,他宣稱擁有倫敦最古老的咖啡館;但這塊 BOWMAN 咖啡館曾豎立的土地,後來被維吉尼亞還有牙買加咖啡館佔據。後者在 1748 年的火災中毀壞,大火也吞噬了加拉維咖啡館和埃爾福德咖啡館。

威爾咖啡館是巴騰咖啡館的前身,一開始的店名叫做「紅牛」,隨後又改名為「玫瑰」。

這家咖啡館的擁有者是威廉‧厄文,位於羅素街北側的鮑街角落。「德萊頓讓威爾的咖啡館成為與他同時代文人的重要的休閒場所。」(如波普和斯賓塞。)這位桂冠詩人習慣入座的房間在一樓,而他的座位是榮耀的席位,冬季時會在火爐邊,還有露臺的角落,在好天氣時可以俯瞰街景;他將這兩處稱為他的冬季席位和夏季席位。這層樓被稱為餐廳樓層。後來,客人們不會坐在包廂中,反而會在散佈於房間中的數張桌子旁就座。

公用室是允許吸菸的,這在當時是正流行的行為,以至於似乎並不會被視為妨害行為。

和其他類似的聚會地點一樣,在這裡,訪客們自行劃分成不同小圈子;而沃德告訴我們,很少接近主桌的年輕文雅男子和才子,認為能獲得一小撮由德萊頓的鼻煙盒拿出來的鼻煙粉是一項莫大的殊榮。

德萊頓去世之後,威爾咖啡館被轉讓給對面的一家商號,同時改名為巴騰咖啡館,「就在位於柯芬園的湯馬斯咖啡館對面。」

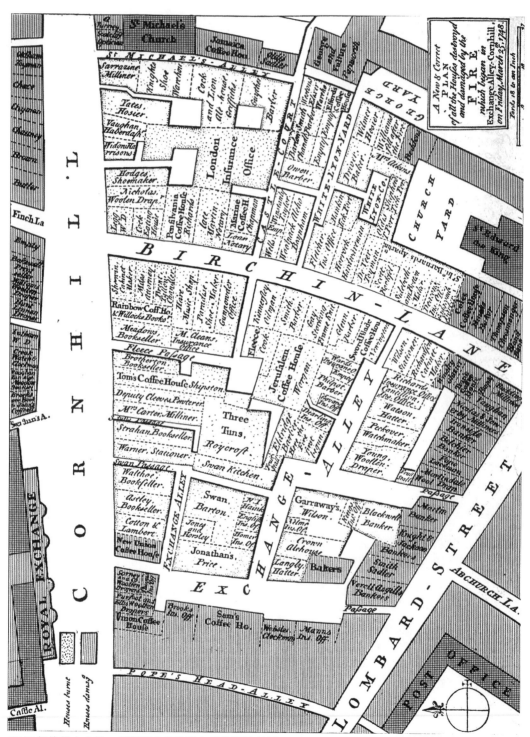

1748 年倫敦大火前，標明眾多老倫敦咖啡位置的地圖。

位於大羅素街的 CALEDONIEN 咖啡館，舊名巴騰咖啡館。翻攝自 T·H· 舍菲德的水彩畫。

位於聖馬丁巷的屠宰場咖啡館，在 1843 年拆除。翻攝自 1841 年 T·H· 舍菲德的水彩畫。

愛迪生也從湯馬斯咖啡館轉移了不少顧客過來。據說，史威夫特第一次與愛迪生見面就是在此地。「史迪爾、亞畢諾，還有許多當代的才子」都曾光顧這裡。

巴騰咖啡館流行到愛迪生去世、而史迪爾到威爾斯隱居為止，在這之後，喝咖啡的顧客轉而去貝德福，而晚宴則轉移到莎士比亞餐廳。巴騰咖啡館之後被稱為 CALEDONIEN。

屠宰場咖啡館在十八世紀的時候，以做為畫家和雕刻家的休閒娛樂場所而聞名，位置座落於聖馬丁巷西側頂端。1692 年，它的第一任房東是湯馬斯·斯勞特。第二家屠宰場咖啡館（新屠宰場咖啡館）於 1760 年在同一條街上建立，原來的屠宰場咖啡館則改稱為「老屠宰場咖啡館」，它在 1843 年到 1844 年間被拆毀。

經常光顧這裡的名人有賀加斯、年輕的根茲巴羅、奇普里亞尼、海登、魯比里亞克、繪製業餘愛好者肖像的哈德遜、美柔汀銅版畫家 M'Ardell、雕刻師盧克·沙利文、肖像畫家加德爾，以及威爾斯豎琴師帕里。

湯姆咖啡館。位於康希爾伯爾欽巷的湯姆咖啡館雖然主要是商人的休閒場所，但因加里克的經常光顧而稍有幾分名聲。查特頓也是湯姆咖啡館的常客，他將這裡當做「最好的休閒場所」。

大羅素街 17 號的湯姆咖啡館。直到 1804 年都做為咖啡館之用，在 1865 年被拆毀。翻攝自 T・H・舍菲德的水彩畫。

然後還有在戴維魯短巷斯特蘭德的湯姆咖啡館，以及位於柯芬園大羅素街 17 號的湯姆咖啡館，後者在安妮女王統治時期是相當著名的休閒場所，隨後還風靡了超過一個世紀。

希臘咖啡館位於斯特蘭德的戴維魯短巷，最初是由一位名為康士坦丁的希臘人經營。史迪爾在此提議將他發表在《閒談者》的學術文章註明日期；此地在第一期的《旁觀者》中也曾被提到，戈德史密斯也經常光顧這裡。希臘咖啡館曾是富特的早餐會客室。1843 年，這裡變成希臘會議廳，在大門上方陳列了艾塞克斯伯爵戴維魯閣下的半身像。

皇家交易所的**勞埃德咖啡館**以其第一手的航海情報及海運保險聞名。

這家咖啡館由愛德華・勞埃德創始，他在大約 1688 年時，於塔街經營一家咖啡館，後來則搬到阿比教堂巷的倫巴底街街角。此地對船員和商人來說，是個不算太貴的休憩場所。

為了方便起見，愛德華・勞埃德還為咖啡館常客準備了「船隻列表」以供諮詢。根據安德魯・史考特的說法，「這些手寫列表包含船艦的描述，在那裡聚集的保險商可能會提出對這些船隻提供保險。」

這就是從那時起便對全世界海運貿

位於戴維魯短巷的希臘咖啡館，於 1843 年停業。翻攝自一幅可追溯至 1809 年的素描。

易產生舉足輕重影響力的兩個機構的起源——全球最大的保險機構勞埃德海上保險協會與勞氏驗船協會。勞氏集團現今在全球各地有 1400 位代理人，一年接收高達10萬份電報。藉由它的情報機構，勞氏集團得以記錄 11000 艘船艦每日的活動。

剛開始，交易所中的一間公寓被稍加佈置，做為勞埃德的咖啡屋。愛德華·勞埃德於 1712 年過世，咖啡館隨後搬遷到 Pope's Head 巷，並且在那裡被稱為「新勞埃德咖啡館」，不過在 1784 年 9 月 14 日，咖啡館被遷移到皇家交易所的西北角，之後就一直待在那裡，直到該處有部分建築被火災破壞為止。

簽署人或保險商小間、商人小間，還有船長室在交易所重建的時候都有準備。發行於 1848 年的《大都會》第二

版中，便包含了以下對這個最出名的商人、船東、保險商，及保險、股票和匯兌經紀人之會面地點的描述：

在這裡，你能獲得船隻抵達和啟航、海上的船難損失、掠奪、收復交戰，以及其他航海情報的第一手消息；而船東和船運的貨物都被保險商承保。

房間以威尼斯風格裝潢，帶有羅馬式的豐富裝飾。

船舶列表展示在房間的入口處，那是由勞埃德遍佈國內外的代理人處所獲得的，列表提供船隻啟航或抵達、船難事故、海難救助，或所救回貨物的拍賣等事項的詳細情況。左右兩側陳列著「勞埃德之書」兩大本分類帳簿。右手邊記錄的是船隻與預定目的地之間的溝通，或抵達預定目的地的所有船隻；在左手

位於皇家交易所內的勞埃德咖啡館，圖中所示為簽約室。

邊的則是以細緻的羅馬手寫體、用「雙橫線」格式寫下的船難記錄、火災或嚴重的相撞事故。為了協助保險商進行計算，房間的盡頭放置了一臺風速計，日夜記錄風速狀況；風速計上還附帶有一個雨量計。

卡斯伯街的**不列顛咖啡館**「長久以來都是蘇格蘭人常去的場所」，在它遇到的房東太太這方面是很幸運的。1759年時，不列顛咖啡館是由道格拉斯主教的姊妹所經營，由於主教反對蘭黛和鮑爾的作品如此有名，這或許能解釋這家咖啡館在蘇格蘭人當中的名氣。這家咖啡館在另一個時期是由安德森夫人經營的，麥肯錫在《家居生活》中，將這位夫人描寫為「天資不凡且擁有最為宜人談話技巧的女士」。

唐・沙特羅咖啡館位於切爾西的夏納步道 18 號，是由一位名為沙特的理髮師於 1695 年所開設的。沙特的「博物館」中收藏那些無用的廉價小玩意兒

卡斯伯街的不列顛咖啡館。翻攝自一份 1770 年出版的印刷品。

夏納步道 18 號的唐・沙特羅咖啡館。翻攝自藏於大英博物館的一幅鋼板雕刻。

中，有一些是來自漢斯‧史隆爵士自己的收藏品。長期駐紮在西班牙的海軍中將蒙登在那裡養成了喜愛西班牙文稱號的習慣，他將咖啡館店主賜名為唐‧沙特羅，而店主的博物館則成了唐‧沙特羅博物館。

Squire咖啡館的位置在霍爾本的福爾伍德出租房，是格雷律師學院的前身。它是《旁觀者》雜誌的派送點之一。《旁觀者》在二百六十九號接受羅傑‧德‧科弗利爵士的邀請，與他「在 Squire 咖啡館一起抽支菸斗並喝杯咖啡。因為我很喜愛那位老先生，我很高興地遵照他樂於接受的每件事，因此我會服侍他前往咖啡館，而他德高望重的形象將屋內所有人的視線都吸引到我們身上來。他一到便落座在高桌的上首位置，只要了 1 支乾淨的菸斗和 1 捲菸草、1 杯咖啡、1 支蠟燭，還有 1 份副刊（當時的一份期刊），在如此興高采烈且心情愉快的氣氛下，所有咖啡廳內的侍者（看來都以能服侍他為樂）都立刻被雇用，為他的幾件雜事跑腿，並且到了『除非騎士大人達到完全的舒適，否則沒有任何顧客能得到 1 杯咖啡』的程度。」這就是《旁觀者》雜誌那個年代的咖啡廳寫照。

可可樹原本是位於帕摩爾南側的一間咖啡館。當「更講究和有更為精緻特色之休閒場所的需求日益增加」，巧克力店開始流行起來，而可可樹是其中最為著名的。它在 1746 年轉型成俱樂部。

位於聖詹姆斯街、由法蘭西斯‧懷特於大約 1693 年創設的**懷特巧克力店**，

一開始的定位是開放給所有人的咖啡館，不久就變成一間私人俱樂部，成員都是「城內及宮廷中最時尚的衣著考究男士」。在它做為咖啡館的時期，入門費用是 6 便士，和其他咖啡館平均數便士的收費不相上下。埃斯柯特把懷特咖啡館稱為：「屬於社會階級的典型，一個超過兩百年間，在寫著不管是『咖啡館』或『俱樂部』的相同屋簷下，讓同階級的人們在此聚集的場所。」

在十七世紀和十八世紀時欣欣向榮的數百家咖啡館中，以下數家是值得一提的名店：

交易巷五十八號的**貝克咖啡館**以其在咖啡廳內炙烤、並從烤架上直接熱騰騰上菜食用的肋排和牛排聞名近半個世紀；位於針線街的**波羅的海咖啡館**是與俄羅斯貿易有關的掮客與商人的會面場所；**貝德福咖啡館**的位置在「柯芬園廣場下方」，每晚都擠滿了多才多藝的人，並以「多年來做為才智的專賣店、評論的席位，以及品味的標準而聞名」。

主禱文路的**篇章咖啡館**經常被查特頓和戈德史密斯光顧；位於聖保羅大教堂的**柴爾德咖啡館**是《旁觀者》的派送點之一，而且神職人員和皇家學會院士經常造訪此地；**迪克咖啡館**的位置在艦隊街，古柏是那裡的常客，同時也是盧梭所創作，標題為「咖啡館」的喜劇之背景；**聖詹姆斯咖啡館**位於聖詹姆斯街上，史威夫特、戈德史密斯，還有加里克是那裡的常客；位於康希爾 Cowper's Court 的**耶路撒冷咖啡館**是那些與中國、印度及澳洲等地貿易有關的商人和船長

迪克咖啡館的內部一景。翻攝自「咖啡館——
戲劇性的場所」卷頭插畫（見第 6 章）。

頻繁出入的地方；開設在交易巷的**強納
生咖啡館**被閒談者形容為「證券經銷商
的大賣場」；路德門山的**倫敦咖啡館**以
出版商在此拍賣庫存及版權而聞名。

　　位於蘇格蘭場的**曼氏咖啡館**因其業
主，亞歷山大‧曼恩得名，有時候也被
稱為**老曼咖啡館**或**皇家咖啡館**，以便與
年輕人咖啡館、**小男人咖啡館**、**新人類
咖啡館**等等鄰近地區的會所有所區別；
艦隊街的**南多咖啡館**是瑟羅爵士和許多
專門無所事事遊手好閒者經常流連的地
方，他們是被那裡頗負盛名的潘趣酒和
女店主吸引來的。

　　霸菱集團、羅斯柴爾德家族，以及
其他資本雄厚企業的代理人，都名列於
針線街的**新英格蘭咖啡館**及**南北美咖啡
館**的會費名單上；艦隊街的 **PEELE 咖啡
館**擁有一幅據說是由約書亞‧雷諾茲爵
士所繪製的強生醫師肖像；位於牛津街
的**波西咖啡館**啟發了《波西軼事》一書
的靈感；麥克林在柯芬園的**廣場咖啡館**
裡，為演講雄辯佈置了一個巨大的咖啡
廳——或可說是劇場，菲爾丁和富特還
因此奚落他。

　　彩虹咖啡館位於艦隊街，這是第
二家在倫敦開設的咖啡館，並且擁有自
己的代幣；**士麥那咖啡館**的位置在帕摩
爾，是「可以談論政治」的地方，普萊
爾和史威夫特經常造訪此處；**湯姆金咖
啡館**是柯芬園市集最古老的夜店之一，
「被所有對床感到陌生的男士們所熟
知」；交易巷的**土耳其人頭像咖啡館**同
樣也擁有自己的代幣；而位於斯特蘭德
的**土耳其人頭像咖啡館**，則是強生醫師
和包斯威爾最喜歡的用餐地點；還有**弗
利咖啡館**，這是一家開設在泰晤士河上
船屋的咖啡館，在安妮女王統治期間變
得臭名昭彰。

　　關於咖啡館在十九世紀下半葉部分
開始重新流行，愛德華‧富比士‧羅賓
遜在他令人愉快的著作《英國早期咖啡
店發展史》中相當惋惜地對這件事提出
評論：

　　沒有多少獨屬於咖啡館的特色能被
辨認出來；有時擔著咖啡館名頭的場所
會試圖模仿小酒館生活的社交氛圍，與

倫敦的法國咖啡館，十八世紀下半葉。翻攝自托馬斯‧羅蘭森的水彩素描原稿。

此同時，在其他地方，這種回歸的方向是朝著咖啡在這個國家初次嶄露頭角時的簡單純樸。它們全都不再是文學活動的中心。有些古老的傳統很可能重新流行，然而我們無法冒昧斷言，咖啡館是否將再次在任何程度上，在成為公共小酒館或私人俱樂部的路途上，佔據其特殊的社交地位。

做為一項合理的選擇，而到目前為止，在將所有具共通之處者凝聚在一起這方面，咖啡館是包容一切的，還能勸說他們暫時放下對我們國民而言過於保守的習慣──這將是咖啡館的理想目標。咖啡館的成功，在於認識到這樣的典型對後來的、而且較不幸運的英國人來說，必然永遠看來是卓越非凡的。

Chapter 2
整個老巴黎就是一間咖啡館

他們會在某些咖啡館中談論新聞，在其他咖啡館下西洋棋。有一間咖啡館烹製咖啡的方法如此神妙，能讓飲用者的智慧得到啟發；在所有經常光臨的顧客中，4人中就有1人自認他的智慧在進了咖啡館後有所增長。

假設我們打算接受尚‧拉羅克的權威論點，那麼，「1669 年之前，除了在泰弗諾先生的店內還有他部分友人的家中，巴黎極少看見咖啡的蹤跡。除了旅行者寫作的見聞錄，也從未有人聽說過咖啡。」

尚‧德‧泰弗諾是在 1657 年將咖啡帶進巴黎的。不過也有人說，在路易十三統治時期，一個黎凡特人在小夏特萊以 cohove 或 cahove 的名稱所販賣的一種湯劑應該就是咖啡，只是這個說法缺乏證據。

據說，路易十四在 1664 年的時候，第一次喝到咖啡。

土耳其大使將咖啡引進巴黎

1669 年 7 月，土耳其大使蘇里曼‧阿迦抵達法國不久之後，關於他帶來大量咖啡供自己和隨扈飲用的消息甚囂塵上。他「用咖啡款待了一些宮廷和城市中的人」，經過一段時間後，「許多人都習慣飲用加了糖的咖啡，其他從咖啡當中發現益處的人，變得無法停止飲用咖啡。」

6 個月內，全巴黎都在談論由穆罕默德四世派遣到路易十四宮廷的大使所舉辦的豪華咖啡盛宴。

艾薩克‧迪斯雷利在他的著作《文壇異聞錄》中形容的最為貼切：

穿著最華麗東方服飾的大使奴隸，以跪姿將裝在薄胎瓷小杯中滾燙、香濃的上等摩卡咖啡倒入金和銀的淺碟中，擺放在以金色流蘇裝飾的刺繡絲質桌巾上，送給那些高貴的夫人們，而她們，搖著扇子，調皮地用自己塗脂抹粉和點綴裝飾過的臉蛋，對這種全新、冒著熱氣的飲料扮鬼臉。

據說，著名的法國書信作家塞維涅夫人（拉布丹－尚塔勒的瑪麗），在 1669 年或 1672 年的時候，說出那句著名的預言：「法國人絕不會吞下肚的有兩樣東西：咖啡和拉辛的詩作。」但是，這句預言有時候會被簡化成「拉辛和咖啡會被跳過」。

根據一位權威人士表示，塞維涅夫人真正要表達的是，拉辛為女伶尚梅萊，而非子孫後代寫作；此外，對於咖啡，她說：「人們會像對不值得的偏愛之物一般，對其感到厭惡。」

拉魯斯認為，這句雙重評價被錯誤地加諸在塞維涅夫人身上。這句格言和其他許多同類名句一樣，皆是後來偽造出來的；塞維涅夫人說的其實是，「拉辛為尚梅萊創作了一齣喜劇——而非為

了即將來臨的年代。」此時是 1672 年；4 年之後，她對女兒說，「妳戒掉咖啡這件事做得很好。迪·米爾小姐也戒掉咖啡了。」

無論事實真相如何，這位令人愉悅的書信作家註定要在有生之年看見法國人同時屈從於咖啡的誘惑和當代最偉大劇作家的詩意詭計。

咖啡挺進凡爾賽宮

儘管記錄顯示，咖啡在路易十四宮廷中的進展緩慢，但下一任國王路易十五為了取悅他的情婦杜巴利伯爵夫人，讓咖啡極大程度地流行了起來。事實上，有一種說法指稱，路易十五為了他的女兒們所飲用的咖啡，一年花掉了 1 萬5000 元。

與此同時，1672 年時，一位名叫巴斯卡的亞美尼亞人，首開在巴黎公開販售咖啡的先河。

根據坊間其中一種說法，巴斯卡是被蘇里曼·阿迦帶來巴黎的，他在帳棚內提供咖啡待售，那裡同時也是聖日耳曼市集的貨攤，增加了由土耳其侍童提供的服務，他們會在人群中用放在托盤上的小杯子兜售咖啡。市集在春天的頭兩個月期間，於緊鄰巴黎城牆內側、接近拉丁區的一大塊空地上舉辦。在寒冷的日子裡，當巴斯卡的侍童穿梭在人群中時，現煮咖啡的香氣為這種冒著熱氣的飲料迅速帶來了許多生意；很快地，市集的訪客學會去尋找 1 杯「小小黑

咖啡在聖日耳曼市集首次公開提供並販售。翻攝自一份十七世紀的印刷品。

色」歡樂，也就是「petit noir」，這個名稱延續至今依然存在。

市集結束之後，巴斯卡便在新橋附近的 Quai de l'École 開了一家小小的咖啡店；不過，他店裡的常客是偏好當日啤酒和紅酒的類型，所以店內咖啡的銷售變得停滯不前。巴斯卡沒死心，繼續讓他的侍童們帶著用油燈加熱的大咖啡壺，穿梭在巴黎的街道和家家戶戶。他們「咖啡！咖啡！」的歡快叫賣聲，成了受許多巴黎人歡迎的呼喚，一直到後來巴斯

許多早期的巴黎咖啡館都仿效巴斯卡，喜歡用亞美尼亞風格的裝飾。此圖翻攝自十七世紀的印刷品。

卡放棄經營，並搬到當時飲用咖啡正大受歡迎的倫敦後，法國人還時常想念著他的 petit noir。

　　由於不受宮廷的歡迎，咖啡的推廣速度十分緩慢，法國的新潮人士忠於淡酒和啤酒。

　　1672 年，另一位亞美尼亞人馬利班在梅斯網球場隔壁、鄰近聖日耳曼修道院的比西街開了一家咖啡館。他同時也供應菸草給他的顧客。後來他移居到荷蘭，將咖啡館留給他的僕人兼合夥人、波斯人格雷哥利負責。

　　為了更接近法蘭西喜劇院，格雷哥利將咖啡館遷移到馬薩林街。他的生意

交給了另一個波斯人瑪卡拉繼承，瑪卡拉後來回到伊斯法罕，將咖啡館留給了一位比利時列日市來的甘托里斯。

　　大約在這個時期，一個被稱為「le Candiot」、來自坎迪亞的跛腳男孩，開始在巴黎街道上叫賣：「咖啡！」他帶著一個大容量的咖啡壺、熱水盆、杯子，還有做生意所需要的其他器具。他以每碟 2 蘇的價格挨家挨戶地販售著加了糖的咖啡。

　　另一個叫約瑟夫的黎凡特人也在街頭巷尾販賣咖啡，他後來擁有數間自己的咖啡店。從阿勒波來的史蒂芬緊接著在兌換橋開設了一家咖啡館，當生意愈做愈大，他將咖啡館搬到聖安德烈街更做作炫耀的街區，面對著聖米歇爾橋。

　　所有這些和其他的咖啡館，基本上都是東方風格的中下階層咖啡館，它們

巴黎街頭的咖啡小販，1672 年到 1689 年。每碟 2 蘇，已加糖。

主要對貧窮階級和異鄉人極具吸引力，「紳士和時尚人士」則不樂意被看見出現在這一類的公共場所。不過，當法國商人一開始在聖日耳曼市集設置「風格優雅的寬敞房間，裝飾以繡帷、巨大的鏡子、畫作、大理石桌、枝狀燭臺和華麗的照明，並提供咖啡、茶、巧克力，及其他茶點飲料」，這些房間迅速地擠滿時尚人物和文人作家。

因為這樣，在公眾場合飲用咖啡逐漸成了體面的象徵。過不久，巴黎便擁有了 300 多家咖啡館。主要的咖啡師除了他們在城市中的生意，還往返於聖日耳曼市集和聖勞倫斯市集間的咖啡店以維持營運。不論女性和男性，都經常光顧這些地方。

真正巴黎咖啡館的鼻祖

直到 1689 年，巴黎才出現由東方風格咖啡館適應轉變後的真正法國咖啡館，那就是由來自佛羅倫斯或巴勒摩的弗朗索瓦・普羅可布（普羅科皮奧・卡托）開設的普羅可布咖啡館。

普羅可布是一位擁有皇家許可販賣香料、冰、大麥茶、檸檬水和其他同類飲料的檸檬水小販。他很早就將咖啡加入銷售清單中，並吸引了大量而且有名的顧客。

身為一位機智敏銳的商人，普羅可布將商品訴求定位在社會階級比巴斯卡的客人更高端的顧客，還有那些最早跟隨他的客人。他將咖啡館開在最近開幕

的法蘭西喜劇院正對面，當時叫做聖日耳曼德福塞街、現已改名為老喜劇院街的街道上。

一位當代的作家留下了以下對這家咖啡館的敘述：「普羅可布咖啡館……因為這裡即使日正當中還是十分昏暗，夜間亦是照明幽暗；還因為你經常能在那裡看見一大批瘦巴巴、氣色不佳的詩人，而這些人多少都帶著點幽靈般的神態，所以也被稱為普羅可布洞窟。」

普羅可布咖啡館因其地理位置的緣故，成為十八世紀眾多著名法國演員、作家、劇作家和音樂家聚集的場所；這裡是名符其實的文學沙龍！伏爾泰是普羅可布咖啡館的常客；直到這家別具歷

歷史上著名的普羅可布咖啡館一隅，伏爾泰與狄德羅正在辯論。翻攝自一幅罕見的水彩畫。

史意義的咖啡館在存在超過兩個世紀後結束營業時，伏爾泰的大理石桌子和椅子都名列咖啡館最珍貴的遺物之一。他最喜愛的飲料據說是一種咖啡和巧克力的混合飲料。

作家兼哲學家盧梭、劇作家兼金融家博馬舍、百科全書編纂人狄德羅、瓦瑟農修道院神父 Ste. Foix、《加萊圍城戰》的作者德貝洛伊、《阿爾塔薛西斯》的作者勒米爾、克雷比隆、碧紅、拉紹塞、豐特奈爾、孔多塞，還有許多在法國藝術界沒有那麼鋒芒畢露的人物，都是這家鄰近法蘭西喜劇院的小小咖啡沙龍的常客。

當然，在歐洲被認可為美國革命年代全世界第一流思想家之一的班傑明‧富蘭克林，他的名字經常在普羅可布咖

1743 年的普羅可布咖啡館。翻攝自波斯萊頓的雕版印刷。

啡館被反覆提及；當這位卓越的美國人在1790 年過世時，這家法國咖啡館還深深地為這位「共和主義的偉大友人」表示哀悼。咖啡館內外的牆上掛滿黑色的布旗，而富蘭克林的治國之才和科學成就被所有常客交口稱讚。

普羅可布咖啡館在法國大革命的記載中顯得十分突出。在 1789 年那段動蕩不安的日子裡，你會在用餐時飲用咖啡或更強烈的飲料，並在參與一些重大議題的討論中發現像馬拉、羅伯斯比爾、丹敦、埃貝爾和德穆蘭這些人物。當時還是個貧窮火砲隊軍官的拿破崙也在那裡，但他大部分時間都在忙著下棋──那是早期巴黎咖啡館顧客最喜歡的休閒活動。據說，弗朗索瓦‧普羅可布曾在年輕的拿破崙翻找支付咖啡的錢時，強迫他將他的帽子做為抵押品。

在法國大革命過後，普羅可布咖啡館失去了它在文學方面的聲望，並墮落到一般餐廳的水準。

在十九世紀後半葉，一位波希米亞人、詩人和象徵主義作家領袖保爾‧魏爾倫，將普羅可布咖啡館做為他經常流連之地，讓普羅可布咖啡館一度重拾失去的聲望。普羅可布餐廳依然留存在老喜劇街 13 號。

歷史記錄顯示，隨著普羅可布咖啡館的開張，咖啡便穩穩地在巴黎站穩了腳跟。在路易十五統治期間，巴黎有 600 家咖啡店；十八世紀即將結束時，巴黎已有超過 800 家的咖啡店；等到了 1843 年，咖啡館的數量已經增加到超過 3000 家了。

咖啡廳的發展

咖啡的流行迅速地傳播開來，許多夜總會和知名的小餐館開始將咖啡加進它們的菜單中，銀塔餐廳正是其中一家，它於 1582 年在托內爾碼頭開張，立刻成為巴黎最時髦的餐廳。至今，銀塔餐廳對饕客而言仍然是最具吸引力的餐廳之一，餐廳的烹飪手法，始終保有吸引從拿破崙到愛德華七世等眾多世界領袖進入這間古雅餐廳內的名聲。

另一家繼普羅可布之後接受咖啡的小酒館是皇家鼓手，由尚・朗波諾開設在 Courtille des Porcherons，緊跟著馬格尼的店鋪。即使咖啡在菜單上佔據重要的位置，他的酒館還是理所當然地被歸類在小酒館的層級。在路易十五統治期間，這家店因暴行和經常造訪的下流階層之惡行而聲名狼藉。

在朗波諾的酒窖中，你會發現各色人等聚集——尤其是在某些特別狂野的狂歡宴時。瑪麗・安東尼皇后宣稱，她在一場於皇家鼓手舉行的狂野法朗多爾舞會度過最愉快的時光。時髦的巴黎人非常喜愛朗波諾；他的名號還被用做家具、衣服和食物的商標。

朗波諾的皇家鼓手受歡迎的程度，可由一幅描繪咖啡廳內部的早期印刷品上的題詞獲得證實。翻譯後的內容如下：

輕鬆自在的樂趣並不擾亂品味，
不慌不忙地享受如在自家般的悠閒，

朗波諾的皇家鼓手，是早期巴黎最受歡迎的咖啡館之一。一開始原來是一家小酒館，這家酒館將咖啡加入菜單內，而且在路易十五統治期間變得十分有名。插畫是翻攝自用來廣告「皇家鼓手」誘人之處的早期印刷品。

或者在馬格尼的店中虛擲幾小時，

啊，那可是老派的做法！

我們今日所有的勞動者，

所有人都知道，

要在工作時間結束之前快跑離開，

你問為什麼？

他們一定是要去朗波諾先生的店！

瞧，全新風格的咖啡廳！

　　當咖啡館開始迅速地在巴黎出現時，大多數咖啡館都集中在皇家宮殿，「那美麗的花園勝地，三側都被三層式畫廊所圍繞」，那是黎塞留在 1636 年路易十三統治期間，以主教宮殿之名所建立的。

　　1643 年，此地以皇家宮殿之名而聞名；而在普羅可布咖啡館開張後沒多久，皇家宮殿開始發展出許多吸引人的咖啡攤──或者說咖啡屋，零星分佈在佔據了能俯瞰花園之畫廊的其他店鋪中。

早期咖啡館日常

　　1760 年，狄德羅在他的著作《拉蒙的姪兒》中，敘述了皇家宮殿其中一間咖啡館，也就是攝政王咖啡館的日常和其中的常客：

　　在所有的天候狀況下，雨天或晴天，在將近下午 5 點的時候，轉道去皇家宮殿是我的習慣……如果天氣太過冷或潮溼，我會在攝政王咖啡館躲避。

　　我在這裡旁觀別人下棋來自娛。在

在皇家宮殿舉行的咖啡踐行宴會，1789 年。翻攝自波斯萊頓的雕版印刷。

　　這世界上，沒有其他地方的人比巴黎人下棋更有技巧，而在巴黎，沒有其他地方比這家咖啡館裡的人技巧更好了；只有在這裡，你能見到淵博的 Légal、敏銳細緻的菲利多爾、慎重的梅約。在此，你能看見最令人驚奇的棋路，還會聽到最糟糕的對話，因為如果一個人同時是一位才子和偉大的棋手──就像 Légal 一樣，他也很有可能在身為一位棋手的同時，又是個可悲的傻瓜──就像朱伯特和梅約一樣。

　　攝政王咖啡館的開端和一個巴黎人勒菲弗的傳說有關，他在巴黎的街頭巷尾兜售咖啡，大約與普羅可布於 1689 年開設咖啡廳的時間相同。

CHESS HAS BEEN A FAVORITE
PASTIME AT THE CAFÉ DE LA
RÉGENCE FOR TWO HUNDRED YEARS

200 年來，西洋棋在攝政王咖啡館一直是一種受歡迎的消遣。

　　據說，同一位勒菲弗在鄰近皇家宮殿的地方開了一家咖啡廳，並在 1718 年將咖啡廳賣給了一位名叫勒克萊爾的人，勒克萊爾將咖啡廳改名為攝政王咖啡館，以向奧爾良攝政王致敬，這個名字至今仍繼續做為主要招牌懸掛在門上。在博取攝政王的好感之後，貴族階層會在此聚會。

　　要列舉在攝政王咖啡館漫長營業歷史中的常客名單，就跟描繪超過 2 個世紀的法國文學史沒什麼兩樣：有菲利多爾，「十八世紀最偉大的理論家，他的棋藝比他的音樂更為人所知」；參與法國大革命的羅伯斯比爾，他曾與一位女

扮男裝的女士為了她情人的性命博奕；當時棋藝比建立帝國的想法更出名的拿破崙；還有甘必大，他那通常在辯論時響起的大嗓門讓一位棋手無法專注於棋局，在不勝其擾下提出了抗議。

　　伏爾泰、阿爾弗雷德・德・繆塞、維克多・雨果、讓・雅克・盧梭、泰奧菲爾・戈蒂耶、黎希留公爵、薩克斯元帥、布豐、里瓦羅爾、豐特奈爾、富蘭克林，以及亨利・穆傑，這些都是在回憶起這家歷史性的咖啡廳時，依然會聯想到的名字。馬蒙泰爾和菲利多爾曾在那裡進行他們最愛的棋藝遊戲。狄德羅在他寫作的《回憶錄》中，訴說他的

妻子每天給他 9 蘇，好讓他在那裡喝咖啡；他就是在這間咖啡館進行他編纂《百科全書》的工作。

下棋在攝政王咖啡館依然是受到喜愛的活動，儘管棋手們並不用和那些早期的常客一樣，被迫為在棋盤邊放置的蠟燭多付一筆以小時計費的座位費。現今的攝政王咖啡館位於聖安娜街，在最大程度上保留了它舊日的樣貌。

歷史學家米什萊為我們描繪出一幅攝政時期巴黎咖啡館的狂想曲素描：

整個巴黎成了一間巨大的咖啡館。以法語交談來到鼎盛時期；比起 1789 年少了雄辯的口才與修辭，除了盧梭之外，沒有值得一提的雄辯家。無形的智慧盡可能的湧動。這場才氣迸發在某種程度上，毫無疑問應該歸功於當代幸運的革命性變革、創新習慣、甚至重塑了人類氣質及性情的重大事件——那就是咖啡的出現。

當時，咖啡的影響是不可計量的，不像現在被菸草粗暴的影響力削弱和抵銷。他們用鼻子吸嗅菸草，而不是吸食；夜總會被打敗，在路易十四執政時，城裡的年輕人在輕浮女子的陪伴下，在可鄙的夜總會酒桶間狂歡；駕著四輪禮車讓夜晚不再如此擠滿人群；少數貴族在貧民窟找到休息之處。

對話流淌在雅致的店鋪中，與其說是商店，這裡更像是沙龍，慣例及風俗在此交換且變得尊貴。咖啡的盛行即節制的盛行；咖啡，令人清醒的飲料，是一種強力的心智刺激物，與含酒精的飲料不同，咖啡能增進神志明晰與清醒；咖啡，能夠抑制茫然、想像力的重度幻

十九世紀早期，典型的巴黎咖啡館內部景象。

想，由對現實的感知帶來真理的火花和陽光；咖啡是禁慾的……

咖啡的三個時期都是屬於現代思維時期，它們標誌著心靈光輝時代的莊嚴時刻。

即使在 1700 年，阿拉伯咖啡都是先驅。你能在波納爾的時髦房間中看見美麗的女士，正從小杯子裡吸啜飲料，她們正享受著由阿拉伯來的最佳咖啡所散發的香氣。她們在閒聊些什麼呢？話題有土耳其的後宮、畫家夏丹、蘇丹娜的髮型，還有《一千零一夜》（1704 年）。她們將凡爾賽宮的無聊和東方的天堂拿來互相比較。

很快的，在 1710 年到 1720 年，印度的咖啡開始盛行起來，產量充足、受歡迎，並且價格相對低廉。我們種植咖啡的印尼島嶼留尼旺島突然感受到前所未有的快樂。這產自火山地帶土壤的咖啡在攝政時期和事物的新潮流方面都起了爆炸性的作用。

這意外的歡呼喝采、這舊世界的笑聲、這些勢不可擋的智慧閃光，伏爾泰《波斯人信箚》中才氣洋溢的詩句只能給我們一點模糊的概念！即使最出色的書籍都未能成功地捕捉這輕快閒談的翅膀，它們難以捉摸地飛舞來去。這是飄渺自然的精靈，在一千零一夜中，被禁錮在他瓶中的巫師。但是，有哪個玻璃瓶能夠承受那般壓力？

波旁皇室的盥洗室，就好像阿拉伯的沙洲一樣，供需並不平衡。攝政王認識到這一點，並下令將咖啡運送到我們安地列斯群島富饒的土地上。

聖多明哥出產的濃烈咖啡，味道濃郁、口感粗糙，在滋養的同時也有刺激的效果，供養了生存在百科全書鼎盛時期的成人們。布豐、狄德羅、盧梭都曾飲用，為光輝的靈魂增添它的亮光，它明察秋毫的預言之光匯聚在普羅可布的洞穴，他由那黑色飲料的底層預見了 1789 年的光芒。丹敦，可怕的丹敦，在步上講壇前都要喝下數杯咖啡，他如此比喻說：「馬兒得要先吃到燕麥。」

咖啡的流行風尚讓糖的使用開始普及，當時的糖是以盎司為單位，要到藥劑師的店鋪中購買。達弗爾說，在巴黎，人們習慣在咖啡中加入如此大量的糖，以至於讓咖啡成了「僅僅是染黑的水製成的糖漿」。

女士們習慣讓她們的四輪馬車停在巴黎的咖啡館前，由服務員將咖啡裝在銀製的碟子中送上來。

每一年都能看見新的咖啡館開張。當咖啡館數量變得如此龐大，而競爭變得如此激烈，發明新招吸引顧客就變得十分必要了。表演餐廳便誕生於這個年代，這裡提供歌唱、獨角戲、舞蹈，還有小型戲劇及鬧劇——不見得總是有最佳品味——來娛樂常客。

這些沿著香樹里舍開設的表演餐廳，很多都是露天的。天候不佳的時候，巴黎會為尋歡作樂的人提供黃金國、阿爾卡薩、史卡拉、Gaieté、Concert du XIXme Siécle、瘋狂波比諾、朗布托、歐洲音樂廳，還有其他數不清的聚會地點，人們在這些場所可以享用 1 杯咖啡。

就像在英國一樣，特定的咖啡廳會因其獨有的追隨者而聞名，比如軍人、學生、藝術家、商人。政治家有他們喜愛的休閒場所。薩爾萬迪如是說：

　　這裡像一個微型的參議院，重大政治問題在此被提出討論；和平與戰爭在此被考慮後決定；公眾事務在此被提到司法界面前……傑出的雄辯家被成功地反駁，大臣們因他們的愚昧無知、他們的無能、他們的不誠實、他們的貪腐，而被刁難詰問。

　　事實上，咖啡廳是一種法國的公眾機構；我們會在其中發現所有以變革為目的、對人群進行的煽動和運動，但類似情形並不會發生在英國小酒館中；沒有任何政府能贊同咖啡館內的觀點。革命之所以發生，乃是因為他們是為了革命。拿破崙得以統治，乃是因為他們是為了榮譽。君王復辟被破壞，乃是因為他們以不同的方式理解憲章的內容。

　　1700 年出現的《格調代表作》，當中就收錄有咖啡館中的對話。

法國大革命時期的咖啡館

　　皇家宮殿的咖啡館在法國大革命前後是行動的中心。當時正走訪巴黎的亞瑟・楊格，留下了關於 1789 年 7 月那段日子的描述：

　　咖啡館展現出迄今為止更為非凡與令人驚奇的場面，不僅店內擠滿了人，門口和窗邊也簇擁著期待的人群，聽著對某位演說家發出哄堂大笑，這些演說家從椅子或桌子上，對著他的小範圍聽眾高談闊論；他們的演說被熱切地聆聽，而他們每說出一個比一般強力或激烈的反政府觀點，就會收穫雷鳴般的掌聲，這一點都不難想像。

　　在 1789 年 7 月 12 日那個命中注定的星期天，皇家宮殿擠滿了激動的法國人。那是緊張的時刻，當時從福伊咖啡館走出的年輕新聞記者卡米爾・德穆蘭爬上一張桌子，並開始慷慨陳詞，發表促成法國大革命最先公然行動的演說。隨著熾熱爆發的狂熱激情，他將暴民的

1811 年的 Mille Colonnes 咖啡館。翻攝自波斯萊頓的雕版印刷。

群情激昂利用得淋漓盡致，在演說接近尾聲的時候，德穆蘭和他的追隨者「為了革命任務離開咖啡館大步前行」，巴士底監獄在 2 天後被攻陷。

彷彿對於成為法國大革命暴民精神的起始點感到羞愧一般，福伊咖啡館在後來幾年成了藝術家和文人學士安靜的聚集場所。

一直到歇業的時候，它在其他著名的巴黎咖啡館當中，都還是以其排外性和嚴格執行的禁菸規則而聞名。

在一開始，巴黎的咖啡館就迎合了社會所有階層的口味；而不同於倫敦的咖啡館，這種特殊的性質被保留了下來。有一些咖啡廳很早就在菜單中加入其他烈酒和大量的茶點，並在之後徹底轉型成餐廳。

咖啡館的慣例和常客

咖啡對巴黎人的影響被一位十八世紀後半葉的作家如此描述：

我認為我可以安全的斷言，在大多數人臉上可以看出應有的都市風格和溫暖，要歸功於巴黎數量如此眾多咖啡館的開設。在有咖啡館的存在之前，幾乎所有人都在夜總會打發時間，甚至在那裡談生意，自從咖啡館開設之後，人們聚集在那裡，探聽發生的事情、有節制地喝飲料和玩樂，而導致的結果就是人們變得更為文明和有禮——至少表面上看起來是這樣。

以下是孟德斯鳩以他的諷刺筆法，在他的著作《波斯信箋》中所描繪出最早的咖啡館形象：

他們會在某些咖啡館中談論新聞；在其他咖啡館下西洋棋。

有一間咖啡館烹製咖啡的方法如此神妙，能夠讓飲用者的智慧得到啟發；反正，在所有經常光臨的顧客當中，每 4 人裡頭就有 1 人自認他的智慧在進了咖啡館後有所增長。

不過，這些所謂的「才子」激怒我的地方是，他們根本無法為他們的國家做個有用的人。

孟德斯鳩在新橋的一間咖啡館外遇

1843 年的巴黎咖啡館。翻攝自波斯萊頓的雕版印刷。

見了一位幾何學家,並與他一起走進店內。他這麼描述這個插曲:

> 我發現我們的幾何學家受到咖啡館最為殷勤的接待,咖啡館的侍童對他擺出的尊敬態度,比對待在房間角落的兩位火槍手更甚。至於我們的幾何學家,他表現得好像認為自己身處在一個宜人的場所;他緊蹙的眉頭稍微鬆開了一些,還露出了笑容,就好像一點都不具備幾何學家的特徵一般⋯⋯他對每個機智的開始感到惱火,就如同敏感的眼睛被太過強烈的光線傷害一般⋯⋯
>
> 最後,我看見一位老者進門,他蒼白且瘦弱,在他坐下前,我就知道他是一位咖啡館政客。他並非那種絕不被災難所威嚇脅迫、總是做出勝利和成功的預言的人;他是那些不吉利的卑鄙小人中的一員。

摩姆斯咖啡館和圓亭咖啡館顯眼地出現在法國波希米亞主義的記錄中。摩姆斯咖啡館位於塞納河右岸的聖傑曼街,以做為波希米亞人的大本營聞名。圓亭咖啡館的位置在塞納河左岸、l'Ecole de Médecine 街和高葉街的轉角。

亞歷山卓・夏納讓我們一窺在早期咖啡館中的波希米亞人日常。他將敘述的場景放在圓亭咖啡館,並講述一群貧窮的學生如何用咖啡為 1 杯共飲的水加味並加色,讓伙伴們得以整晚保持良好狀態。他說:

> 每天晚上,第一個來的人在侍者詢問「先生,請問要點些什麼?」時,必然會回答,「現在先不要,我在等一位朋友。」
>
> 這位朋友抵達後,被「你有錢嗎?」這個殘忍的問題質問。他會用一個絕望的姿勢表示否定,然後用足以被櫃臺女侍聽見的音量加上一句,「啊,沒有呢;只有想像力,我把皮夾留在我那鍍金的、純正路易十五風格的桌案上了。啊!這是件多麼容易疏忽的事啊。」
>
> 他會坐下來,而侍者會擦擦桌子,表現出有事要做的樣子。第三個人會前來,他有時候能做出「有的,我這裡有 10 蘇」的回應。
>
> 「太好了!」我們會這麼回答;「點

1782 年一間巴黎咖啡館的收銀櫃臺。翻攝自雷蒂夫的畫作。

1 杯咖啡、1 個杯子和 1 瓶水吧；結帳並付侍者 2 蘇，確保他閉口不言。」

這樣就成了。

其他人會前來並在我們身旁就坐，異口同聲地對侍者說：「我們和這位先生是一起的。」

我們經常是 8 或 9 人坐同一張桌子，但花錢消費的卻只有 1 位。我們會吸菸和閱讀來消磨時間。

當水像在遇難的船上一般開始減少時，我們其中之一便會厚著臉皮大喊：「侍者，加點水！」毋庸置疑，了解我們處境的咖啡館老闆曾經指示侍者別試著制止我們，他不需要我們的幫助來創造財富。他是個好傢伙和聰明人，訂閱了歐洲所有的科學雜誌，而這為他帶來了外國學生客群。

另一家延續了拉丁區最佳傳統的咖啡館是瓦謝特，這家咖啡館存續到 1911 年尚·莫黑去世為止。古文物研究家在與區內許多其他屈服於酒色放蕩的咖啡館比較時，通常會以瓦謝特咖啡館為例做為慎重的典範。一位作家是這麼說的：「瓦謝特所習得的傳統中，由學術成就而來的比感官享受而來的更多。」

在十七世紀後期和十八世紀初期，巴黎咖啡廳確實只是咖啡館；但是，當許多顧客開始在咖啡館消磨大部分清醒的時間後，經營者便在菜單上加入了其他飲料或食物，以確保客人的光顧。

結果就是：我們會發現，儘管一開始開業的時候是定位為咖啡館，但將某些店鋪稱之為餐廳或許會更正確。

具歷史意義的巴黎咖啡廳

儘管大多數都已經被湮沒，有一些具歷史意義的咖啡廳至今還在原來的地點生意興隆。從身為常客的法國文人所寫作的小說、詩歌和散文中，我們得以窺見更多著名的咖啡館。

這些第一手的記述，對有時激動人心、通常是有趣的，還有經常是令人討厭的一些事件——例如聖法爾戈在位於皇家宮殿菲芙利的低穹頂地窖咖啡廳遭到刺殺——提出深刻的見解。

瑪尼咖啡館，最初是戈蒂埃、泰納、聖維克托、屠格涅夫、德·龔固爾、蘇利耶、勒南、艾德蒙等自由派人士流連的場所。近代舊的瑪尼咖啡館被夷為平地，原地重建了一家同名的餐廳，不過風格則與以前截然不同；甚至街道的名稱都已經更改，由康特斯卡普街改名為馬澤路。

Méot 咖啡館、Véry 咖啡館、布維里爾、瑪謝、沙特爾咖啡館、三兄弟，還有 du Grand Commun 全都位於皇家宮殿，這些都是法國大革命時有著顯著角色的咖啡館，而且與法國戲劇界及文學界有著緊密的關係。

Méot 咖啡館和瑪謝咖啡館曾經是暴動前那段時間，保皇黨約定碰面的地點，但在革命黨掌權後，咖啡館同樣歡迎他們的到來。沙特爾咖啡館則因為是年輕貴族們的聚集之地而聲名狼藉，這些貴族逃脫了上斷頭臺的命運，卻因此變得膽大妄為，經常由鄰近的咖啡館中召來與他們類似的人，一同參與他們復

辟君權的計畫。三兄弟因其絕妙而昂貴的正餐而為人所熟知，曾被巴爾札克、利頓伯爵，以及阿爾弗雷德‧德‧繆塞在他們的一些小說中提及。du Grand Commun 咖啡廳則出現在盧梭的著作《懺悔錄》中，與劇作《鄉村中的占卜師》有關。

Venua 咖啡館，是開設在聖奧諾雷路的眾多咖啡館中最著名的一家，羅伯斯比爾和他的革命伙伴是這裡的常客，這裡可能也是貝爾蒂埃遭到殘酷謀殺，以及其後一段時間所發生令人噁心的事件後續的地點。曾是為 22 歲歷史學家阿其柏‧愛力森所舉辦之宴會地點的 Mapinot 已經名垂千古；還有瓦贊咖啡館，這間咖啡館的周圍仍然堅持和左拉、阿爾馮斯‧都德，還有朱爾‧德‧龔固爾相同文學觀點的傳統。

從過去到現在，義大利大道大概有著比法國首都任何其他地段更多的時髦咖啡廳。

在第一法蘭西帝國早期，由一位檸檬水小販 Velloni 所開設的朵托尼咖啡館，是大道上最受歡迎的咖啡館，經常擠滿由歐洲各地前來的上流時髦人士。法國大革命史學家路易‧布朗初成名時，在此度過漫長時光。塔列朗、音樂家羅西尼、藝術家阿弗列德‧史蒂芬斯和愛德華‧馬奈是仍然與朵托尼咖啡館的傳統聯繫在一起的數個名字。

沿著大道繼續前行，還有里奇咖啡館、Maison Dorée、英國咖啡館及巴黎咖啡館。彼此相鄰的里奇咖啡館和 Dorée 咖啡館都屬於高價位咖啡館，並以狂歡宴會聞名。英國咖啡館從擺脫第一法蘭西帝國後開始存在，也因其高昂的價格而聞名，不過做為回報，它提供豐盛的晚餐和美酒。據說甚至在巴黎被圍困的時候，英國咖啡館都能提供它的常客「像是驢子、騾子、豆子、炸馬鈴薯和香檳這樣的奢侈品。」

位於俄羅斯王子德米多夫故居、從 1832 年就開始存在的巴黎咖啡館，或許是十九世紀所有在巴黎的咖啡館中，佈置最為富麗堂皇且經營管理最為優雅的咖啡館。其中一位常客阿爾弗雷德‧德‧繆塞說：「你無法用低於 15 法郎的價格敲開它的大門。」

文藝咖啡廳在十九世紀於波那諾維尼大道開張，直接請求文學界人士的光臨，在店內菜單的補充說明中印著：「每位在本店內消費 1 法郎的顧客，可以獲得由我們的大量收藏中選擇任何一冊作品的資格。」

曾或多或少有點名氣的巴黎咖啡館數量相當之多。其中一些有：

盧梭在完成一部特別尖刻的諷刺作品後，便被迫離開的羅蘭咖啡館；古怪的沃頓男爵與輝格黨的常客盡情尋歡作樂的英國咖啡廳；詹姆斯黨人經常出沒的荷蘭咖啡廳；位於小冠軍街的 Terre 咖啡館被薩克萊記述在作品《馬賽魚湯之歌》中；位於聖但尼大道的 Maire 咖啡館可追溯到超過 1850 年；馬德里咖啡廳開設在蒙馬特大道，對西班牙抒情詩人卡賈特極富吸引力；和平咖啡館位於嘉布遣大道，是法蘭西第二帝國主義者和他們的密探的休閒場所；座落於馬德蓮

區的杜蘭咖啡館開業時和高價位的里奇咖啡館程度相當，並於二十世紀初期結束營業；Rocher de Cancale 最讓人難忘的是它的盛宴以及從歐洲各地前來、生活豪奢的顧客們；鄰近聖彼得斯堡的蓋爾波瓦咖啡廳，印象派畫家馬奈在幾經浮沉後，因其畫作而贏得名望，並持續多年在此接待來訪者；蒙馬特區維克多馬斯路的黑貓咖啡廳是咖啡廳與音樂廳的綜合體，從那時開始就是被廣為模仿的對象──不論是名字或特色等各方面。

Chapter 3

老紐約咖啡館成了
公民論壇場所

　　咖啡館被普遍視為最方便的休閒場所，因為僅需花費少量的時間或金錢，就能找到想找的人定下會面之約、得知目前的新聞以及任何與我們最為相關的資訊。紐約，英屬美洲最核心、同時也是規模最大且最繁華的城市，竟缺乏如此便利的設施，著實為一種恥辱。

紐約的荷蘭籍創建人似乎在帶來咖啡之前，已經先一步將茶引進新阿姆斯特丹；這大約發生在十七世紀中葉。我們由記錄中發現，當地市民在大約 1668 年時放棄對咖啡的抵抗。咖啡先緩慢地進入家庭中，取代了早餐的「必備品」──也就是啤酒。巧克力也在差不多同一時期出現，不過比起茶或咖啡，巧克力更像是一種奢侈品。

　　在紐約於 1674 年向英國投降後，英式禮儀和風俗習慣很快就被引入。首先是茶，接著是咖啡，成為受到每個家庭喜愛的飲料。到了 1683 年，紐約成了如此主要的咖啡生豆市場，以至於威廉・佩恩在確認自己安穩舒適地在賓夕法尼亞殖民地落腳之後，便立刻為了他的咖啡補給出發前往紐約。沒過多久，只有倫敦風格咖啡館能滿足的社交需求便應運而生。

　　早期紐約的咖啡館，和它們在倫敦、巴黎和其他世界首都的原型一樣，是城市商業、政治，以及社交生活的中心。不過，它們從未能如同法國和英國咖啡館一樣，成為培育文學作品的溫床，這主要是因為殖民地居民當中並沒有著名的職業作家。

　　早期的美國咖啡館──特別是那些開設在紐約的，有一項有別於歐洲咖啡館的重要特色。殖民地居民有時候會在咖啡館的長房──也就是會議室──進行法院審理；此外，經常在那裡舉行代表大會和市議會會議。

成為公民論壇的咖啡館

　　早期的咖啡館是紐約城市生活的一大要素。這類聚集場所的長久存在對公民們的意義，可以由一段 1775 年 10 月 19 日刊登在《紐約新聞報》的抗議文字看出來。這篇文章顯然意在使貿易商咖

荷屬紐約的咖啡歷史文物。范・科特蘭之家博物館收藏的船型香料研磨器、咖啡烘焙器，以及咖啡壺。

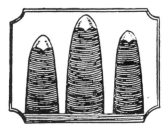

老紐約酒館與食品雜貨店的招牌。圖左，史密斯・理查茲，食品雜貨商兼糖果商，「招牌上是茶葉罐和 2 條糖糕。」（1773 年）；圖中，國王之臂，本來是伯恩斯咖啡館（1767 年）；圖右，喬治・韋伯斯特，食品雜貨商，「招牌上是 3 條糖糕。」

啡館日漸沒落的命運重新復甦，其中一部分是這麼寫的：

致紐約居民：

在這個公眾面臨困難與威脅的時刻，這個城市中並沒有讓我們可以日常會面，從不同區域聽聞並交換消息，同時與彼此商討和我們自身相關所有事項的場所，這一點實在讓我十分憂心。

像這樣的公眾聚會場所在許多方面都有極大的優點——尤其是像現在這個時刻，除了它所能提供的樂趣及其社交性之外，還能讓我們跟上趨勢，這一點在如今這個時代從未被如此需要過。

為滿足上述這些還有許多其他良善且有用的目的，咖啡館被普遍視為最方便的休閒場所，因為僅需花費少量的時間或金錢，就能找到想找的人並與之談話、定下會面之約、得知目前的新聞以及任何與我們最為相關的資訊。故而，在我所見所有英國治下的城市及大型城鎮，對一間或更多間風格優雅咖啡館的發展都給予足夠的支持鼓勵。

那麼為何紐約，英屬美洲最核心、同時也是規模最大且最繁華的城市，無法負擔起一家咖啡館？對這個城市和其中的居民來說，因為欠缺適當的鼓勵而使得城市中缺乏如此便利的設施，著實為一種恥辱。

說到咖啡館，確實是有那麼一家非常好且舒適的，管理得十分良好並提供膳宿，但光臨的人數少到不值得一提；而且我驚訝地發現，在經常光顧的客人裡，只有一小部分會對那裡的開銷做出貢獻，他們只是進入店內然後離開，完全沒有點任何東西或支付任何金錢給咖啡館。在倫敦所有的咖啡館裡，每個進入咖啡館的人都會按照慣例點 1 杯咖啡，或支付 1 塊錢，這是很合理的，因為這些咖啡館老闆已經支付了將咖啡館開設起來的支出，並且提供所有膳宿所需的必需設施；每個前來這裡受惠於這些便利的人，都應該為此付出一些花費。

城市之友

紐約的第一家咖啡館

某些紐約的早期記事確信美國的第一家咖啡館是在紐約開張，但是他們所

提供最早且經過鑑定的記錄是 1696 年 11 月 1 日，約翰・哈欽斯在百老匯買了一塊地，位於三一教堂公墓和現在的柏樹街之間，他在那裡建了一棟取名為「國王之臂」的建築。

與此記錄對照，波士頓可以拿出手的是塞繆爾・加德納・德雷克的著作《波士頓的城市歷史與文物》中，提到班傑明・哈里斯於 1689 年在「倫敦咖啡館」賣書的敘述。

國王之臂是以木材建成，正面是據說由荷蘭運來的黃色磚塊。整棟建築有兩層樓高，屋頂是設有座椅的「瞭望臺」，海灣、河流，還有整個城市的風景在此一覽無遺；咖啡館的訪客經常於午後落座於瞭望臺上。瞭望臺並未顯示在插圖中。

一樓主廳的兩側分別排列著包廂，為了維持更高的私密性，還用綠色的帷幔加以遮擋。熟客可以用與彼時受倫敦人喜愛、一模一樣的獨享方式，在包廂

紐約的咖啡館先驅——國王之臂，於 1696 年開幕。這張風景畫顯示這棟古老歷史的建築在約翰・哈欽斯經營的時候，在百老匯接近三一教堂公墓的花園一側景色。瞭望臺可能是後期增建的。

裡面啜飲咖啡，或來杯刺激性更強的飲料，同時檢視他的信件。

二樓的房間供商人、殖民地行政官員及監督人，或類似的公眾及私人事務舉行特殊聚會之用。

如上所述，會議室似乎是區別咖啡館和小酒館的最主要特徵。雖然這兩種類型的場所都有為客人準備的房間，都提供餐點，但為處理商業事宜的目的使用咖啡館的多半是固定常客，而光顧小酒館的通常都是來往的旅客。每天，人們在咖啡館會面經營生意，然後為了找樂子或住宿等目的光顧小酒館。國王之臂大門前懸掛的招牌上寫著：「獅子與獨角獸為王冠爭鬥。」

有長達數年的時間，國王之臂都是紐約唯一一家咖啡館，或者說，至少似乎沒有其他咖啡館重要到在殖民地記錄中值得一提。基於這個原因，國王之臂更常被稱呼為「那家」咖啡館，而非「國王之臂」。

當代的記錄中，有國王之臂的約翰・哈欽斯和羅傑・貝克因談論喬治國王時的不敬言語而被捕一事，其中提到由貝克經營的國王之首。不過，一般相信國王之首這家旅舍其實是小酒館，不能理所當然地將它視為咖啡館。1700年被提及的白獅也是一間小酒館——或者說旅舍。

在 1709 年 9 月 22 日這一天，《紐約殖民地代表大會期刊》提到一場在「新式」咖啡館舉行的會議。大約在這個時期，紐約市的商業區開始由百老匯逐漸向東移往濱水區；而基於這個事實，很

可能「新式」咖啡館這個名稱指的是國王之臂從原來鄰近柏樹街的位置搬離，或是指國王之臂已不再受到喜愛，被另一家更新穎的咖啡館取代了流行的地位。《紐約殖民地代表大會期刊》並未寫出「新式」咖啡館的位置。

不論是哪一種情況，國王之臂這個名字直到 1763 年都沒有再出現在記錄中了，而那時它的性質更接近於小酒館，或者說路邊旅館。

從 1709 年到 1729 年的公開記錄中，關於紐約咖啡館的記錄付之闕如。1725年，紐約的報紙先驅《紐約公報》創刊；4 年後的 1729 年，《紐約公報》上出現了一則廣告，陳述在「咖啡館」，「可能可以獲得一位合格簿記員的消息。」1730 年，同一份報紙上的另一則廣告則講述一場土地的公開拍賣——也就是競價拍賣——將在交易所咖啡館舉行。

交易所咖啡館

由於名字的原因，交易所咖啡館被認為應該位於百老街的街尾，毗鄰防波堤，並且接近當時的長橋。在當時，這個區域是城市的商業中心，交易所也包含在內。

交易所咖啡館在 1732 年時是紐約唯一一個這種類型的咖啡館，這件事可以從同年的一份通告推測一二——內容提及議會和立法機構的會議協調委員會將「於咖啡館」召開會議。這個結論表面上的證明來自 1733 年《紐約公報》上的

一則廣告，廣告內容是請求將「遺失的袖釦歸還給咖啡館隔壁的陶德先生」。記錄顯示，當時有一位羅伯特・陶德經營著名的黑馬酒館，而該酒館正好位於城市的這個區域。

1737 年，我們再度聽聞交易所咖啡館的消息，而且顯然是在相同的地點，此地在一起被稱為「黑人陰謀」的事件中被提及，位置在百老街街尾，長橋旁的戰鬥雄雞酒館隔壁。也是在同一年，交易所咖啡館因做為公開拍賣位於百老匯之土地的場所而得名。

至此，交易所咖啡館實際上已然成為紐約市的正式拍賣場，同時也是購買和飲用咖啡的地方。許多種類的日用品也在那裡進行買賣，咖啡館內以及咖啡館門前的人行道都是交易地點。

貿易商咖啡館

1750 年，交易所咖啡館開始失去維持已久的聲望，咖啡館的名字也被改為「紳士交易所咖啡酒館」。一年後，它改名為紳士咖啡酒館，並搬遷到百老匯。1753 年，它再次遷移到位於現在濱海街的獵人碼頭，大約介於如今的 Old Slip和華爾街之間。

這家著名的老咖啡館此時似乎已不復存在，毫無疑問的，更新的商家——也就是貿易商咖啡館的出現，加速了它的消逝，而貿易商咖啡館即將成為紐約最著名、以及美國最具歷史意義的咖啡館——根據某些作家的說法。

現在已無法確定貿易商咖啡館最早是何時開業，可以確定的時間是 1737 年，一位名為丹尼爾‧布魯姆的水手從約翰‧當克斯手中買下牙買加領航船酒館，並且重新命名為貿易商咖啡館。

這棟建築位於如今華爾街和水街（當時的皇后街）的西北角；布魯姆由 1750 年後不久直到他去世時，都是這裡的老闆。

詹姆斯‧阿克蘭上尉接手繼承了這家咖啡館，旋即出售給路克‧羅姆。1758 年，羅姆將此建築賣給了查爾斯‧亞丁醫師。醫師將此地出租給瑪麗‧法拉利夫人，她成為這裡的經營者，直到 1772 年搬進斜對面由威廉‧布朗約翰在華爾街及水街東南角新建的房子為止。法拉利夫人將常客及貿易商咖啡館之名一同帶到新地點去，而老房子不再做為咖啡館之用。

容納原來的貿易商咖啡館的是一棟兩層樓高的建築，頂樓附有陽臺，那是十八世紀中葉紐約的典型建築樣式。一樓設置了繪有和國王之臂有關圖像的咖啡吧檯跟雅座。二樓則是典型的供公眾聚會之用的長房。

在布魯姆經營期間，貿易商咖啡館經歷了一段與交易所咖啡館搶客的漫長奮鬥，當時的交易所咖啡館正是生意興隆的階段。

不過，由於其地理位置鄰近 Meal 市場——那是商人為了交易目的而聚集的場所，貿易商咖啡館逐漸成為城裡的會面地點，離濱水區更遠的交易所咖啡館則為此付出代價。

圖右，貿易商咖啡館於 1772 年到 1804 年間的樣貌。原來使用這個名字的咖啡館於 1706 年開設在華爾街及水街的西北角，1772 年商店搬遷到東南角。

寡婦法拉利掌管原來的貿易商咖啡館長達 14 年之久，一直到她搬到對街為止。她是一位敏銳的生意人，在她的新咖啡館準備開張前夕，她向老顧客們宣布將舉行一場喬遷派對，派對上提供阿拉克酒、潘趣酒、紅酒、冷火腿、牛舌，以及其他美味佳餚。這件事被正式記述在數份報紙上，其中一份記載：「新咖啡館的宜人環境和雅致吸引大量了人群在此聚集。」

法拉利夫人繼續負責經營商咖啡館，直到 1776 年 5 月 1 日，柯尼流士・布萊德福成為所有人為止。布萊福德接手咖啡館後，便設法增加在獨立革命前夕的那段紛亂時期，多少有些減少的客流量。

在他經營權交接的通告中，他說：「當貿易和航運於從前的航道重啟時，有趣的情報將會被謹慎地收集，船隻抵達的消息也將獲得最大程度的關注。」他所提到的是，殖民地當時對歐洲持續發佈的封港令。當美國軍隊在的獨立革命期間由這座城市撤退時，布萊德福也跟著離開，前往位於哈德遜的萊茵貝克。

在英國佔領期間，貿易商咖啡館是重大活動發生之地，它和從前一樣是商業中心，而在英國政體之下，它也成為戰利艦進行販賣交易的場所。商會於 1779 年在貿易商咖啡館的上層長房恢復了自 1775 年就宣告暫停的集會。為了長房的使用，商會每年會支付 50 鎊給當時的業主——史密斯夫人。

1781 年，當時為皇后之首酒館老闆的約翰・斯特拉坎成為貿易商咖啡館的店主，他在一份公開聲明中保證：「不僅以咖啡館，更是以小酒館的角色關注真實；並以始終如一且最好的關照有別於城市內的酒館及咖啡館。早餐供應時間由 7 點到 11 點；湯和開胃菜的供應時間是 11 點到 1 點 30 分。茶、咖啡等等，和在英國一樣於午後供應。」但是，當他利用往英國的軍艦收發信件，並且開始為此收費 6 便士時，他惹來了大麻煩，甚至被強制放棄這項業務。斯特拉坎一直到和平降臨時，都是此處的負責人，柯尼流士・布萊德福也隨著和平時期而來，繼續咖啡館的經營。

布萊德福將咖啡館的名字改為「紐約咖啡館」，不過，一般大眾還是以原來的名字稱呼它，因此店主不久後便對改名這件事做出了讓步。他擁有一份海運清單，上面有抵達和離開的船隻名稱，並記錄這些船隻所航行的港口。他也開展了一份返航市民的登記簿，他的廣告中這麼宣稱：「任何一位現在居住在城市裡的紳士，都能登錄姓名及居住地址。」這看起來像是建立城市聯絡簿的首次嘗試。藉著布萊德福的幹勁，他很快就讓貿易商咖啡館再次成為城市商業中心。他於 1786 年去世，以模範市民的身分受到哀悼；他的葬禮在曾被他管理得如此良好的咖啡館中進行。

貿易商咖啡館繼續做為主要的公共集會場所，直到 1804 年被火災所摧毀。在它存在期間，於許多地方和國家的歷史事件中都扮演了重要角色，這些事件多如牛毛，無法在此詳述。

一些比較著名的事件有：1765 年，

向市民宣讀命令，警告他們停止反對印花稅法的暴亂；針對拒絕接受由大不列顛來的托運貨物議題展開的辯論；自由之子——有時被稱為「自由男孩」，在運茶船南西號的洛克船長面前示威，1744 年南西號由波士頓改道，尋求將所裝載的貨物於紐約下貨；為了在抵抗英國壓迫上取得合作助力，在 1744 年 5 月 19 日舉行的公民大會上，就與麻薩諸塞殖民地互通有無的方法進行討論，由這次會議發出一封信函，主張由各殖民地組成眾議院，同時訴求一個「富有道德且積極堅定的聯邦」；緊接著發生在麻薩諸塞康科特和萊星頓的戰役那段時期舉行的群眾會議；還有掌管公眾事務的

百人會的組成，這一切都讓貿易商咖啡館差不多成了政府的所在地。

當美國軍隊在 1776 年佔據這座城市時，貿易商咖啡館成了陸軍和海軍軍官的休閒場所。1789 年 4 月 23 日，這家咖啡館達到它榮耀的最高點——當時被選為第一任美利堅合眾國總統的華盛頓，在此處被各州州長、紐約市長和次級內政官員迎接。

做為社交聚會及投宿的場所，貿易商咖啡館始終盛名不墜。除了在其長房聚會的商業團體之外，以下團體在草創初期會定期在此會面：藝術、農耕暨經濟學會；科西嘉騎士團；紐約通訊委員會；紐約海事協會；紐約州商會；共濟

總統當選人華盛頓在貿易商咖啡館受到接待，紐約。這場接待發生在 1789 年 4 月 23 日，華盛頓的就職典禮前一週。翻攝自查爾斯‧P‧格魯佩的畫作，本書作者為畫作擁有者。

會第一六九支部；輝格會；紐約醫療院所協會；聖安德魯協會；辛辛那提協會；聖派翠克友好之子協會；解放協會；解救受難債務人協會；黑衣修士協會；獨立遊騎兵；還有聯邦共和黨人士。

一同來到的，還有在 1784 年成立城市的第一個金融機構——紐約銀行——的人；同時在 1790 年由合法經紀人於此地舉辦了第一場股票公開拍賣。這裡也是通天咖啡館出資人舉行組織會議的地方，而通天咖啡館在幾年內被證明是一個可敬的對手。

一些名氣較小的咖啡館

在繼續著名的通天咖啡館的故事前，我們應該注意一些貿易商咖啡館曾有過的前期競爭者。

交易所咖啡館花費 4 年的時間，試圖迎合百老街街尾商人們的需求。交易所咖啡館位於皇家交易所內，是在 1752 年創建，用來代替舊的交易所，直到 1754 年都被當做倉庫使用。之後威廉‧基恩和來特富拿到管理權，並開始經營附帶有跳舞大廳的咖啡屋。1756 年，這段合夥關係宣告破裂，來特富繼續經營，直到他隔年過世為止，他的遺孀試著將生意維持下去。1758 年，此處徹底恢復成原先商務機構的特性。

然後還有白廳咖啡館，由分別名為羅傑和亨佛瑞的兩位先生於 1762 年開設的，並宣布：「倫敦和布里斯托間的通信已經安排好，可利用每次機會，在出版的第一時間傳送所有公共印刷品和宣傳小冊；每週還會補充紐約、波士頓，以及其他的美國報紙。」這家咖啡廳維繫的時間並不長。

早期的城市記錄罕見地提到了伯恩斯咖啡館，有時候會將其稱為酒館，與其說這個地方是咖啡館，不如說它更像是小旅館。這家店由喬治‧伯恩斯經營了數年，店的位置靠近巴特里，座落在之後變成城市旅舍的歷史性建築——老德蘭西會館內。

伯恩斯一直都是咖啡館的經營者，直到1762年被一位史提爾夫人接管為止，史提爾夫人將咖啡館的名字改為國王之臂。1768年，愛德華‧巴登成為店主。後來幾年，這個地方以亞特蘭提克之家的名字而聞名。據說叛徒班奈狄克‧阿諾德在變節投靠敵軍後，曾住在這間老旅館中。

銀行咖啡館屬於更晚的世代，而且沒有多少早期咖啡館的特色。它是由威廉‧尼布洛於 1814 年開設的，有著尼布

伯恩斯咖啡館在大約十九世紀中葉出現時的樣貌。它在百老匯屹立多年，位於德蘭西議院內，滾球綠地的對面，在 1763 年以國王之臂的名字開始為人所知，後來改名為亞特蘭提克之家。

洛花園的名聲，位於威廉街與派恩街街角，紐約銀行的後方。咖啡館持續營業了大約 10 年，而且成了重要商人形成的小團體集會的場所，這些商人團體組成了某種型式的俱樂部。銀行咖啡館因其正餐和晚宴而聲名遠播。

弗朗薩斯客棧因做為華盛頓向他麾下軍官告別的場所而聞名，就如同它的名字所顯示，此處是一間旅舍，將其歸類為咖啡館並不是很恰當。儘管這裡提供咖啡，設有做為集會之用的長房，也還是很少商人在此談定生意。這裡主要是給想要「享樂一番」的市民做為聚集地使用。

此外還有新英格蘭暨魁北克咖啡館，這也是一間酒館。

通天咖啡館

最後要介紹的紐約著名咖啡館擁有「通天咖啡館」這個名字。在貿易商咖啡館於 1804 年被焚燬後，通天咖啡館是城裡唯一一家重要的咖啡館。

基於各式各樣商業公司的需求，約莫 150 位商人覺得應該要有一間更為寬敞便利的咖啡館，於是在 1791 年籌組了通天咖啡館。這家公司是依據 1653 年由勞倫佐・通蒂引進法國的計畫，經過少許修改後執行。根據紐約通天計畫，每位股東逝世後，股份會自動歸屬於合夥人當中仍在人世的股東，而非該股東的繼承人。原始股東共有 157 位，股份共有 203 股，每股價值 200 英鎊。

通天咖啡館，圖左第二棟建築，於 1792 年開幕。本圖所示為原始建築，位於華爾街與水街的西北角，後來於 1850 年被一棟五層樓的建築取代，一棟現代辦公大樓隨後又將前述建築取代。

董事們付出 1970 英鎊，將位於華爾街和水街西北角，也就是原來貿易商咖啡館所在地的房屋和土地買下。隨後，他們取得華爾街和水街上與咖啡館相鄰的土地，華爾街的土地花費 2510 英鎊，水街的土地則耗費了 1000 英鎊。

新咖啡館的基石在 1792 年 6 年 5 日鋪設；而正好 1 年後，120 位紳士出席一場於完工的咖啡館內舉辦的宴會，慶祝 1 年前的奠基大事。約翰‧海德是首任店主。咖啡館耗資共 4 萬 3000 英鎊。

當代對於通天咖啡館在 1794 年樣貌的描述由一位當時正走訪紐約的英國人提供：

通天旅舍暨咖啡館是一棟富麗堂皇的磚造建築；你在廊柱下走上 6 或 8 層階梯後，會來到一間很大的公共空間，這裡是紐約股票交易所，所有交易在此進行。這裡保存了 2 本書，就和勞埃德咖啡館（位於倫敦）保存每艘船抵達和通關資訊一樣。這棟房屋是為了商人們的住宿，用每股 200 鎊的通天股票所建造的。它由曾是倫敦羊毛織品布商的海德先生經營。你可以在此住宿，並於公共餐臺上用餐，你 1 天要付 10 先令，無論是在外用餐或在咖啡館內用餐。

1817 年，股票市場將總部設置在通天咖啡館內，初期的組織架構被仔細的制訂，並演變成為紐約股票暨匯兌委員會。它在 1827 年搬到商業匯兌大樓，而且一直留在該處，直到 1835 年這棟建築付之一炬為止。

通天聯盟的原始文件中規定，該房舍必須以咖啡館的型態經營並使用，這個協議一直被堅持到 1834 年，當時經由衡平法法院的許可，契約書中提及的財產被出租做為一般商務辦公室之用。

這項改變要歸因於座落在華爾街前端的商業匯兌所帶來的競爭壓力，商業匯兌所在通天咖啡館建築竣工後不久便開張營業。

當城市開始成長，位於原來通天咖啡館的商務辦公區域變得不敷使用；而在大約 1850 年，一棟耗資 6 萬美元的五層樓新建築取代了舊的建築。到了這個時候，這棟建築已經失去舊日咖啡館的特色。

這棟新的通天大樓被認為是紐約市第一棟真正的辦公大樓。如今這個地點被一棟巨大的現代辦公大樓佔據，依然延續通天大樓這個名稱。知名的紐約咖啡商人約翰‧B‧奧唐納休與查爾

1850 年的通天大樓。位於華爾街和水街的西北角；一輛百老匯——華爾街公共驛馬車正經過建築前方。

斯·A·奧唐納休是通天大樓的擁有者，直到 1920 年以 100 萬美元出售給聯邦精煉糖業公司為止。

通天咖啡館在城市及國家的歷史性事件當中，並不如它的鄰居——貿易商咖啡館——那般，有如此顯眼的表現。然而通天咖啡館卻成為由全國各地前來之訪客的麥加聖地，在見識過紐約最自負不凡的建築物之前，訪客們都不會認為自己在紐約的行程已然圓滿。

通天咖啡館的編年史家們總是說，全國大多數的領導者，加上外國的著名訪客，都曾在他們職業生涯的某個時間點，於這家老咖啡館的大廳中聚首。在被迫接受阿龍·伯爾的致命決鬥之後，漢密爾頓在生死關頭掙扎的新聞快報，便是張貼在通天咖啡館的牆壁上。

通天咖啡館逐漸改變成為純粹的商務大樓標示著紐約咖啡館時代的結束。交易所和商務大樓開始成立，取代了咖啡館的商業作用；俱樂部被組建起來負責社交功能；而餐廳和飯店迅速增長，滿足飲料及食物的需求。

紐約的休閒花園

將倫敦的休閒花園概念引進紐約的這個嘗試相當地成功。一開始，數家已經提供跳舞大廳的酒館增設了飲茶花園，接著，沃克斯豪爾花園及拉內拉赫花園在紐約市市郊開張——皆是以它們著名的倫敦原型來命名的。3 家同名的沃克斯豪爾花園中的第一家位於格林尼治街，在華倫街和錢伯斯街之間，它面眺北河，縱覽哈得遜的美麗景色。一開始此處的

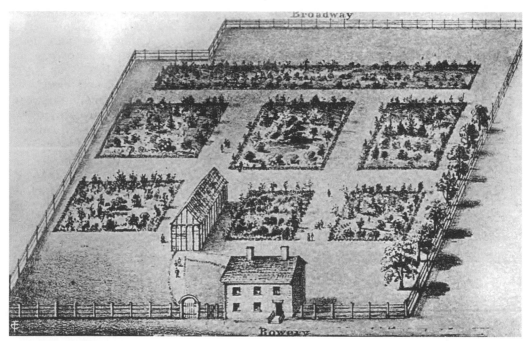

1803 年的沃克斯豪爾花園。翻攝自一份舊印刷品。

名字是 Bowling Green 花園，在 1750 年更名為沃克斯豪爾。

拉內拉赫則位於百老匯，在杜安和窩夫街之間，後來紐約醫院建立的那一側。從那段時期（1765 ～ 1769 年）的廣告我們得知，拉內拉赫每週有 2 次音樂會演出。此處是「供紳士淑女們吃早餐以及夜晚休閒娛樂」的場所。花園中有寬敞而便利的大廳供跳舞之用。

拉內拉赫維持了 20 年之久。在花園中全天所有時段都供應咖啡、茶，和熱的麵包捲。煙火在沃克斯豪爾和拉內拉赫都是主打特色。第二家沃克斯豪爾的位置接近現今茂比利街和格蘭街交叉口，時間是 1798 年；第三家則在包厘街上，接近阿斯特廣場，時間是 1803 年。阿斯特圖書館則是於在第三家沃克豪爾花園的原址興建。

早先是派恩街的銀行咖啡館經營者的威廉·尼布洛，於 1828 年開設了一家休閒花園，他將其命名為 Sans Souci，座落在百老匯和王子街一棟名為競技場的圓形建築上。花園的中心仍然是競技場，以前是供「快樂並吸引人的角色」進行戲劇表演的。後來他在面朝百老匯

尼布洛花園，百老匯及王子街，1828 年的樣貌。

的方向建了一間更浮誇的戲院。花園內部「很寬敞，並以灌木叢及步道裝飾，照明則是用花彩燈飾。」這裡一般稱之為尼布洛花園。

其他老紐約為人所熟知的休閒花園還包括 Contoit's，後來的紐約花園，還有位於老櫻桃丘的櫻桃花園。

Chapter 4
老費城咖啡館是人們的
公務及社交中心

在和平降臨後，這家咖啡館成為許多當時所有流行娛樂消遣的發生地。這裡曾迎來城市舞團，也曾是第一位由法國到美國的法定代理人 M·傑拉爾德，為路易十六生日舉辦輝煌宴會的場所。華盛頓、傑佛遜、漢彌爾頓，以及其他公眾意見的領導者在費城時，或多或少都是這家咖啡館的常客。

當威廉·佩恩於 1682 年在德拉維爾建立貴格教派殖民地的時候，引進咖啡的功勞通常也被加諸在他身上。其實，他也為這個「友愛之城」帶來另一種關乎人類兄弟情誼的偉大飲料，那就是茶。一開始（1700 年），「就和茶一樣，咖啡只不過是另一種富人的飲料——除非你只喝一小口。」和其他英國殖民地一樣，在茶的飲用崛起並獲得喜愛之際，咖啡的傳播停滯不前了一陣子，這種情況在一般家庭中更明顯。

隨著 1765 年印花稅法和 1767 年茶稅的實施，賓夕凡尼亞殖民地在一次茶葉抵制運動中與其他殖民地聯合行動；在這個後來成為最初的「北美十三州」之一的殖民地，咖啡得到了和其他州一樣的推動力。

早期費城的咖啡館，不論在本市與聯邦的歷史中都有非常突出的角色。它們別具一格，而其獨特的殖民地建築風格也讓它們帶來充滿浪漫色彩的聯想。許多城市的、社會的，以及工業的改革在這些有著低矮天花板及鋪沙地板的咖啡館主廳內開始出現。

多年來，耶咖啡館、兩家倫敦咖啡館，還有同樣被稱為「貿易商咖啡館」的城市酒館，分別輪流主宰了費城的公務及社交生活。早期的咖啡館是貴格派內政官員、船隻的船長，以及前來處理公共和私人業務之貿易商的固定聚會場所。當獨立革命的爆發迫在眉睫，許多穿著貴格教派服裝的激憤殖民地人民聚集在該處，倡議殖民地反抗英國的迫害；在獨立革命結束後，許多重要人物經常到咖啡館用餐宴飲，還有舉行他們的社交活動。

當費城在1682年創建時，因為咖啡的價格太過高昂，以至於它沒有餘地被咖啡館零售給一般大眾。威廉·佩恩在他的著作《一些報導》中寫到，1683 年時，咖啡漿果有時會以每磅 18 先令 9 便士的價格從紐約採辦，相當於約每磅 4.68 美元。他還說，在平價酒店提供的飯食是6便士（相當於 12 分），由此可知：「我們有7 間平價酒店供外地人和工匠消遣娛樂，而且可以在那裡花費 6 便士銀幣享用一頓不錯的飯食。」在 1 磅咖啡生豆價值 4.68 美元的前提之下，1 杯咖啡的價格會來到大約 17 分；在這種情況下，咖啡不太可能以每杯 12 分的價格出現在提供飯食的平價酒店內。麥芽啤酒是常見的佐餐飲料。

公共旅舍有 4 種等級——小旅館、酒館、平價酒店，還有咖啡館。

小旅館是不太大的飯店，提供住宿、食物和飲料，飲料多半包括麥芽啤酒、波特酒、牙買加蘭姆酒，還有馬德拉蘭姆酒。酒館雖然通情達理地提供客人食

宿，但比起住宿場所來說，更像是喝酒的地方。平價旅舍結合了餐廳和寄宿公寓的特色。咖啡館則是矯飾過的酒館，在大多數情況下，供應咖啡和會令人喝醉的飲料。

費城的第一家咖啡館

費城所開設的第一間供公眾休閒之用的公共酒吧名為「藍錨酒館」，大約在 1683 年或 1684 年時創立。就如同其名稱所顯示的，這是間酒館。第一間咖啡館在大約 1700 時才存在。

華生在他為費城所寫的《費城編年史》中，有一處寫的是 1700 年，但另一處卻是 1702 年。較早的日期被認為是正確的，而且似乎被沙爾夫及威斯考特兩位共同作者在他們為費城所寫的《費城歷史》中獲得證實；他們在著作中說，第一間被稱為咖啡館的公共酒館是在佩恩的年代（1682～1701 年），由山繆・卡本特建成的，位置在前街東側，可能超過核桃街。這間店是同類型商店的第一家——事實上這個第一維持了好幾年這件事似乎毋庸置疑是成立的。在過去提到這家店時，它總是會被叫做「耶咖啡館」。

卡本特也擁有全球旅舍，這家旅舍與耶咖啡館被由前街通往水街的一條公共樓梯分隔，而那條樓梯可能也通往卡本特的碼頭。這間古老咖啡館的確切位置最近被一家費城房地產暨所有權保證公司，從原始專利擁有者山繆・卡本特

的所有權中證實，咖啡館位於核桃街和栗子街之間，佔據現在南前街 137 號面寬的 6.5 呎及整個 139 號。

我們無法確定咖啡館維持了多久。殖民地記錄中最後提到這家咖啡館，是在一份卡本特將其轉讓給山繆・芬尼的文件，時間是 1703 年 4 月 26 日。在那份文件中，咖啡館被描述成：「那棟叫做耶咖啡館的磚造家宅或廉價公寓，由亨利・弗洛爾持有，位置橫臥並超過（或在）德拉維爾河的河岸上，長度包括約 30 呎，寬度大約 24 呎。」

亨利・弗洛爾曾擔任數年郵局局長的職務，據信耶咖啡館也曾充當郵局之用。班傑明・富蘭克林的《賓夕凡尼亞公報》，在 1734 年發行的那一期中有以下這一則廣告：

所有無論在信件的郵資或其他方面曾受惠於前任賓夕凡尼亞郵政局長亨利・弗洛爾的人，都被期望要在費城的老咖啡內為他做出同樣的付出。

弗洛爾的廣告顯示，儘管已足夠古老到被稱為老咖啡館，耶咖啡館當時依然存在，且可以在那裡找到弗洛爾。富蘭克林似乎也曾跨足咖啡產業——在 1740 年的好幾期公報中，他打出這樣的廣告：「由印刷業者出售的絕佳咖啡。」

第一家倫敦咖啡館

費城的第二家咖啡館掛著「倫敦咖

啡館」的名字，這個名字後來被威廉・布萊德福於 1754 年開設的休閒場所使用。第一家使用這個名字的咖啡館建於 1702 年，不過，關於它的確切位置卻有些無法肯定。

查爾斯・H・白朗寧在《國家史蹟名錄》中說：「威廉・羅德尼在 1682 年與佩恩一同來到費城，並在肯特郡定居，於 1708 年在此地去世；他在 1702 年於前街及市場街建立了倫敦咖啡館。」

另一位編年史家將倫敦咖啡館的位置訂於「超過核桃街，不是在水街的東側，就是位於德拉維爾大道上，或者，因為這些街道彼此十分接近，它可能同時位於兩條街上。咖啡館的經營者約翰・舒伯特是一位基督堂教區的居民，而他的成就多半都是托庇於教會和英國人士」。

這裡也是佩恩的追隨者和專有黨的集會之處，與此同時，站在他們反對陣營的奎利上校政治支持者則經常光顧耶咖啡館。

第一家倫敦咖啡館在它經營後期更類似於一間時髦的俱樂部會館，適合富有的費城人從事「高雅的」休閒活動。耶咖啡館更像是一間商業或公共交易所。約翰・威廉・華萊士證明了倫敦咖啡館的上流雅致：

假如我們可以從舒伯特夫人在 1751 年 11 月 27 日留下的遺囑做出推測，倫敦咖啡館的陳設應該是非常雅致的。從那份文件我們得知，舒伯特夫人的遺贈有 2 個銀質夸脫容量的單柄大酒杯、1 個

銀杯、1 個銀質湯碗、1 個銀質胡椒罐、2 組銀質家具腳輪、1 支銀湯匙、1 把銀質醬料匙，還有和 1 個銀質茶壺配套的許多銀質大餐匙及茶匙。

許多歷史事件與這家老咖啡館有所關連，其中之一是威廉・佩恩的長子約翰於 1733 年的來訪，在那個時候的其中一天他招待州議會代表，隔天則宴請城市社團法人。

羅伯特咖啡館

另外一家在十八世紀中葉有些名氣的咖啡館是羅伯特咖啡館，位置在前街鄰近第一家倫敦咖啡館的地方。

雖然無法得知它的開業日期，一般相信這家咖啡館在大約 1740 年的時候就已經存在。1744 年，一位要從牙買加徵兵的英國陸軍軍官在當時的一份報紙上刊登徵兵廣告，表示他會出現在羅伯特遺孀的咖啡館內。

在英法北美戰爭期間，費城因法國與西班牙私掠船攻擊而面臨重大危機的時刻，市民們在見到英國船隻水獺號前來救援時，大大地鬆了一口氣，以至於他們提議在羅伯特咖啡館舉辦一場公開舞會，向水獺號的船長表達敬意。

基於某些未被記錄下來的原因，這場招待會事實上並沒有舉行；可能原因是咖啡館太過狹小，無法容納所有想來參加招待會的市民。羅伯特寡婦於 1754 年退休。

詹姆斯咖啡館

　　與羅伯特咖啡館同時代的，還有一開始由詹姆斯寡婦經營、後來由她的兒子詹姆斯・詹姆斯接手的休閒場所。此處於 1744 年開張，佔據了前街與核桃街街角西北方的一棟大型木造建築。湯瑪斯州長和許多他政壇上的追隨者經常光顧這家店，同時，這家店的名字也經常出現在《賓夕凡尼亞公報》的新聞和廣告專欄中。

第二家倫敦咖啡館

　　佩恩的城市中最出名的咖啡館，大概是《賓夕凡尼亞雜誌》的印刷業者威廉・布萊德福所開設的那一家。它位於第二街與市場街街角的西南方，並且被命名為「倫敦咖啡館」，是費城第二家冠上這個名字的咖啡館。這棟建築物自 1702 年便已建立，當時，後來的市長查爾斯・李德在他從奠基者威廉・佩恩之女——萊提蒂婭・佩恩——手中購得的土地上建造了這棟建築。

　　布萊德福是第一個將這棟建築用來當做咖啡館的人，而他在遞交給州長的營業證申請書中，自述進入這門生意的理由是：「由於被建議經營一家咖啡館以造福商人和貿易商，而某些人或許有時會想要被供應除了咖啡以外的其他含酒精飲料，申請人理解獲得州長的許可

第二家倫敦咖啡館，1754 年由印刷業者威廉・布萊德福所開設。比起其他酒館來說，做為一間休閒娛樂場所，這裡是貴格市內最常被光顧的地方——直到美國獨立革命爆發。同時，這家店也在殖民地間聞名遐邇。

證之必要性。」這顯示咖啡是被當做兩餐間的提神飲料來飲用的，就像人們行之有年地在餐前和餐後飲用酒精飲料一樣——直到 1902 年。

布萊德福的倫敦咖啡館似乎是一家合資企業，因為在他 1754 年 4 月 11 日的雜誌中，出現以下公告：「公共咖啡館的認購人獲邀於 19 日、週五下午 3 點前往法庭會面，選拔適合認購計畫的受託人。」

咖啡館是一棟三層樓的木造建築，還有某些歷史學家認為是第四層的閣樓。有一層樓高的木製雨篷向外延伸，遮蓋咖啡館前的人行道。咖啡館的入口在市場街（當時的高街）。

倫敦咖啡館是早期城市「刺激、冒險精神，和愛國主義脈動的中心」。最活躍的市民們在此聚集——商人、船長、由其他殖民地及國家而來的旅行者、英國政府官員和地方官員。地方行政長官和其他同等重要的人士會在特定時間光顧，「由發出嘶嘶聲的大壺內啜飲他們的咖啡，某些高貴的訪客甚至擁有自己的座位。」

此地也帶有商業交易的特色——四輪馬車、馬匹、糧食，以及類似的貨物在此處的拍賣會上出售。

有進一步的關聯顯示早期蓄奴的費城人會將黑人男性、女性和孩童公開拍賣，將他們放在咖啡館門前街道上架設的平臺展示。

這個休閒場所，是公眾情緒的晴雨表。1765 年，一份帶有根據印花稅法條款而發行的印花、從島國巴貝多出版的

費城老倫敦咖啡館的奴隸買賣。

報紙，就是在咖啡館前的這條街道上，伴隨著群眾的歡呼聲而被公開焚燒。帶來撤銷印花稅法消息的雙桅帆船密涅瓦號，那位來自英國普爾的魏斯船長，就是在 1766 年 5 月於此處被熱情的群眾迎接。此外，這裡也是漁人們連續數年設立五朔柱的地點。

布萊德福在他加入新成立不久的革命軍擔任少校，不久又升任上校，然後便放棄了咖啡館。當英國人在 1777 年 9 月進入費城時，軍官們前往經常被托利黨黨員光顧的倫敦咖啡館休閒。在英國人撤出城市後，布萊德福上校重拾經營咖啡館的舊業；不過，他發現群眾對這個老休閒場所態度改變了，之後，此處的命運便開始走下坡；幾年前開幕的城市旅舍所帶來的激烈競爭或許也加速了它的衰敗。

　　布萊德福在 1780 年放棄租賃權，並將所有權轉讓給約翰・潘伯頓，潘伯頓將此處出租給吉佛德・達利。潘伯頓是一位貴格教徒，他對於賭博和其他罪愆的顧忌在租約的條款中很好的展現出來，租約條款中說，達利「承諾並同意且保證他將發揮做為一位基督徒的努力，維護館舍的規矩與秩序，並防止用全能主宰的神聖之名做出咒罵、詛咒等等瀆神的行為，同時館舍在每週的第 1 日應當保持關閉，不開放大眾使用」。租約還進一步立約承諾「在 100 英鎊罰款的規定下，他將不同意或容忍任何人以紙牌、骰子、雙陸棋或任何其他不法的遊戲，在此館舍中使用、玩樂或做為娛樂」。

　　由租約的條款可看出，潘伯頓認定為不敬神的事物，在其他當時的咖啡館卻被贊同。這些規定或許太過於嚴苛了；因為數年之後，這家咖啡館傳到約翰・史托克斯之手，而他將其做為住所及倉庫之用。

城市旅舍（貿易商咖啡館）

　　最後要介紹的費城著名咖啡館建造於 1773 年，取名為城市旅舍，後來則以貿易商咖啡館之名著稱，可能是以當時紐約著名的同名咖啡館來命名的。它的位置在第二街鄰近核桃街處，在某方面比它早期的競爭者——也就是布萊德福的倫敦咖啡館——還要有名。

　　城市旅舍仿照倫敦最好的咖啡館而

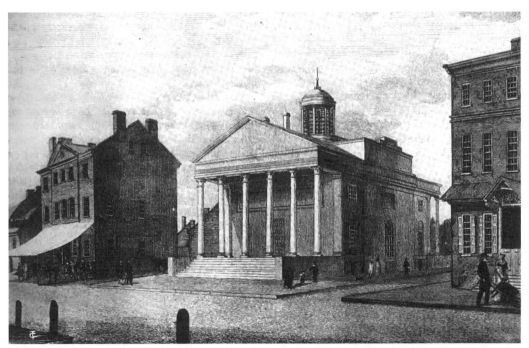

城市旅舍，建於 1773 年，也以貿易商咖啡館之名為人所知。圖左的酒館被認為是殖民地最大的旅舍，位於賓夕凡尼亞銀行（圖中）隔壁。翻攝自一份以罕見樺木雕版的印刷品。

建，它開幕時被公認為美國同類型商店中最精緻且最大的。

它的建築有三層樓之高，以磚塊建造，還有數個很大的俱樂部聚會室，其中兩間被 1 個寬大的門連接在一起，當門打開的時候，就會成為一間 50 呎長的大型餐廳。

丹尼爾・史密斯是第一任經營者，他在 1744 年初將咖啡館對大眾開放。在獨立革命之前，史密斯經歷一段要從倫敦咖啡館贏得顧客的艱困掙扎時期——倫敦咖啡館就開在離他們幾個街口之外。但在獨立戰爭期間和之後，城市旅舍逐漸來到領先地位，而超過¼個世紀，此處都是城內主要的聚會場所。一開始，這家咖啡館在大眾心中有各種不同的名稱，有些人用它的真正的名字來稱呼它——也就是城市旅舍，其他人則加

上店主的名字，稱呼它為史密斯酒館，另外還有一些人叫它新酒館。

費城的上流人士在革命結束後前往城市旅舍休閒，正如他們之前去布萊德福的咖啡館一樣。

然而，在到達如此高的地位之前，城市旅舍曾在威脅要將其夷為平地的托利黨人手中幾近毀滅。當時，城市旅舍被提議做為向華盛頓夫人致敬舞會的舉辦場地，1776 年，她在與她傑出的丈夫會合途中於費城停留，當時華盛頓正在麻薩諸塞州劍橋接管美國軍隊的指揮權。華盛頓夫人巧妙地藉由婉拒在酒館露面阻止了這場刺殺危機。

在和平降臨後，這家咖啡館成為許多當時所有流行娛樂消遣的發生地點。這裡曾迎來城市舞團，也曾是第一位由法國到美國的法定代理人——M・傑拉

劇作《漢彌爾頓》中交易所咖啡館的場景。在這個瑪麗・P・漢姆林及喬治・亞利斯於 1918 年創作的戲劇第一幕場景中，舞臺布景藝術家致力於呈現真實的歷史背景，並結合了在華盛頓第一屆任期時存在於費城、維吉尼亞及新英格蘭數家旅舍及咖啡館的特色。

爾德，為路易十六舉辦生日宴會的場所。華盛頓、傑佛遜、漢彌爾頓，以及其他公眾意見的領導者在費城時，或多或少都是這家咖啡館的常客。

城市旅舍變成貿易商咖啡館的確切時間並不清楚。當十九世紀剛開始，詹姆斯·凱臣接手經營時，它已經被如此稱呼了。1806 年，凱臣將咖啡館改為交易所，也就是商品交易所。到了俱樂部和飯店開始流行的時候，咖啡館的概念對城市菁英分子已經喪失其地位。

1806 年，威廉·倫肖計畫在第三街的賓漢大宅開設交易所咖啡館。他甚至向企業界募資，表示他打算記錄一份海事日誌和一份待售船舶登記簿，以接收並轉寄船上的郵件，並且為拍賣會的舉辦提供膳宿。不過，他被勸說打消了這個念頭，部分原因是因為貿易商咖啡館似乎已經令人滿意地填補了城市生活中那個獨特的位置，另一部分則是因為飯店業提供了更好的誘惑。他放棄了他的計畫，並在 1807 年於賓漢大宅開設了官邸飯店。

| Part 2 |

向世界宣傳咖啡

品嚐咖啡能獲得真正的愉悅，

來杯咖啡是聚會的標配，

正確的上咖啡是種品味，

宣傳咖啡千萬不可忽略這三點！

Chapter 5
咖啡廣告簡史

賈維斯・A・伍德曾說，廣告的目的是讓他人認識、記住並採取行動。如果我們同意這個絕佳定義，那最早的咖啡廣告人便是早期的醫師和作家，他們將一些關於咖啡漿果和用其所製做之飲料的訊息告知自己的追隨者。

以本書的特色來說，關於廣告的章節不可避免地要用記述的形式進行說明。本章將告訴我們：在宣傳廣告咖啡方面已經完成了什麼，並為更好的廣告宣傳指出一條明路。在可能的範圍內，這個故事會用插畫進行補充，插畫甚至比文字能更好的敘述這個故事。

早期的咖啡廣告

商業宣傳或廣告需要專業建議，成功的商業記者們正好能勝任提供意見的角色；我建議這個領域的新手要先諮詢他們。他們熟識所有媒體內最有資格提供協助的人，而且樂於推薦那些能提供最大助力的人。

賈維斯・A・伍德曾說，廣告的目的是讓他人認識、記住並採取行動。如果我們同意這個絕佳定義，那最早的咖啡廣告人便是早期的醫師和作家，他們將一些關於咖啡漿果和用其所製做之飲料的訊息告知自己的追隨者。

早在第十世紀時，拉齊和阿維森納便以拉丁文講述這個故事，似乎還推薦了一種做為健胃劑使用的咖啡藥劑；許多早期的醫師也提到過咖啡……因此，咖啡最早是被當做一種藥物正式介紹給消費者的。這種在珍奇櫃中被當做異國種子的漿果邁出的第一步便是進入藥劑師的店鋪，做為一種藥材來廣告宣傳。

接著，咖啡被檸檬水小販廣告宣傳並販賣；然後是咖啡館和咖啡店的經營者；最後則是咖啡商人，他們販賣並廣告宣傳咖啡生豆及烘焙過的咖啡豆。

勞爾沃夫在 1582 年告訴德國人關於咖啡的事；阿布達爾・卡迪在大約 1587 年用阿拉伯文寫下他著名的《支持咖啡合法使用之論證》；阿爾皮尼在 1592 年將咖啡的消息帶到義大利；英國旅行者在十六及十七世紀寫下關於這種飲料的記錄；法國的東方學家在大約同一時期也有關於咖啡的描述；至於美國，則是在 1670 年咖啡生豆被帶到波士頓出售前，就已經知道咖啡了。

因其直白宣傳的性質，阿布達爾・卡迪的手稿或許能理所當然地被稱做咖啡最早的廣告。作者是一位法學家暨神學研究者、穆罕默德的追隨者，並因此急切地想要說服同時代的人：飲用咖啡與先知的律法並不矛盾。

第一份英文廣告印刷品

很快的，今日的新聞就變成了隔天的廣告。

1652 年，第一份廣告印刷品在英國

出現，那是從帕斯夸·羅西由位於康希爾聖麥可巷第一家倫敦的咖啡館，以商店廣告單──也就是傳單──的形式發出的。原件保存在大英博物館中，這份廣告單印在第 1 章的第 18 頁，而且值得我們徹底研究。上面寫著：

一些在美國廣告宣傳的咖啡品牌。這些是數以百計在美國廣告並行銷之包裝咖啡的其中一些例子。這批商品為它們的商標設計所顯示之類型數量和變化，及其帶來的吸引力提供了很好了例證。

咖啡飲料的優點

由帕斯夸·羅西推出，首次於英國製作並販售。

被叫做咖啡的顆粒，又稱漿果，生長在矮小的樹上，只在阿拉伯沙漠出現。它從那裡被帶來此地，並普遍被所有偉大的自治領領主飲用。

這是一種由簡單而純真的事物創作出來的飲料，藉由在爐中烘乾並研磨成粉，再以春日清泉煮沸，然後大約有 0.5 品脫的量可供人飲用。飲用前 1 小時禁食，飲用後 1 小時內不可進食，請在可忍受的範圍內，儘可能熱燙地飲用；我保證咖啡的熱度絕不會燙掉嘴裡的皮或造成任何水泡。

土耳其人在用餐時間和其他時候所飲用的通常是水，他們的飲食中包含許多水果，這種天然食品在很大程度上被咖啡這種飲料所修正。

這種飲料的性質既是涼性又是熱性的；而儘管它是一種乾燥物質，但它既不發熱，也不會比熱奶酒更容易燃燒。

它能使胃部的開口閉合，並能夠強化其中的熱度，因此對於幫助消化是十分有益的，在下午 3 到 4 點還有早晨時分飲用有極大的功效。

它能讓精神得到極大的復甦，並讓心臟輕盈。它對預防眼睛酸痛十分有益，如果你將頭維持在咖啡上方並這樣吸入蒸汽，效果會更好。

它很能抑制憤怒，因此對預防頭痛十分有用，而且能有效阻止從胃部上方部位所凝結出的黏膜分泌物流下，從而預防、改善癆病和肺部的咳嗽。

它對預防和治療水腫、痛風，以及壞血病有絕佳效果。

根據過往經驗，我們可以得知，對上了年紀的人和身上有像是結核病那樣流動體液的孩童來說，它比其他任何無酒精飲料都來得更好。

它對預防孕婦流產非常有效。

它是治療脾臟、憂鬱症、脹氣或其他類似病症最好的藥物。它能夠預防困倦，如果有需要留神的場合，它能讓人處於適合工作的狀態；因此正餐後不建議飲用，除非你打算徹夜不眠，因為它會阻礙你的睡眠達 3 到 4 個小時。

在普遍飲用咖啡的土耳其，可以發現他們不會被結石、痛風、水腫或壞血病所困擾，而且他們的皮膚都特別清透和白晰。

它不是瀉藥，也不是止血劑。

在康希爾聖麥可巷以帕斯夸·羅西自己的頭像為招牌的店鋪中，由他製作並販售。

這則廣告值得注意的地方是，即使與如今最好的廣告稿相比，它依舊有極高的價值。因為這則早期的廣告似乎極為出色地囊括了那些現代廣告專家所公認、成功必備條件的特質——以對消費者的銷售方面來計算。我們之後會再回到這個問題。

第一則報紙廣告

第一則咖啡的報紙廣告以「文選」

的形式出現在 1657 年 5 月 19 日星期二到 5 月 26 日星期二那一週的倫敦《大眾諮詢報》上。《大眾諮詢報》是一份每週發行的商業時事通訊。這則咖啡廣告被夾在一則宣傳一位醫師的文選，還有一則巧手匠人（是位女性美髮師）的宣傳之間。咖啡廣告是這麼寫的：

在巴塞洛繆巷舊交易所的後方，販售著被叫做咖啡的飲料。

這是一種非常有益身心健康且符合自然的飲料，有許多出色的功效，包括閉合胃部的開口並強化其中的熱度、幫助消化、使精神復甦、讓心臟輕盈，對預防眼睛酸痛、咳嗽或傷風、感冒、癆病、頭痛、水腫、痛風、壞血病、結核病和許多其他疾病，都十分的有效。

販售時間是早上和下午 3 點。

1672 年，在帕斯夸於巴黎開設第一間咖啡館的差不多同一時間，巴黎的店主們開始用巨幅傳單宣傳咖啡。以下是一個極佳的例子，其中的文字與帕斯夸·羅西的原始版本非常相似：

咖啡漿果最出色的功效

咖啡是一種只生長在阿拉伯沙漠的漿果，它從那裡被運到所有偉大領主的領土。

飲用咖啡，能使所有寒氣和潮溼的體液乾燥、驅散脹氣、強化肝臟，並以其淨化特質抒解水腫。它是對抗搔癢及血液腐敗的無上良藥，能使心臟恢復活力並生氣勃勃地跳動，咖啡會使胃部疼痛且無法進食的人得到舒緩；對腦部微恙、傷風、分泌物和憂鬱沉重也有好處；咖啡散發出的蒸氣對眼睛的發炎性分泌物和耳鳴的預防極為有效；它在預防胸悶氣短方面也十分出色，可抵抗脾臟疼痛和引起肝臟疼痛的感冒；咖啡在抵抗寄生蟲問題方面特別輕鬆；在吃喝過量之後，對那些食用大量水果的人來說，沒有比咖啡更好的飲料了。

有鑑於此，每天飲用的話，要不了多久上述效果就能明顯地出現，感覺不舒服的人應該不時飲用咖啡。

以下是 1662 年和 1663 年典型的倫敦商業廣告。第一則廣告是從 1662 年 6 年 5 日的《王國通報員報》選出來的，內容如下：

在交易巷由康希爾進入倫巴街、靠近管道街，屬於行宮伯爵廳的音樂廳中，有零售合法的咖啡粉；它也被稱做土耳其漿果，徹底清洗過的 1 磅價格是 30 先令……（號稱）品種最好的東印度漿果 1 磅售價 20 先令，但在某些地方會販售品質非常糟糕的漿果，那些追求低價的無知者會去購買，這正是造成現在許多地方的咖啡飲料低劣的主要原因。

1663 年 12 月 21 日的《情報報》當中，包含了以下這則廣告：

本月 23 日週三晚間 6 點，將有包咖啡漿果在聖巴塞洛繆巷盡頭、皇家交易所北門對面的全球咖啡館公開出售，若

有任何人需要進一步的通知，可求助於全球咖啡館的公證人布里格先生。

達弗爾的專論《製作咖啡、茶和巧克力的方法》於 1671 年在里昂出版，被普遍認為是為咖啡所做的廣告；而的確，這本書被證明是出色的廣告宣傳，並於 1685 年被翻譯成英文。

1691 年，我們發現巴黎的《方便之書》中，有一則廣告是在宣傳能放進口袋的便攜式咖啡製作裝備。

首本咖啡期刊，《新興及奇特的咖啡館》由西奧菲洛‧喬吉於 1707 年在萊比錫發行，它可能是第一個咖啡談話會的內部刊物；發行人兼經營者承認，這個將他的咖啡沙龍打造成文人學士之休閒場所的主意是從義大利獲得的。

在第 1 章中，我們已經描繪過一些與在 1652 年到 1675 年間，將咖啡引進倫敦有關的巨幅傳單、廣告單，還有小冊子。講到這些宣傳品，連學廣告的學生都能做到，因為它們的作用是：顯示咖啡的真正價值如何被那些強力主張更荒誕訴求者所徹底忽略。

然而，一個值得我們注意的有趣現象是，這些早期廣告副本在印刷技術上高度出色。真的！用來展示咖啡一字的字母通常與 270 年後，在美國的廣告看版本中所用的一樣。另一點值得注意的是，「聰明採用插畫的巧妙協助」於 1674 年首次被使用。

再一次，我們注意這奇特的對照：283 年前，所有的廣告資源被強迫用來將咖啡宣傳為一種可治療許多病痛的偉大藥物，而咖啡的對手想要我們相信，那些病痛正是由咖啡引起的。然而，那些獲知咖啡真相的人明白，這兩種立論都同樣荒誕不經、難以置信。

早在 1714 年，在《波士頓時事通訊》上商店經營者的公告中，咖啡就已經被提及。同時在十八世紀時，美國殖民地的其他報紙上，零售的咖啡通常會伴隨著一些古怪的物件被一起販賣。1748 年，「茶葉、咖啡、靛青染料、肉荳蔻和糖等物品」被廣告宣傳將於一家位於波士頓碼頭廣場的商店中出售。以下為 1794 年 4 月 26 日刊登在《哥倫比亞百夫長》、非常具有代表性的廣告：

康希爾 44 號的雜貨店
諾頓和霍利奧克

分別通知他們的友人和大眾，他們將在康希爾 44 號，之前的郵局、如今是他們的商店中販售。

各種各樣的一般雜貨

其中包括以下物品：

茶葉、香料、咖啡、棉花、靛青染料、澱粉、巧克力、葡萄乾、無花果、杏仁，還有橄欖；西印度群島蘭姆酒、最好的法國白蘭地、和進口時一樣純淨的上等櫻桃酒等等，全都會以和波士頓任一家商店一樣低廉的價格出售。

任何不喜歡的貨品都可被回收並退回貨款。

這樣看來，似乎第一則只與咖啡相關的廣告於 1790 年 2 月 9 日刊登在《紐約每日廣告報》上；這其實主要是一家

大宗咖啡烘焙工廠的廣告，而不是咖啡本身的廣告。這則廣告被翻拍如下圖。

　　直到下一世紀的六〇年代，包裝咖啡開始流行，所有咖啡商人遵循的刻板商務名片型式才開始發生改變。

　　然而就算在那個時候，這些千篇一律的名片所做的改變，也不過是將品牌名稱嵌入而已，比如說「奧斯彭的馳名調和爪哇咖啡。由路易士‧A‧奧斯彭獨家提供」；「以鋁箔紙包裝的政府咖啡，由泰博和普雷斯的茜草磨坊提供。」

咖啡廣告的演進

　　就和其他貿易種類及工業種類的宣傳一樣，咖啡廣告真正的進步是在美國開始的。在美國，咖啡廣告帶來的危害

1854 年聖路易的一張廣告單。

New Coffee Manufactory.

美國第一則專為咖啡所做的報紙廣告，《紐約每日廣告報》，1790 年 2 月 9 日。

降到最低，而帶來的效益達到最大。整個過程花費的時間少於大概 75 年。

　　進步的第一步就是圖像廣告單。廣告單——也就是小傳單——在英國及歐洲大陸已經十分常見。在英國和歐洲，廣告單與更結實耐用之巨幅傳單一起被用來當做廣告媒介已超過 200 年之久，它們的競爭對手是小冊子和報紙。然而，一直到了美國開始使用彩色圖像，廣告單才得以發揚光大。

　　時間最早且品質最好的圖像廣告單範例，便是上方插圖顯示的阿巴可循環式烘豆機廣告；很快的，與之相似的廣告開始在報紙上出現，不過大多都沒有附上插圖。後來，報紙的發展朝向引進更多圖像元素、裝飾性邊條和設計。歐洲藝術家的點子因而被大量採用，但由

於是被運用在如此功利性的用途上，以至於它們的創作者都幾乎認不出自己的作品。

1888 年 12 月的《女士之家雜誌》中，波士頓的大倫敦茶葉公司（一家早期的郵購商行）廣告說「自 1877 年起，提供那些大量購買茶葉和咖啡的客戶優惠價格已然成為我們的特色」。

在同一期雜誌中，還有由波士頓 Chase & Sanborn 公司出品的海豹牌及十字軍牌咖啡的廣告；匹茲堡的 Dilworth 兄弟公司也是利用雜誌廣告欄位的早期用戶之一。

穀類咖啡代替品的威脅在二十世紀初成長到一定的比例，導致咖啡師開始產生憂慮。騙人及不實的「替代」複製品被幾乎所有媒體毫無節制地全盤接受；包裝上的標籤同樣讓人誤解。

隨著 1906 年純淨食品和藥品法的出現，穀類替代品的標籤被改良；但直到「廣告中的真相」運動在將近 10 年的發展下變得不容小覷後，報紙與雜誌才對咖啡師們採取實質的保護措施。同時，許多缺乏組織或關於咖啡事實之知識的咖啡師，因為發表了讓消費者更加困惑的不恰當辯護文稿，而無意間讓替代品騙子佔了便宜。

一度有將近 100 家涉及咖啡替代品的公司參與一場針對咖啡的激烈、虛假的抗議活動。最引人注目的犯罪者利用自我暗示法則，並找來人數眾多的密醫和廣告人，這些人非常樂意將自己的才能拿來協助他攻擊一項體面的事業。

曾有一年，足足 176 萬 5000 美金被投注在誹謗咖啡上。騙子們主張咖啡是所有肉體疾病的源頭，而藉由停止飲用咖啡 10 天並用他的萬能藥代替，這些疾病就會消失。

當然有許多人知道──不過仍屬少數──咖啡中所含的咖啡因是種純粹、安全的興奮劑，並不像酒精、嗎啡等虛假的興奮劑那般有摧毀神經細胞的問題。而且，即使攝取任何含咖啡因的飲料達到濫用的程度，自然也總是會在濫用停止後根治這個問題。

但在這樣的情況下，頭腦清楚的人們心中還是產生了質疑，覺得也許咖啡對他們並沒有益處。

然後，咖啡師們迎來了令他們不滿的嚴冬。深陷在穀類替代品所造成的泥沼中，沒有安全的立足點和確實的方向感，咖啡廣告在撰稿人開始向大眾擔保「他們的品牌在穀類替代品商人控告的罪名中絕對無辜」時，便可悲地誤入歧途。在這種情況下，他們無意識地幫助並支持了穀類替代品騙子。

舉例來說，一位烘焙商兼包裝業者廣告說：「咖啡當中的有害物質是含有單寧酸的糠，而這會在我們的烘焙及研磨過程中被徹底去除。」嗯……科學研究已經證明此一觀念的謬誤。

另一位烘焙商說：「如果咖啡對你的神經和消化造成嚴重破壞，這是因為你使用的並不是新鮮烘焙、徹底清潔和正確保存的咖啡。我們製備咖啡的方法會帶給你有效且香氣十足的咖啡，而且沒有摧毀神經的特性。」

一位知名的咖啡包裝業者的廣告則

The Case For Coffee

Number Six

What experienced physician can or will deny the power and influence of suggestion—auto or extra—upon the mind and body of his patients—or himself? Such suggestion influences the action and effect of foods as well as drugs—one patient cannot eat this; another can. Certain patients, provided suggestion is sufficiently potent, ascribe benefit to medicine taken that is purely placebo. Herein may be found the explanation of the harmful effects ascribed to coffee, by the exceedingly small number of people who claim to be injuriously affected by it—as well as the efforts of those who are selfishly interested in the exploitation of coffee substitutes. Those who are susceptible to the power of suggestion, respond quickly to oft-repeated fallacy or distorted statement. Easily convinced themselves, they succeed in influencing others. The result of this is a collection of so-called clinical evidence that is apt to influence the careless physician who does not analyze carefully, who overlooks the importance of post non propter hoc in the Science and Art of Medicine. "He gets not far in medicine who takes anything for granted." Hence, the conscientious and the wise doctor should not accept without analysis, nor condemn without reason.

He should differentiate between fallacy and fact, in order that he may most efficiently practice the art which above all other arts, demands accurate and exact estimation of the relation between cause and effect. Eschew suggestions—hold fast to facts. See next issue.

The Case For Coffee

Number Seven

We owe to Pavlov, and other eminent seekers after physiological truth, the knowledge of the value of mental stimulation in producing the so-called "appetite juice" without which gastric digestion cannot be efficiently performed. Hence we can understand why and how, to most individuals, the thought, anticipation and odor of the morning cup of coffee is of practical value in bringing about the proper enjoyment and digestion of what is or should be the most important of the daily meals.

"Without coffee," wrote a wise doctor, "breakfast is a meal instead of an institution." The craving for the matutinal cup of coffee is not a cry of the body for a stimulating drug, not the prompting of a bad habit. It is a physiological demand for aid in the performance of normal digestion.

Nature is wise in her provision of coffee to begin the first meal of the day, to awaken and activate digestive processes made dormant during the period of the body's lowest vitality. Also of coffee after dinner to assist in the digestion of the heaviest meal when functions are depressed as a result of the day's struggle. If coffee be a habit—so is appetite. One is almost as helpful and as necessary to the average individual as is the other.

Realizing these facts, physicians will be slow to condemn or to forbid the use of coffee—in moderation—because of certain fallacies or half-truths, promulgated by those who neither analyze nor weigh the evidence, or who are influenced by prejudice, selfish interest or exploitation of substitutes for "Nature's most prized beverage." More anon.

The Case For Coffee

Number Eight

"Science," wrote a great scientist, "has neither reason nor excuse for jumping at conclusions."

Yet, "jumping at conclusions"—or the assumption of fact from insufficiently analyzed evidence—has more than anything else retarded the progress of practical medicine.

Assumption, for example, that uric acid is the cause of rheumatism, gout and many other functional or organic disturbance or disorder of body organs or tissues, prevented for years the recognition of the true cause of such conditions and the real nature of uric acid, indican, etc.

Attempts therefore to condemn coffee as a source of uric acid or metabolic waste products, while given credence in the past, lose all force in the light of present knowledge. Old-fangled dietaries used to proscribe coffee—modern ones allow it or prescribe it. We formerly forbade sugar and carbohydrates in diabetes mellitus. Today, knowing the patient can tolerate these in moderation, we allow them to be so taken. There was a time, when all water or liquid was forbidden during fevers. We used to bleed or purge secundum artem for so-called "reasons" arrived at by "jumping at conclusions." As for coffee, accused upon hearsay and prejudice of being a "dangerous drug" capable of doing considerable harm, we now realize and recognize it as possessing definitely beneficial therapeutic properties. Let no physician condemn or forbid coffee unjustly or as a result of "jumping at conclusions."

See next issue.

The Case For Coffee

Number Nine

Hippocrates recognized the influence of temperament in the production of symptoms. It is often said that "as a nation we live and work and play upon our nerves." To "nervousness" is ascribed much of the functional disturbance that provides physicians with many patients. Why deny the fact? But on the other hand, why attempt to saddle upon certain articles of food or drink the onus of inducing "nervousness?"

Take coffee for example, accused of producing nervousness by over-stimulation of cardiac or cerebral functions. Nervousness is a mental phenomenon mostly. Excessive fatigue, overuse of muscles or mind, overwork of digestive organs, increased mental strain, worry, insistence upon brain effort in spite of Nature's effort to rest and to recuperate, impaired nutrition favored by impure or anemic blood, laden with toxins absorbed as a result of intestinal stasis, deficient oxidation or exercise, excessive use of vital forces, all these are causes of "nervousness." Yet how often patient and physician make or attempt to make coffee a scapegoat for symptoms complained of!

Analysis of symptoms, of secretions, and excretions, of habits, will, almost without exception, point away from coffee and toward some more rational and direct exciting cause. Withdrawal of coffee does not often remedy the condition. Removal of the real causes, usually permits of resumption of the use of coffee. Forbid coffee if you can convince your reason that it is in part responsible. But do not make it a scapegoat to excuse or avoid getting at the real cause.

See next issue.

告知醫生關於咖啡的真相，1920 年。

是：「我們的咖啡沒有灰塵和帶有苦味的單寧——即咖啡中唯一含有害性質的物質。」另一位包裝業者則告知消費者，他使用「一種非常特殊的鋼鐵切割程序」把咖啡豆切開，「這麼一來，含有易揮發油分（食品）的微小細胞便不會遭破壞。」

一位著名的芝加哥包裝業者推出新品牌咖啡，宣稱這項產品「不會使人沉醉」、「無毒」，而且「只有純粹的咖啡」。一位不想被超越的紐約客則推出一款宣稱含有咖啡漿果中所具有的全部刺激成分，但將酸盡數去除，同時排除所有會令人不快成分的咖啡。他還加碼說：「這款咖啡可以大量飲用，不會傷害消化器官或損傷神經系統。」

一位飲用包裝咖啡的人對穀類替代品的競爭太操心了，以至於推出了一種自製的穀類「咖啡」，他竟然將這款產品廣告為「市場上曾經推出過最接近咖啡的途徑，擁有全部的功效，沒有任何令人不愉快的特質，強化卻不刺激、獲得滿足而不毀壞神經」。

歷史再次在美國重演。在咖啡第一次於阿拉伯遭到宗教迫害的 500 年後，它遭到了美國商業狂熱分子的迫害。就連在友軍陣營中，咖啡都遭到了暗算，咖啡商人自己都用推測和諷刺做出讓人出乎意料的「詆毀性」廣告。

一定得做些什麼！

當穀類替代品飲料本身足以自立的時候，這些咖啡「替代品」並沒有獲得太多關注。只有用它們是咖啡替代品的理由去進行交易，才讓它們得到一些進展。最初的犯罪者將他的產品當做「咖啡」出售，這是個謊言，就像他後來所承認的，他的產品中 1 顆咖啡豆都沒有。他的廣告厚顏無恥的宣稱：「為無法消化一般咖啡的人推出的留白咖啡。」

而當不再可能於包裝標籤上做出虛假宣稱後，還剩下報紙和廣告牌可以利用。在法律和激憤的公眾意見讓某些手段無法再使用前，利用報紙和廣告牌宣傳推銷咖啡便是司空見慣且行之有年的手法，而且能用這種方式來為某個包裝創造需求；然而一旦你掏錢買下，就會發現根本不是這麼回事。

一直晚到 1911 年，我們最為敬重的報刊之一《紐約日報》，都還刊載了一則將自己的產品宣稱為「咖啡」的廣告。儘管根據公正性，它被要求修正當中的誤導性用語，但一直到《茶與咖啡貿易期刊》呼籲《紐約日報》發行商要注意時，廣告中的「咖啡詭計」才遭到刪除。

Chase & Sanborn 廣告文稿，時間大約是 1900 年。

這本貿易期刊從一開始就極力主張咖啡師要組織起來進行抗辯，這些鼓動最後終於有了結果：一開始是全國烘焙師協會的創辦，隨後在巴西咖啡種植者及全國烘焙師協會的支持下，也開始了一項運動——合作廣告活動，則是這項運動的成果。

與此同時，穀類咖啡替代品的名聲已經徹底被政府的檢驗分析給打入不可信的行列，即使到了現在，仍舊有許多報紙發行人願意「冒險」挑戰公眾意見、並樂於承認他們在廣告欄上為咖啡替代品刊登了像是「擁有如咖啡般風味」的誤導性說法。

在今日的美國，咖啡廣告的文稿已經達到相當傑出的極高水準；我們的咖啡廣告人領先於所有國家。教育工作由

《茶與咖啡貿易期刊》開展、全國咖啡烘焙師協會促成，並且由聯合咖啡貿易宣傳委員會、巴西－美國咖啡促銷委員會和美國咖啡工業聯合會共同發展，已經削弱了不少穀類替代品惡棍引起的群魔亂舞。

然而，咖啡師們還是留下相當大的改進空間。有些人還是習慣在自己的宣傳中做出誇大不實的言論，用會摧毀公眾對咖啡信心的方式做出有損競爭對手名譽的事，還有那些因為對自身產品的無知或缺乏信心，而不斷宣稱他們的品牌絕對不含有害或者無用的物質的人。只能寄望假以時日，這些弊端將對商業報刊及那些為商業的改進持續努力的組織產生進一步的啟發和影響。

在 1919 年國際咖啡運動展開之前，

雜誌及報紙廣告文稿，聯合咖啡運動，1922 年。

聯合咖啡宣傳委員會雜誌及報紙廣告稿，1919 年。

全國咖啡烘焙師協會發起 2 次「全國咖啡週」活動，一次在 1914 年，而另一次則在 1915 年，為接下來的大型聯合咖啡貿易宣傳奠定了非常好的基礎。

期間，也出現了一些關於恰當的研磨和正確沖煮咖啡方面最早的研究。

在紐約的愛德華・阿伯恩指導下所成立的咖啡沖煮改進協會，為自耕農提供服務。更多的教育工作在學校和大學中、報紙編輯之間、還有交易的時候進行。這是第一個為咖啡進行的聯合宣傳活動。

除上述的活動之外，「全國咖啡週」還在全國各地強調冰咖啡這種令人愉快的夏日飲品，並有史以來第一次強調正確製作咖啡應該要用滴漏和過濾的方法，而非煮沸，煮沸法長久以來都是這門生意的禍害根源。

包裝咖啡的廣告宣傳

咖啡廣告在約翰・艾伯克於 1873 年引進「Ariosa」咖啡後，開始呈現出獨特的特色。以現代標準看來，某些為此包裝咖啡先驅所進行的早期宣傳在印刷上看起來相當粗糙，不過，文稿本身已經有所有必要的效力，而且雖然已經歷經半個世紀，其中的許多論點在今日同樣合用。

以右上圖的廣告單為例。這分廣告單是三色印刷，上面的論點新穎且大部分都很有說服力。廣告文稿的背面也非常地讓人印象深刻。

第一份包裝咖啡彩色廣告單，約在 1872 年。

早期 Yuban 咖啡的廣告文稿樣本。

即使有利用到一些報紙的篇幅，但艾伯克最初的廣告宣傳大多還是藉助傳單或巨幅傳單。

艾伯克是第一位利用優惠做為廣告銷售輔助的人，而這些策略已經證明了是讓「Ariosa」咖啡一舉成名的一大重要因素。

艾伯克先生為他的商品創造了一種口耳相傳的宣傳方式，這其實是廣告業最難以達到的成就。這造成如此深遠而持續的影響，以至於在某些區域，這樣的影響力持續了至少一甲子之久。這種廣告行銷的寓意在於：讓人們開始談論你的品牌。

據估計，1933 年，大型咖啡烘焙商在美國所有形式的宣傳手段花費了約 600 萬美金。

經驗法則已經驗證，成功的包裝咖啡背後，必然要具備咖啡豆採購、調和、烘焙及包裝的專業知識，以及效率極高的銷售力量。

以下所列為必須事項：(1) 高品質的產品；(2) 好的商標名稱及標籤；(3) 有效的包裝。

有了這些，明智地規劃且謹慎執行的廣告和銷售活動將獲得成功。在這樣的活動中，會包括面向經銷商以及面向消費者的廣告。

它可能包括所有被認可的宣傳形式，例如報紙、雜誌、廣告看板、電子招牌、電影、收音機、實地示範，以及試喝體驗。商業廣告絕不能被忽略的一方面，就是經銷商協助。

想當然耳，推出一種全新包裝咖啡

第一個咖啡的註冊商標，1871 年。

的烘焙－包裝業者或推銷商，要在多大範圍內利用各式各樣的廣告媒體，或加入經銷商協助，必然取決於撥付給廣告宣傳的預算。

許多烘焙－包裝業者為了協助替他銷售咖啡的食品雜貨商，於是提供了用來做戶外展示的耐風雨金屬招牌、展示架、商店和櫥窗的展示標誌、產品立牌、記事簿、消費者小冊子、電影、實地示範，以及試喝體驗等廣告宣傳形式。

商業廣告

直到相對近代的時期，只從事烘焙交易販售的生咖啡進口商都還沒有認識到廣告的需求。他們傾向於相信他們不需要廣告宣傳，因為在大多數情況下，生咖啡的銷售並不取決於品牌；而且在某種程度上，價格一直都是真正的決定因素。

然而，在接下來幾年當中，許多生咖啡公司開始了解到，在咖啡烘焙師貿易日誌中，能被明智利用的廣告欄位才是能影響形勢的友好要素。

與此同時，少數的進口商會選擇以自己的商標做為廣告的主要特色，從而讓他們在商譽之外，累積了更為寶貴的商標資產。

有好幾年，生咖啡貿易使用的是名片式廣告宣傳；不過有些現在開始採用最新的文稿風格。

在沒有恰當利用商業出版品的情況下，為包裝咖啡進行的廣告活動不可能完全生效。在業者發行的報紙上做廣告有許多優點。對推銷員來說，這種廣告活動是一份負有宣傳使命的好工作，能在經銷商內心創造信心，並向他們證明，在銷售藍圖中有將對方考慮進去──絕對沒有只打算透過消費者廣告就要強將貨物塞給他的意圖。

貿易文章的廣告也提供包裝業者結識支持所廣告之品牌，且擁有銷售點的經銷商，如此便可節省推銷員的時間。現在愈來愈多的咖啡包裝業者利用貿易文章的廣告欄位。

以各式媒體進行的廣告宣傳

廣告看板、其他戶外廣告和車體廣告，被大量利用在咖啡宣傳中。

色彩鮮豔的戶外招牌曾經有數年都是一家中西部烘焙商宣傳活動的支柱。車體廣告和廣告牌愈來愈受到歡迎，因為這種廣告類型不僅引人注目，還能讓咖啡包裝業者用自然的色彩將自家產品呈現在大眾眼前。

像是紐約的艾伯克兄弟；舊金山的希爾斯兄弟；布魯克林的麥斯威爾產品股份有限公司；紐約的 Seeman Brothers；聖路易的 Hanley & Kinsella 咖啡及香料公司；紐約的 Jos. Martinson；杜魯斯的安德森－萊恩公司；普羅維登斯的 Brownell & Field 公司，以及許多其他公司，都是堅持使用這種廣告風格的使用者。

電子招牌也被證明在咖啡的廣告宣傳上是有效的。

電影在咖啡的廣告宣傳中被相當大量地使用，特別與咖啡生產國所引導的活動有關。

巴西－美國咖啡促銷協會製作了一部電影，並出借給咖啡烘焙師，讓他們在當地戲院、零售食品雜貨商群體面前和教育機構播放。

哥倫比亞咖啡農聯盟現在正在行銷一部叫做《咖啡之鄉》的影片，影片中揭露哥倫比亞的咖啡種植與製備過程，這部影片還被出借給烘焙師及其他展示目的之用。

大西洋與太平洋茶葉公司有 2 部與

哥倫比亞咖啡製備相關的影片流通，同時還有一張照片顯示咖啡在美國的搬運，供自家公司組織內部流通。

在將這些影片於戲院中，以及其他消費者群體面前放映時，當地烘焙師在其中放進廣告自有品牌的預告片是司空見慣的做法。

對於將收音機當做一種廣告媒體有多少價值這一點，美國社會的意見是分歧的，但重要的咖啡烘焙商在 1933 年不只共花費了 226 萬 4025 美金在廣播設備上，還要加上製作節目，以及許多「點」（也就是由小型企業所建立地方廣播）的花費。

國家廣播公司在落磯山脈以東的 21 個大城市建立的基礎「紅色」聯播網，每小時耗資 7120 美金，而將全國 65 條媒體通路接線到「紅色」聯播網則需花費每小時 1 萬 5200 美金。

同一家公司 18 條媒體通路的基礎「藍色」聯播網花費是 6120 美金，而連接全國 62 座城市則每小時要花費 1 萬 4200 百美金。

透過哥倫比亞廣播公司系統東部和中西部 23 個電臺廣播的基礎網路，晚間每小時的花費是 7025 美金，白天則是 3516 美金。夜間由大西洋海岸到太平洋海岸連網的費用——93 條媒體通路——每小時要價 1 萬 7575 美金，而日間費率是 8815 美金。

此處提到的所有費用只有廣播時段的花費，還未包括節目的費用。

「A & P Gypsies」的管弦樂節目會讓它的贊助商大西洋與太平洋茶葉公司

廣播時段支出經費 1933 年著名的美國咖啡、茶葉等包裝業者的花費 *（並未包括節目費用）		
比納營養包裝公司		$52,584
加州包裝合作社	Del Monte 咖啡	$85,814
喬治 · W · 卡斯威爾公司	咖啡	$47,011
J · A · Folger & Co.	咖啡	$82,581
通用食品公司	麥斯威爾咖啡 即溶和穀類咖啡替代品	$571,330 $90,628
M · J · B 咖啡		$65,976
標準品牌公司	Chase & Sanborn 咖啡 Tender Leaf 茶葉	$657,333 $93,800
Sussman, Wormser & Co.	咖啡及食品產品	$11,480
喬治 · 華盛頓精煉公司	即溶咖啡	$106,820
R. B. Davis & Co.	巧克力麥芽飲品	$120,392
D. Ghirardelli 公司	可可和巧克力	$ $10,262
好立克麥芽牛奶公司	麥芽牛奶	234,486
威氏葡萄汁公司	葡萄汁	$33,528
		$2,264,025
		* 由國家廣播公司出版資料彙整

在除了廣播時段的開銷外，每週再花費3000 美金。

贊助商花費在製作有聲廣告片的經費在 5000 美金到 1 萬美金之間。此外還要加上根據票房收入計算出的每 1000 次發行 5 美金的費用。由大西洋海岸到太平洋海岸的播映，每次更換節目的平均發行量是 500 萬。

咖啡資訊辦事處

位於紐約的咖啡資訊辦事處從 1931 年 6 月起，就透過宣傳品在美國持續推動對咖啡的興趣與關注。

美國製罐公司是這個辦事處的贊助商，這家公司認為，如果大眾能對咖啡有更多的認識，咖啡的消耗量必然會隨之攀升——特別是如果人們了解使用新鮮咖啡的重要性。

辦事處的工作大部分是透過教育機構進行，無償提供以下資訊：

關於咖啡生產國的文宣材料；為地理課程的學習資料做安排；展示咖啡如何栽種、生長、採收、烘焙，以及分銷；還有咖啡應該如何沖煮。

關於咖啡的科學觀點被提出，包括將咖啡放進真空罐頭中的測試結果，該結果顯示這種包裝程序在保存咖啡的新鮮度方面是很有效的。

辦事處宣稱，到了 1935 年 6 年，已經有超過 25 萬磅印刷品被發放到國內各地的教育機構——而且全部都是對方主動取的。

零售商的廣告宣傳

由各種類型的零售商人與連鎖店所進行的咖啡廣告，成為美國各地對咖啡宣傳重要性日益增加的一種廣告類別，特別是在大城市中。

當零售商分析向他們購買咖啡的顧客時，通常會發現三種類型。第一種是視自己為咖啡評鑑專家，卻無法找到任何適合她文雅品味的女士。然後是新晉家庭主婦，可能嫁做人婦才幾個月，對咖啡所知不多，但想找到一個自己與先生都會喜愛的優良品牌。第三種是最受歡迎的類型，就是那些喜愛咖啡、天天光顧的滿意顧客。

一位名為 W‧哈利‧朗格的德州零售商人準備了下列針對上述三種顧客類型所做的「現成」廣告文稿。對「咖啡百事通女士」，以下這種風格已經被發現是有效的：

更好的咖啡讓你的一餐會更好

餐桌上放置咖啡壺的角落是平衡你正餐的重點。

如果咖啡因為某種原因而「稍顯遜色」——很有可能是咖啡本身的問題——事情看起來就不會如預期般美好；但當咖啡「品味十足」，這一餐從始至終都會是一種享受。如果「平衡點」讓你感到困擾，讓○○牌調和咖啡為你量身訂製。1 磅售價 35 分，3 磅 1 元。

○○茶與咖啡公司

尋找合適品牌，又想獲得資訊的女士，以下將是很有吸引力的文案：

成功的選擇

　　首次購買○○調和咖啡的那天，就達成每天早上那杯咖啡的成功選擇。至今有好長一段時間，許多家庭無法獲得這項成功，這當然是因為他們對○○調和咖啡一無所知，要真正了解○○調和咖啡是很困難的，除非你親自嘗試過。這就是為什麼我們總堅持你必須藉由購買 1 磅咖啡來得到我們的介紹。

　　　　　　　　　　○○茶與咖啡公司

同時針對上述兩種類型的顧客，並用相同的方式應對則可用以下文案：

「平衡的調和」

　　是對○○調和咖啡的完美形容，因為在製備時的小心注意，讓強度不至於凌駕於風味之上。調配師的目標是得到令人滿意且愉快的飲用品質；在你嘗試○○調和咖啡時，你將會發現調配師的成果遠超過成功的範疇。
　　1 磅售價 35 分，3 磅 1 元。

　　　　　　　　　　○○茶與咖啡公司

滿意顧客類型當然不會反對來點變化，再者，偶爾讓那些感到滿意的顧客知道，他對自己的商品仍然信心十足，對商人來說是件好事。這樣的論點可能會以下列形式出現：

為你省錢的服務

　　這是一項○○調和咖啡在你想喝咖啡時推出的服務。
　　○○調和咖啡能節省許多事物。它省下了你的擔憂，因為它的風味與強度始終如一；它省下了你的時間，因為當你訂購○○調和咖啡時，我們會按照你使用之過濾器或咖啡壺的需求，為你將咖啡研磨到適合的粗細；○○調和咖啡也幫你節省了荷包，因為沒有任何浪費，每一次你都會清楚知道沖煮多少杯咖啡所需的正確咖啡用量。
　　1 磅售價 35 分，3 磅 1 元。

　　　　　　　　　　○○茶與咖啡公司

此外，以下文案或可吸引潛在顧客的興趣：

證明你的認可

　　為了證明你對○○調和咖啡的認可，我們邀請你試試小小的 1 磅。我們知道你將會愛上它，因為它以好咖啡需要的用心、以頂級咖啡理當使用的方式進行調和、烘焙和研磨。向自己證明你認可這樣製備咖啡的方法。
　　1 磅售價 35 分，3 磅 1 元。

　　　　　　　　　　○○茶與咖啡公司

在某些家庭中，廚師會被允許進行採購，而通常廚師不會在閱讀日報時留意咖啡廣告。要透過女主人影響到這個人，可以試試下列文案：

政府推動的宣傳活動

　　由政府主導的咖啡宣傳活動，在英國的一些其殖民地、法國和荷蘭、波多黎各、哥斯大黎加、瓜地馬拉、哥倫比亞和巴西等地都或多或少享到成功的滋味。法國、德國、奧地利、捷克、比利時、斯堪地那維亞和美國，一直都是最被大力培養的市場。

　　大不列顛在 1730 年開始在自己的殖民地發展咖啡的種植；英國國會頭一次減低了國內的稅賦。在許多方面來說，自那時開始，國會便試圖支持鼓勵英國產咖啡，吹捧對英國產咖啡的偏愛，而這現在仍然表現在切碎巷提供的報價單上。荷蘭政府對爪哇和蘇門答臘比照辦理；而法國則讓他自己的殖民地為類似的服務效勞。

　　自從波多黎各成為美國的一部分，島上的政府與農場主就進行了數次讓波多黎各咖啡在美國更為普及的嘗試。史考特‧特魯斯頓於 1905 年在紐約開了一家公家經銷處。按照創始人的勸說和忠告，他代表波多黎各種植者保護協會進行了一場長達數年的激烈運動，最終採用的辦法就是任命官方經紀人，並擔保產品的真實性；但在經費及尋求廣告宣傳之產品數量都不夠的情況下，這場咖啡運動只獲得中等程度的成功。

　　之前在J‧瓦特‧湯普森公司工作的莫蒂默‧雷明頓，在 1912 年被任命為波多黎各協會的商業代表，該協會由島上的種植者和商人所組成。都會地區已經進行了一些代表波多黎各咖啡的有效廣告宣傳，若干高檔的食品雜貨商非常樂於囤積這些有協會蓋章認證包裝的商品。然而和從前一樣，處理其他產品（包括雪茄、葡萄柚、鳳梨等等）妨礙了咖啡方面的工作，這個企業因而遭到中止。隨後，華盛頓政府協助波多黎各發展出一套在美國拓展咖啡市場的實用計畫，然而，此番努力因為太多的「政治因素」而宣告失敗。

　　隨著 1915 年巴拿馬太平洋萬國博覽會在舊金山開幕，瓜地馬拉政府開始為自己的咖啡在美國展開宣傳活動── 截至目前為止，已經吸收了 75% 瓜地馬拉產品的歐洲市場，由於世界大戰的緣故而對它關上了大門。一位舊金山的咖啡掮客 E‧H‧歐布萊恩主導這次的宣傳活動，刊登了不少報紙的全版廣告，不過，主要的努力則是被用在咖啡烘焙交易上。推動到目前為止，這項活動是非常成功的。

哥斯大黎加也提供特別獎勵給在世界大戰期間，願意為哥斯大黎加咖啡開拓美國市場的咖啡貿易同業。

由種植者、掮客和出口商組成的哥倫比亞咖啡農聯盟（總部位於波哥大），於 1930 年 6 月開始在美國的宣傳活動，並在紐約設立辦公室，由米蓋爾・羅培茲・普馬雷霍先生管理。1932 年於舊金山設立分部，同時在 1934 年，指派一位代表前往紐奧良，建立聯邦政府與美國 3 個最重要的咖啡進口城市間的聯絡據點。1935 年 3 月，米蓋爾・薩姆佩・海萊拉先生在紐約承接了羅培茲先生的工作。

在協助增加美國對哥倫比亞咖啡消費的工作同時，哥倫比亞咖啡農聯盟也引導咖啡的教育活動，並為那些買賣咖啡的人提供無偏見色彩的資料。

除了小冊子、教育影片、咖啡和其他形式的宣傳活動之外，咖啡農聯盟還在哥倫比亞及其他咖啡生產國和消費國進行了一項咖啡統計研究。咖啡農聯盟與貿易保持密切接觸，以便拓展每個可能的合作機會。這個聯盟在潛在的進口商與出口商間建立聯繫，它也促進有建設性的批評，並從而力爭上游，改善哥倫比亞咖啡工業的方方面面。紐約辦公室每週會發行公報，披露針對哥倫比亞咖啡的統計形勢和其他資訊。

咖啡農聯盟出版了下列免費發放的小冊子：《咖啡之鄉》、《成就 1 杯好咖啡的方法和理由》、《哥倫比亞咖啡工業》、《冰咖啡與影響咖啡品質的因素》、《烘焙咖啡的酸味》，以及《正確研磨與咖啡沖煮的關係》；後者是與美國咖啡工業聯合會密切合作所產出的結果。此外還發放了咖啡樹與咖啡莊園的照片，同時廣播也被加以運用。

咖啡農聯盟還製作了以下影片，並出借給商業及教育機構：《咖啡之鄉》、《安地斯山脈的誘惑》，還有《來自雲端的咖啡》。數本雜誌上還刊登了常規的廣告。

咖啡農聯盟也與歐洲的重要咖啡館簽訂獨家販售哥倫比亞咖啡的合約，同時在大眾運輸工具、雜誌和告示牌上到處廣告。此外還在法國發行一本標題為「親切的咖啡館殿下」的小冊子。

咖啡農聯盟在巴黎有一間為同樣目的服務的辦公室，帶著建立哥倫比亞咖啡新銷售通路的目標，為整個歐洲提供與紐約辦公室相同的服務。Pinto Valderrama 先生是巴黎辦公室的主管，荷西・梅迪納先生則是咖啡農聯盟在歐洲的旅行銷售代表。

法國的哥倫比亞咖啡宣傳活動於 1934 年展開，並在第一年達成進口量成倍增加的效果。接下來的策略是，在強調品質的同時，不去攻擊法國商人的習慣與慣例，反而是與已經存在的組織密切合作，並且尊重那些企業聯合組織的規章。「哥倫比亞甜咖啡」的特色是，主要是透過高級食品商店來推展，這些商店的顧客負擔得起優質的咖啡，同時咖啡農聯盟的印刷文宣品也指出，保證能夠全年供應高品質的哥倫比亞咖啡。

哥斯大黎加在 1933 年的芝加哥世界博覽會上展示咖啡和其他的產品。這場

博覽會是以休閒花園的形式舉行，設有櫃檯和桌子，而午餐菜單的特色則是咖啡、可可，還有西點。

波多黎各也在芝加哥博覽會上展示了自己的咖啡與其他產品。他們的咖啡是經過烘焙、研磨，並包裝在 1 磅裝的罐頭中，放置在用欄杆圍住的場地中，讓現場所有人都能看見——而且聞到咖啡的芳香。

巴西聖保羅在 1908 年開始補助消費國的公司及個人來促進消費，藉此宣傳巴西咖啡。聖保羅邦與咖啡公司——即倫敦的 E. Johnson & Company 和 Joseph Travers & Son 公司簽訂合約，開發巴西咖啡在大英帝國的銷路。

他們也與其他歐洲國家的咖啡公司簽訂了類似的合約——尤其是義大利和法國。補助金以現金和咖啡的形式發放 5 年。在英國的公司以「聖保羅邦（巴西）純淨咖啡股份有限公司」為名；5000 英鎊被撥付給這家公司，用於烘焙並包裝出一個名為「Fazenda」的品牌、在食品雜貨商處推廣實物宣傳，並用有點受限的方式進行廣告宣傳。

在英國，儘管曾經一度據說有 5000 位食品雜貨商有「Fazenda」牌咖啡的庫存，咖啡消費造成的效益仍然微不足道。這個宣傳活動的一項特色是使用「Tricolator」以確保咖啡被正確的製備，這是一項美國設備，因為它在美國較為知名。巴西也於 1915 年在日本為自己的咖啡進行宣傳活動，將其做為與日本勞工移民巴西的特定工作之一。

法國咖啡委員會於 1921 年 7 月在巴黎成立，與巴西政府在一家以增加咖啡在法國之消費為宗旨的企業進行合作。

在本國與國外的大部分咖啡宣傳活動裡，最主要的缺點在於將資金耗費在補助特定的咖啡企業，而不是將資金花費在使整個行業的利潤能得到平均的分配。這個錯誤，再加上咖啡生產國當地的政治權術，導致了最終失敗的結局。為巴西咖啡在美國進行的宣傳活動是一個值得注意的例外，這個活動開始於 1919 年，並一直持續到 1925 年，所有各式各樣的利益集團，聖保羅官方、咖啡種植者、出口商、進口商、烘焙師、批發商和經銷商，全都在一個廣告咖啡本身的活動計畫下竭力合作，而且並未讓任何個人、商號或團體獲得特殊特權。

聯合咖啡貿易宣傳活動

32 年前（約 1903 年），活動的創辦人開始鼓吹咖啡產業的聯合廣告宣傳。他的建議是像「講述關於咖啡的真實」這樣的廣告口號，我們很高興地發現，許多他的原創概念都在 1919 年到 1925 年的聯合咖啡貿易宣傳活動中得到體現。

咖啡烘焙師在 1911 年組織了他們的全國協會。這項工作的創辦人極力主張，烘焙師應該獨立於種植者之外，合作進行基於科學研究的廣告宣傳；但要在這樣的議題上聯合各自分歧的利益團體是行不通的，因此，這個運動的領導人將所有的精力轉而投注在促成一項同時受到種植者和批發商支持的活動上。由於

做為全世界將近 ¾ 咖啡來源的巴西是一個合乎邏輯的結盟對象,因此,他求助於巴西的種植者。

生產超過半數美國所使用咖啡的聖保羅邦咖啡種植者是第一批欣賞這個主意的人,在他們試圖引起政府興趣的嘗試失敗後,聖保羅的咖啡師創立了促進咖啡保護學會,並遊說他們的州參議員通過一條法令:在 4 年間,對每 1 袋從該州的種植園運出的咖啡進行課稅。在一開始,每 132 磅為 1 袋,稅金是 100 雷茲,以均衡匯率計算的話,相當於 2.5 美分,而在 1923 年過後,這個金額加倍,並持續了 3 年,稅金由鐵路公司向貨主徵收,並交給學會。

巴西人學會派出西奧多‧蘭加德‧德梅內賽斯先生前往美國達成協議;而 1918 年 3 月 4 日,在紐約簽訂了一紙協議,內容是聖保羅每年要為在美國舉辦的宣傳活動捐獻 24 萬美金,捐款持續 4 年,總額大約是 96 萬美金;而美國的咖啡同業成員預計捐款的總額是 15 萬美金。這場 4 年運動的結果如此令人振奮鼓舞,讓它得以持續進行到 1925 年。

在美國廣告宣傳的監督管理被委派給 5 位男士:紐約的羅斯‧W‧威爾;俄亥俄州代頓的 F. J. Ach;以及代表波士頓烘焙師的喬治‧S‧萊特;和同樣來自紐約,代表生咖啡商人的威廉‧貝恩二世及 C‧H‧斯托夫雷根。

這 5 人所組織的委員會以威爾先生擔任主席,萊特先生擔任會計,而斯托夫雷根先生則是祕書。來自克里夫蘭的 C‧W‧布蘭德是全國咖啡烘焙師協會的會長,他受邀參加這次委員會的會議,並協助制訂活動方針。活動總部被設立在紐約,由菲利克斯‧科斯特擔任主任祕書,艾倫‧P‧艾姆斯擔任宣傳總監,設計活動計畫的是費城的 N. W. Ayer & Son 廣告代理商,該公司負責應付廣告客戶。

報紙、雜誌,還有貿易文章的廣告於 1919 年開始與教育路線同步進行,做為宣傳活動的核心。而私有品牌的廣告,加上全國性宣傳中不可或缺的其他宣傳手法,最終讓廣告效益得到了進一步的擴大。

1920 年,2 萬 2500 元的美國資金被撥付給一項由麻省理工學院的 S‧C‧普雷斯科特教授進行的科學研究,他在 1923 年撰寫並大範圍發表的結案報告表示:咖啡對絕大多數人來說,是一種有益身心健康、便於飲用,且會帶來滿足感的飲料。

聯合咖啡貿易運動的另一項活動是組織咖啡俱樂部,成立目的是透過烘焙師、批發商的推銷員、零售經銷商間的建設性團隊的合作,來進行對消費者的教育。俱樂部每個月會以報紙的形式發表 1 篇公報,有 2 萬 7000 份在批發商、推銷員,以及零售經銷商間流通。藉由咖啡俱樂部的手段,委員會為經銷商的櫥窗分發了 5 萬份清楚易懂的招牌,還提供給推銷員 5000 枚銅製的咖啡俱樂部圓形徽章。

委員會在不同時間發行了 6 份小冊子,在美國家庭與學校中的總流通量達到超過 150 萬份。這些小冊子以成本價

出售給同業，他們再將這些小冊子分發給自己的顧客和學校的科學教師。

在這項運動中，品牌廣告增加超過300%，這是委員會促使烘焙師將地方性廣告與全國性雜誌及報紙的宣傳活動緊密結合的緣故。

1919 年到 1925 年聯合咖啡貿易宣傳運動的結果，被認為是非常令人滿意的。而由於這項運動並未對巴西以外的咖啡生產國區別對待，因此所有國家在銷售上都有所獲得，當然，巴西自然是獲利最多的。

在 1920 年 3 月 29 日到 4 月 4 日這週當中，委員會組織並資助了第三屆全國咖啡週，這是一場受全國零售商熱烈慶祝的活動。咖啡週以櫥窗佈置大賽為號召，在數百位食品雜貨商間分發總額為 2 千美金的比賽獎金。這場比賽造就了將近 1 萬家雜貨店櫥窗的咖啡展示，同時在這段時間內，讓咖啡的銷售和消費獲得大幅增加。

美國資金也資助了一部咖啡電影的製作與傳播，128 份電影拷貝被出售給烘焙師，讓他們在全國各地放映。

1927 ～ 1931 年的宣傳活動

1927 年，在咖啡於巴西發展200年的慶祝活動期間，為保衛咖啡政策制訂的計畫得到了完善，其中包括了巴西咖啡的海外宣傳。藉由全國性政府的協助與鼓勵，大臣華盛頓・魯茲博士、聖保羅邦大臣胡立歐・普列斯特斯博士和聖保羅邦財政書記官兼聖保羅咖啡研究所所長的馬力歐・羅林姆・泰利斯博士，在所有主要咖啡消費國展開密集的宣傳活動。這些活動由聖保羅咖啡研究所控制管理，同時通常會與相對應國家中的在地企業或機構簽訂合約，依工作完成的比例分配經費。

儘管合約在不同國家會視不同狀況而有彈性空間，但仍然需要簽約者在適合的場所設立專門為烘焙、研磨和提供巴西咖啡的獨家咖啡立牌或橫幅。進一步的要求是希望這些立牌能嚴格地維持在清潔的狀態，如此才能吸引群眾；與此同時，場地的內部及外部都應該以廣告標語和讚揚咖啡滋補特性、且鼓勵每日飲用之寓言式設計裝飾；「巴西咖啡」的字樣應該要不斷出現。

給私人機構和在博覽會上發放的免費樣品是這項運動的一大特色，同時還放映講解巴西咖啡文化的影片。除此之外，告示牌、傳單，還有廣播都被盡可能的利用。

在 1927 年底，德國、瑞士、阿根廷、智利、捷克、法國、巴拉圭、希臘、南斯拉夫、土耳其與保加利亞等國為巴西咖啡運動簽署了合約。其他國家不久後也跟進。

美國的巴西咖啡運動由 1929 年持續到進入 1930 年，而最早是由聖保羅咖啡研究所在 1928 年下半年採取行動，這是由全國咖啡貿易協調會透過其在紐約的主席，法蘭克・C・羅素為巴西咖啡運動在此地運作的結果。基於研究所的要求，一個由羅素先生命名為「巴美咖啡

推廣委員會」的組織被指定負責處理宣傳活動的工作，資金來源是由巴西運到美國的每袋咖啡200雷茲的稅金產生。

費城的 N. W. Ayer & Son 公司被選為廣告諮詢對象，而在 1929 年 4 月展開了真正的工作。為這個運動選定的口號是「咖啡——美國最受歡迎的飲料」。一項教育運動也同時展開，鼓勵人們選用更高等級的咖啡和更好的製備方法。再一次，在前一次運動中嶄露頭角的《咖啡俱樂部》期刊內充滿了給烘焙師、批發商、零售商、管家和其他人的建議。同時也透過家政學、飲食學、醫學教師，並透過咖啡、食品雜貨、飯店和餐廳的廣告，以及都會中心的報紙向大眾宣傳。在想方設法增加咖啡消費的其他計畫中，還有鼓勵辦公室、商店，以及家庭的下午 4 點咖啡時間。

一部關於咖啡莊園的影片被廣泛傳播，並放映給家政學課堂、烹飪學校、俱樂部和其他類似組織中的 25 萬名女士觀賞。此外，全國性的聯網廣播將巴西咖啡的訊息帶入數以百萬的家庭中。

同時，學校教師對於展示著咖啡從種植、栽培、採摘、準備、運輸，還有烘焙的插畫圖版也有著大量的需求。

於 1920 年開始的科學研究，在聯合咖啡貿易宣傳運動期間，被進一步交付給麻省理工學院的 S・C・普雷斯科特。這項研究涵蓋範圍包括咖啡的成分、生理作用，以及製備方法；還有種植、採摘和保存方法跟其他相關事宜。

同一時期其他地方的巴西咖啡宣傳活動範圍包括了阿根廷、奧地利、比利

咖啡廣告開銷

預估總額 取樣自 1933 年美國 23 家主要咖啡烘焙商，並揭示其使用之媒體 *	
雜誌	$984,149
報紙	$1,597,500
收音機	$1,697,945
戶外廣告	$550,000
車體廣告	$719,000
總計	$5,548,594
* 由紐約的 Erwin, Wasey & Co. 彙編	

時、保加利亞、捷克、丹麥、埃及、芬蘭、法國、德國、匈牙利、義大利、日本、南斯拉夫、荷蘭、挪威、葡萄牙、西班牙、瑞典、瑞士和土耳其。在歐洲的宣傳運動當中，採用了藝術影片搭配消費者實地示範的方式，獲得了成功的結果。

巴西在 1933 年和 1934 年的芝加哥世界博覽會上，舉辦了一場令人印象深刻的咖啡展覽。在現代化的環境以及用來說明咖啡的精美裝飾當中，雙馬蹄鐵形的咖啡吧每天供應數千杯免費咖啡。同時，毗鄰的休息室設置了許多吸引人的安樂椅，咖啡吧的兩端永遠被喝咖啡的人群佔據。以一座聖保羅咖啡莊園為主題的一個大型立體透視模型是展覽中最醒目的特色。

近年來，巴西咖啡其他值得注意的展覽是 1929 年聖保羅咖啡研究所在布魯塞爾的咖啡博覽會所做的展示和實物示範、1929 年在西班牙塞維利亞博覽會上的展覽，還有 1935 年在布魯塞爾及橫濱博覽會的展覽。

咖啡廣告無前輩可效法

回歸到英國原始的咖啡廣告，當我們將其與最新的廣告藝術案例做比較時，會發現它所具有的價值是相同的；然而帕斯夸·羅西並沒有廣告專才能為他提供意見，也沒有前輩供他效法。

帕斯夸·羅西是被一位土耳其商品經銷商——愛德華先生——帶到倫敦的士麥那原住民，他是愛德華先生的貼身僕傭，他的主要職責之一就是準備愛德華先生早上飲用的土耳其咖啡。

歷史告訴我們，「不過因其新穎性為他吸引太多人，他（愛德華先生）允許上述僕傭，偕同他的另一位女婿將其公開販售。」如此便有了帕斯夸·羅西在康希爾聖麥可巷開設一家咖啡館的這件事。

而既然帕斯夸·羅西的主意是想讓倫敦大眾認識他產品的優點和美味的特質，而這項產品對他的潛在客戶來說自然是陌生的，於是他將自己感覺最可能吸引注意力的事實與論點放進廣告中，用來引起興趣並說服顧客。

若讀者願意瞥一眼羅西的廣告——翻攝於第 18 頁，便將會被他不裝腔作勢、直截了當招攬顧客那幾乎令人無法抗拒的魔力所吸引。由於沒有廣告迷信去扭曲他的判斷力，他得以用自然的方式、帶著強大的說服力講述一個有趣的故事。無論某些被歸於這種飲料的好處後來是否遭到駁斥，當時的他是信以為真的。在那段日子裡，沒有多少人了解真實的「咖啡的真相」。

甚至他那從現代觀點看來自然不做作的印刷排版都很吸引人、恰到好處，而且非常賞心悅目。同時因為在當時，並沒有穀類替代品或其他妖魔鬼怪需要對付，他所做的正合所需——而且做得特別好。

事實上，在咖啡廣告的歷史中，帕斯夸·羅西樹立了一個榜樣，並建立一套對於在那個古早年代所有咖啡廣告都非常有幫助的文案標準。

直到所謂「現代」廣告時期，咖啡的宣傳反而來到了效率和價值最差的時刻，在那段黑暗時期，大多數咖啡廣告人無視了那在其他種類的食品雜貨中所應用的推銷原則。他們並非告訴受眾自己的產品有多好，他們反其道而行，警告大眾防備飲用咖啡的危險！他們並非對大眾說：「咖啡有許多好處，而我們的品牌是最好的例子之一。」他們的用詞是：「咖啡有許多有害特性；但某些（或大多數）都已經從我們品牌中移除了。」在大多數情況下，他們是反對派的使徒。

我們或許可以為以帕斯夸·羅西為榜樣的所有咖啡廣告人鼓掌喝采——就是那些告訴大眾飲用咖啡是多麼美好，還有如果你飲用咖啡能獲得多少好處的人。考慮到現代廣告人能夠獲得的廣告資源，這些關於咖啡的美好自然應該能將早期咖啡廣告詞中所蘊含的魅力傳達給大眾。無疑地，那種無法為任何人帶來利益，而且對這種訴求的使用者來說，被證明是最無利可圖的負面又毀滅性的廣告形式，應該已經走到了盡頭。

許多在咖啡產業的人通常都會疑惑，咖啡廣告創作者明明有可茲利用的素材寶庫，吸引人的作品為何卻是寥寥無幾——為什麼為咖啡營造魅力的工作是如此鳳毛麟角？

關於咖啡的歷史；咖啡工業如何傳播到不同的國家；巴西如何成為咖啡生產大國；咖啡如何種植、收獲、處理，以及如何運輸；咖啡如何儲存、烘焙、處理，還有配送——簡而言之，就是整套咖啡如何從熱帶咖啡莊園來到早餐桌上的過程。有如此多有趣的事物可以講述，只要用有趣、渾然天成、令人信服的方式講述這些事物，就能將咖啡塑造成健康、美味的飲料；反觀對咖啡替代品有利的負面類型廣告，則將咖啡置於不利之地。

除了一個咖啡烘焙師當中的著名罪犯外，美國的咖啡廣告已經朝向更有建設性的趨勢發展。1935 年，以及這個時間點之前數年，有大量證據顯示，咖啡包裝業者開始期望，廣告不僅能突顯出自家品牌的優異品質，還能向大眾強調咖啡本身的諸多優點。

其他可以強調的話題還有：正確的烘焙、研磨，以及包裝。新鮮咖啡的重要性在近年來的宣傳中，一直都是最受歡迎和最具建設性的題材。就一些包裝業者而言，品質是另一個已經獲得相當程度發展的概念。

最近以來，冰咖啡在咖啡的宣傳上受到更多的關注，這種夏日飲料在廣告中被大肆宣傳，在正常需求下降時，迅速地增加夏季月分的咖啡消費量。

廣播已經成為美國受歡迎的咖啡廣告媒體，有些大型公司為廣播節目花費巨額資金，這些節目通常是管弦樂或歌唱形式的餘興節目，節目中會附帶提及特色品牌。電臺廣告通常更強調品牌，而非咖啡這種飲料。

講述咖啡種植和製備的小冊子形成了大型咖啡包裝業者廣告成就的一項重要助力。因為激烈的競爭環境之故，業者得到批發商前所未有的協助，來加速產品從零售商貨架上清空的速度。這些協助有當地報紙廣告、車體廣告、櫥窗及店鋪展示、立牌等形式。

在歐洲，大多數咖啡包裝業者的廣告更明確地與特定品牌的優點相關，而非咖啡本身。很多廣告從印刷排版的角度看來特別吸引人，因為它們是現代主義風格的。

咖啡廣告的效益

就如同茶的情況一樣，有太多錯誤的消息被發表，以至於廣告人應該謹慎避開有爭議的問題，並讓他的文案是正面、而非負面的。他的訴求應該具備教育性，並以照正確順序排列的事實做為依據。咖啡和茶就跟好酒一樣，「酒香客自來」。它是一種古老且尊貴的飲料，而且已存在日久。

無論是政府或協會的宣傳活動，或為私有品牌廣告宣傳，正確的方法都需要在採取任何行動前，對這個市場做出理性的分析。分析過後，無論建議使用

何種媒體或採用何種方法，需要強調的
事項如下：

1. 對於咖啡本質上的追求——由飲用咖
   啡此一行為中獲得的真正愉悅。
2. 咖啡是一種令人愉快的社交媒介——
   一場親密閒談或更為一般的朋友聚會
   之必要配備。
3. 正確的上咖啡是社會階級的徽章——
   一位成功女主人的標誌。

這 3 項見解應該被納入所有咖啡廣
告宣傳的脈絡之中；但最初、最終，以
及自始至終，教育的曲調必須被先奏響。

Part 3

咖啡是生活美學的
靈感泉源

啟發詩人、音樂家、畫家和工匠的想像力，

為世人留下無數偉大而美麗的作品，

讓我們在忙亂的生活中，

追尋到比 1000 個吻還讓人愉悅的幸福感……

Chapter 6
浪漫文學中的咖啡

咖啡一落入你的胃袋，立刻就有騷動出現。構想開始像戰場上的大軍般開始行動，並且開始戰鬥。明喻法形成，紙張上滿布墨水，因為鬥爭開始並隨著那黑水的奔流而終了，如同戰事因火藥而結束一般。

任何咖啡文學的研究都包括了全面考察由拉齊（西元 850～922 年）到法蘭西斯・薩爾圖斯・薩爾圖斯這段時期的文選。拉齊這位醫師兼哲學家，被認為是第一位提及咖啡的作家，並被其他偉大醫師——像是與他同時代的班吉阿茲拉和依本・西那（即阿維森納，西元 980～1037 年）——追隨。

隨後興起的，是許多關於咖啡的傳說，這些傳說在提供阿拉伯、法國、義大利和英國的詩人們靈感啟發這方面，起了很大的作用。

據說摩卡的穆夫提 Sheik Gemaleddin 在 1454 年發現了咖啡的功效，並在阿拉伯推廣咖啡的飲用。這種新飲料的知識在十六世紀即將結束時，由植物學家勞爾沃夫和阿爾皮尼帶給歐洲人。

第一份關於咖啡起源真實可靠的記述，是由阿布達爾・卡迪在 1587 年所寫下來的。

這是一份稱頌咖啡的著名阿拉伯文手稿，保存在巴黎的法國國家圖書館，編目為「Arabe，四五九〇」。作者是 Abd-al-Kâdir ibn Mohammad al Ansâri al Jazari al Hanbali，意即，他名為阿布達爾・卡迪，乃穆罕默德之子。

「阿布達爾・卡迪」的意思是「至強者（即指神）之奴僕」；而 al Ansari 意指他是 Ansari 的後裔，Ansari 意為

「幫手」，指的是在先知穆罕默德由麥加出逃後，接待並保護他的麥地那人；al Jazari 意指他是美索不達米亞人；而 al Hanbali 指的是在法律及神學上，他屬於一個著名的派別，即漢巴利學派，此學派是以偉大的法學家兼作家艾哈邁德・伊本・漢巴利之名命名，他在伊斯蘭紀年 241 年（西元 855 年）於巴格達過世。漢巴利學派是遜尼・穆罕默德教派的四大流派之一。

阿布達爾・卡迪生活於希吉拉紀年的第十世紀——西元十六世紀，在伊斯蘭紀年 996 年，也就是西元 1587 年寫下他的著作。大約西元 1450 年那時起，咖啡在阿拉伯的使用就已十分普遍。

咖啡在先知穆罕默德的時代並未被利用，穆罕默德於西元 632 年過世；但他禁止會影響大腦之烈酒的飲用，因此有論點認為，由於可做為興奮劑使用，咖啡應是不合法的。即使到今天，百年前在阿拉伯勢力龐大、至今在部分阿拉伯地區仍然是主流勢力的瓦哈比教派團體都還是不允許使用咖啡。

阿布達爾・卡迪的著作，被認為是以由 Shinâb-ad-Dîn Ahmad ibn Abd-al-Ghafâr al Maliki 所寫的作品為基礎而寫就，因為他在自己手稿的第三頁中曾提及後者；但如果真是這樣，這份早先的作品似乎並未被保存下來。

拉羅克說，Shinâb-ad-Dîn 是一位阿拉伯歷史學家，他提供了阿布達爾·卡迪故事的主要部分。此外，拉羅克也提到了一位土耳其歷史學家。

筆者進行的研究並未揭露出任何關於 Shinâb-ad-Dîn 的事蹟，只得知他的名字（al Maliki）的意思是，他屬於馬立克教派——另一個遜尼教派的四大流派之一，以及他寫作的時間早了阿布達爾·卡迪約 100 年。他的著作沒有任何已知的抄本流傳於世。

阿布達爾·卡迪手稿的及封面扉頁中有一段拉丁文銘文，是該手稿首度被收錄時寫成的。這段銘文的譯文如下：

關於以咖啡之名為人所知的飲料，其使用上的正當性與合法性，由 Abdal-cader Ben Mohammed al Ansari 所著。本書由 7 個篇章所組成，並且由作者於希吉拉紀年 996 年自行出版，距離此飲料的使用並在阿拉伯樂園發展到根深蒂固已經經過 120 年。

詩歌中的咖啡

阿布達爾·卡迪的著作讓咖啡永垂不朽。它具有 7 個篇章。第一章講的是字源學及 cahouah（kahwa）一字的含義、咖啡豆的本質和特性、咖啡飲料首次被飲用的地點，同時描述了咖啡的功效。其他的篇章則貢獻給了西元 1511年在麥加發生的禮拜堂爭議；回應信仰虔誠的咖啡反對者，並以在麥加爭議期間，由當時最好的詩人所寫作的大量阿拉伯詩文為結束。

由路易十四朝廷派往奧圖曼土耳其宮廷的大使德諾伊特爾，將阿布達爾·卡迪的手稿從君士坦丁堡帶回巴黎。

至於另一份手稿，則是由奧圖曼帝國 3 位首席財政大臣之一的比奇維利所寫而成的。後面提及的這份著作的寫作時間，晚於阿布達爾·卡迪的手稿，主要內容則與咖啡引進埃及、敘利亞、大馬士革、阿勒波，以及君士坦丁堡的歷史有關。

以下是 2 首最早稱頌咖啡的阿拉伯詩文。它們的年代大約始於第一次發生在麥加的咖啡迫害時期（1511 年），而且是當時最優秀的思想的代表：

對咖啡的歌頌
（由阿拉伯文翻譯而來的譯文）
噢，咖啡！汝驅散所有憂慮，汝乃是學者想望之對象。
此乃神之友的飲品；將健康給予那些正在使用、努力爭取智慧者。
它由漿果樸實的果殼製備而成，有著麝香般的氣味和墨水般的色澤。
喝乾這些杯中泛著泡沫之咖啡的智者啊，只有他知曉真理。
願神將此飲料從不可救藥、頑固譴責它的愚者處剝奪。
咖啡乃吾等之黃金。無論它在何處供應，任何人都能享有與最尊貴且最慷慨大度之人的社交。
噢，喝吧！與純淨的牛奶一般無害，區別只在於它漆黑的色澤。

以下是同一首詩另一個押韻的版本：

對咖啡的歌頌

（由阿拉伯文翻譯而來的譯文）

噢，咖啡！鍾愛且芳香的飲料，
汝將煩憂盡皆驅散，
汝乃那晝夜學習之人心之所向的目標。
汝予其撫慰，汝予其康健，
而神確實偏愛行走在智慧大道上的人，
亦不尋求他們自身的依託。
漿果芬芳如麝香，實際上卻黑如墨水！
僅有那啜飲芳香之杯者能知曉真實。
愚鈍者不願品嚐，卻誹謗其用處；
因為當他們乾渴並尋求其幫助時，
神拒絕給予恩賜。
噢，咖啡乃吾等之財富！
因為看哪，
地上凡咖啡生長之處，
人所實踐之目標皆尊貴，
所顯露的乃是真實的美德。

咖啡伴侶

（由阿拉伯文翻譯而來的譯文）

來吧，在咖啡居住之所享受其陪伴；因
為神聖的精華會圍繞那些參與它的盛宴
之人。
在那裡，有著典雅的毛皮地毯，有著甜
美的生活，有著賓客間的交際，這一切
構成了那蒙福者住處的畫卷。
在傳遞者將盛滿咖啡的杯呈現在汝之前，
它即是沒有任何憂傷者能夠抗拒的美酒。
亞丁目睹汝之誕生尚未過去多久。若汝
對此存疑，去看看閃耀於汝兒女臉龐上
生氣勃勃的青春光彩。

它的居所之內不會有悲傷。
煩惱憂慮恭順地在它的力量之前順服。
它是神之子嗣的飲品，它是健康之源。
它是我們得以在其中洗去傷痛的河流。
它是吞噬我們悲傷的火焰。
無論是誰，一旦知道了用以製備此飲品
的保溫鍋，都將對由圓木桶中所倒出的
酒和烈酒感到厭惡。
可口美味的飲品，它的色澤是它純淨的
封緘。
理智善意地宣告它的合法。
自信地飲用它吧，無須理會那毫無理由
對其譴責撻伐的愚蠢之人的言語。

　　在十六世紀後半，對咖啡展開的第
二次宗教迫害期間，其他阿拉伯詩人詠
唱起對咖啡的讚歌。

　　學識很豐富的 Fakr- Eddin-Abubeckr
ben Abid Iesi 寫下一本名為「咖啡之凱
旋」的著作，而詩人首領 Sherif-Eddin-
Omar-ben-Faredh 在和諧的韻文中歌頌咖
啡，在與他情婦的交談當中，他發現沒
有比被類比成咖啡更好的恭維了。他大
聲呼喊：「她讓我在乾渴已久之後，飲
下那狂熱，或者，不如說是以愛情釀就
的咖啡！」

　　由早期的旅行者對咖啡文學做出
的無數貢獻，已經按照年代順序在先前
的章節中談及。在勞爾沃夫和阿爾皮尼
之後，還有英國的安東尼・雪莉爵士、
帕里、比達爾夫、約翰・史密斯上尉、
喬治・桑德斯爵士、托馬斯・赫伯特
爵士，以及亨利・布朗特爵士；法國的
P・拉羅克及加蘭德；義大利的德拉・瓦

勒；德國的奧利留斯和尼布爾；荷蘭的紐霍夫，以及其他人。

1623 年到 1627 年間，法蘭西斯·培根在他的著作《歷史與死亡》和《木林集》中有關於咖啡的描寫。

伯頓在他 1632 年的著作《憂鬱的解剖》中曾提及咖啡。1640 年，帕金森在他的著作《植物劇院》中對咖啡做出了描述。1652 年，帕斯夸·羅西在倫敦印行了他著名的廣告傳單，這是文學上的努力成果，同時也是英國傑出的第一則廣告。

浮士德·奈龍（巴納賽斯）1671 年在羅馬生產出第一篇單獨奉獻給咖啡的出版專論。同年，杜佛在法國提出第一篇專論〈咖啡、茶和巧克力的使用〉。延續這一篇的工作，他在 1684 年發表了〈新奇事物咖啡、茶和巧克力〉。約翰·雷在他 1686 年於倫敦出版的著作《植物世界史》中，讚美咖啡的功效及長處。加蘭德在 1699 年將阿布達爾·卡迪的手稿翻譯成法文，而尚·拉羅克在 1715 年於巴黎出版了他的《歡樂阿拉伯之旅》。從這些著作中摘錄的文字在本書不同章節中皆有出現。

李奧納多斯·斐迪南德斯·邁斯納在 1721 年發表了一篇以拉丁文寫成，主題為咖啡、茶和巧克力的專論。1727 年，詹姆斯·道格拉斯於倫敦出版了他的《阿拉伯葉門果子樹：咖啡樹的描繪和歷史》，這部作品要歸功許多上述義大利、德國、法國和英國學者的貢獻；同時作者以其他訊息來源的名義提到的還有：昆西博士、佩琪、高德隆、德·

豐特奈爾、布爾哈夫教授、菲格羅亞、夏布雷烏斯、漢斯·史隆爵士、蘭吉烏斯，以及杜·蒙特。

在十七及十八世紀，法國、義大利和英國的詩人與劇作家在已經以咖啡為主題所撰寫過的題材中找到了豐富補給，更不說由咖啡飲料本身，以及那個時代的咖啡廳社群所提供的靈感。

以拉丁文寫作的法國詩人，是最早將咖啡當做詩作主題的族群。瓦涅雷在他的《鄉間田產》第 8 冊中歌頌咖啡；還有費隆（里昂三一學院的耶穌會教授）寫了一首名為「阿拉比卡咖啡詩歌」說教意味濃厚的詩，被收錄在多利維特的《長短詩選》中。

住持紀姆堯·馬修的《咖啡詩歌》譜寫於 1718 年，此著作曾在法蘭西文學院被研讀。其中一位為此文作者撰寫頌詞的德博茲，在其作品《馬修詩集》中說，若賀拉斯和維吉爾早知道咖啡，此一詩作當時無疑應當歸屬於他們；而將此作品譯為法文的特里則說，「它是稀有珠寶盒中雅致的珍珠。」

以下是由該詩作的拉丁原文所翻譯出來的譯文：

咖啡

由法蘭西學術院之紀姆堯·馬修所做之詩歌

（由存於大英博物館的拉丁文原稿，以逐字散文體翻譯）

咖啡如何首度來到我們的海岸？此一天賜飲料的本質為何？用途為何？它如何帶來對抗每種邪惡的現成救援？

在此，我將以簡單的詩句開始講述。

你們這些輕聲細語的人啊，經常品嚐這飲料的甜美，若它從未矇騙你的心願或嘲諷你的盼望，隨著它被喝乾，大發慈悲耐心聆聽我們的頌歌吧。

願你，偉大的阿波羅，好心地降臨，承認這強力藥草暨益於健康的植物乃是你的饋贈，同時將令人哀傷的疾病從肉體驅離，因他們說你是那祝福的創始者。

願你將你的饋贈在人群中散播，同時也四處散播傳遍整個世界。

在遙遠的利比亞及尼羅河吞吐奔湧的7個河口，在此亞洲人歡欣鼓舞地散佈在廣袤無垠的疆域，各式資源富饒無匹，同時充滿著香氣宜人的樹木，有一區域向外擴張，舊日的賽伯伊人居住於此。

我確信，做為所有生靈最佳雙親的大自然，比起對其他地方溫柔的愛意，更加地全心鍾愛此地。

天堂的氣息在此地更溫和地吹拂；陽光的威力也更為和緩；不同氣候地區的花朵在此共存；而內裡富饒肥沃的土地帶來形形色色的果實，肉桂、桂皮、沒藥和芬芳的百里香。

在這片蒙福的土地、富饒的資源和饋贈當中，朝向太陽的方向和那溫暖的南風之處，一棵樹自發地將自己的枝椏向上伸展進空氣中。

別處沒有生長，在早期數個世紀默默無聞，尺寸一點也不大，它伸展的距離不超過自己枝椏的範圍，也沒有高聳入雲的樹頂；而是謙卑地模仿著桃金孃或柔軟的金雀花，它由地面生長，大量的核果壓彎了它豐饒的枝頭。

小小的像顆豆子，顏色深沉、晦暗無光，它的果殼正中有一條明顯的淺溝。

為要將它移植到我們自家田地，有許多人致力於此，並以極大的細心關注進行培育。

然而卻是徒勞——

因它對種植者的狂熱與渴望沒有回應，而他們曾經給予的長時間勞動盡皆付諸流水；在白日來臨前，這脆弱藥草的根便失去生氣。

若非因氣候造成的差錯讓此事發生，就是吝嗇的土地拒絕為異鄉來的植物供應適合的養分。

因此汝等任何對咖啡抱持愛意之人，不要懊悔於從遙遠的阿拉伯世界帶來這有益健康的豆子；因這是它豐饒的故土。

撫慰的氣流最先由那些地區流動穿過其他民族；從那裡流經歐洲與亞洲全境，接著前進穿越整個世界。

因此，你所知道足以滿足你需求的東西，是否已提早準備好了？

讓它成為你仔細小心聚積一整年的豐富儲藏、深謀遠慮裝滿的小型穀倉。

如同往昔的農人一般，提早為未來留神小心及深謀遠慮，從他的田地中收穫作物並將它們儲入他的穀倉，然後他將注意力轉向來年。

而與此同時，給咖啡使用的器具仍然需要照料。

不要任憑適合飲用此飲品的器具欠缺，還要有一個壺，它細長的壺頸頂端應該被一個小蓋子所覆蓋，壺身應該逐漸鼓起成為橢圓狀。

當這些事物都已經由你提供完備，讓你

接下來的關注投注在用火焰將豆子烘焙完善，並在烘焙完成時研磨它們。

讓錘子的無數次敲擊不停擊打它們，直到它們棄守它們堅硬的特質，而在經過徹底研磨時，它們變成細緻的粉末；立即將這粉末包裝在為這個用途做出的袋子或盒子中。

並將其包裹在皮革中，同時以軟蠟塗抹，以免出現細小的裂縫，或有隱藏的縫隙。

除非你預防這些問題的手段，是用一條逐漸變小的祕密通道，否則微粒與任何所存在的有價之物，以及整體的強度，將會脫離，消耗在空無一物的空氣中。

還有一種像小塔般中空的機器，他們將其稱為磨臼，你能在其中研碎烘焙咖啡的有用果實，並用頻繁的研磨使其粉碎；中間有一根可旋轉的樞軸，能輕鬆地輪轉自如，在咯吱作響的把柄上扭動其金屬關節。

你知道轉輪的頂端，是被一個象牙手柄穿入的，這手柄必須用手轉動，經過千次循環，在繞過千個圓圈後它便推動了那樞軸。

當你放進一個果核，敏捷地轉動那手柄，沒有延遲，同時你會疑惑，這劈啪作響的果核在長時間研磨之後，是如何變成粉末的。

曾經只被下層隔間納入它善意的懷抱，那被堆放在盒子最深處、被粉碎的穀粒。

但為何我們要在這些沒那麼重要的事情上磨蹭拖延？

更重要的事件正在呼喚我們，接下來是讓那甘美流出的時刻，若非是在晨曦灑下全新的光芒之下，空虛的胃部索要食物之時；或就是在擺放於華麗餐桌上的絕佳盛宴之後，不堪重負的胃部受過於沉重的負荷，和無法勝任加諸於它的要求之苦，必須尋求外來熱源的協助。

那麼，來吧！

當如今壺在火焰中變得微紅之時，壺底劈啪作響，而你將看見那液體，伴隨混合其中的咖啡粉末一同膨脹，如今正在壺的邊緣冒著泡泡，把壺從火上抽走。除非你這麼做，否則水的力量會突然噴發，溢流出來，而且將壺中飲品噴濺在下方的火焰上。

因此，不要令這樣的事件打擾了你該有的樂趣。

當水不再受到約束、並隨著熱度冒出泡泡時，你應當持續小心觀察；然後將壺送回火邊 3 到 4 次，直到咖啡粉在火焰之中散發出蒸氣，並徹底與周圍的水混雜交融。

為了使其能夠飲用，這撫慰之飲應當用技巧加以滾沸，用藝術手法——並非人們飲用其他飲品所使用的慣常做法。

同時還要用理智；因為當你需要將冒著蒸氣的壺從劇烈燃燒的火焰中取出，同時所有渣滓都沉澱到壺的最底部，你不能急性子地一飲而盡，要一點一點啜吸，而在啜吸的間隔保持令人愉快的延遲；同時啜吸，在長長的幾口內將其汲取完畢，只要它仍舊保持熱度且燙口。

因為這樣比較好，這樣它能穿透我們最深處的骨骼，同時穿透到五臟六腑與骨髓的中心，它用自己生氣盎然的力量滲透入全身。

即使只是用鼻孔吸入香氣，在它從壺底

向上冒泡時，人們就對它表示歡迎，比微風更能提神醒腦。

可口的香氣中有著如此大量的樂趣。而現在我們的任務依然在等待著我們，介紹此天賜之飲的機密力量。

但誰能期望用詩歌的體裁來了解這奇妙的賜福或據此追求如此偉大的奇蹟？

因為說真的，當咖啡平靜地滑進你的體內，讓自己被吸收，它便發散出充滿活力的溫暖穿透你的四肢，並在你的心臟喚起快樂的力量。

然後若有任何未消化之物，有了火焰的幫助，它能加熱隱蔽的通道，並使變細的孔洞鬆弛，無用的水分便能從這些孔洞滲出，而疾病的種子從你所有的血管中消失。

因此，來吧！

你們這些對自己健康關注的人們；你們這些三層下巴垂掛到胸前，拖著已成為巨大團塊的沉重胃部的人；它是為你們量身打造的。

首先，讓自己享受一下這溫暖的飲品；因為它確實能使令人討厭的水分乾燥，那水分會壓迫你的四肢，並從你的全身散發出汗水的蒸氣。

同時在短時間內，你的脂肪油肚將會逐漸地開始縮減，而且它將使你如今被自身沉重的分量之身體感到輕盈。

噢，快樂的人民啊，在太陽神升起時，用祂所散發的第一道光芒觀看！

在此地，相當自由的飲用酒液從未造成任何傷害，因為律法與宗教禁止痛飲滿溢的碗。

在此地，我們以咖啡為食糧。

於是，快樂的力量在此興旺繁盛，追求人生且不知疾病為何物的人，並不是酒神之子和至高存在的同伴——Gout；亦非透過此結合準備攻擊我們世界的無數疾病。

然而，確實，這令人振奮飲品的撫慰力量，將悲傷憂慮由心臟驅除，並使靈魂振奮。

我曾見過一人，當他尚未汲取出這甜美瓊漿玉液的強力流動時，安靜地以緩慢的步伐走動，他的面容哀傷，前額因難以親近的皺紋看來高低不平。

當他艱難地以這甜美的飲料浸溼他的喉嚨後——立竿見影——陰雲從他爬滿皺紋的面容消散；而且他以用機智格言打趣所有人為樂。

但他也不糾纏任何帶著苦澀笑容的人。因為這種無害的飲料不會喚起惹是生非的慾望，毒液嚴重缺乏，而不帶苦澀的歡悅笑容令人開心。

同時這個咖啡飲用的習慣在整個東方都已經被接受。

而如今，法國；你們接受了這異鄉風俗，導致一家接著一家，供人們飲用咖啡的公共商店接連開張。

懸掛著的常春藤或月桂樹圖騰的招牌，邀請著過路行人的光臨。

整個城市的群眾皆匯集於此，並且逍遙自在地度過暢飲的時光。

一旦那溫和的熱度使得身體漸漸變暖，那幽默的笑聲，以及令人愉快的辯論便會隨之增加。

接踵而來的是眾人的歡樂，此地處處迴盪著快樂的喝采聲，但無法抵抗的疲憊

心靈，從未吸收這液體，而是確實讓睡眠壓迫他們沉重的雙眼且令大腦遲鈍；而他們削弱的力量，助長了身體的遲緩，咖啡將睡意由眼中擊潰，將怠惰的休止狀態由整個骨架中驅除。

所以吸收這甜美氣流，對那些即將面臨大量且持續勞動的人，還有那些將學習延伸至深夜的人來說，是有好處的。

而在此我將介紹那教導我使用此令人愉悅飲料之人；因為它的效用，默默無聞，隱匿多年；並且回顧，我將從最開始講述這件事。

一位阿拉伯牧羊人正驅趕著他幼小的山羊前去著名的牧草地。

在牠們遊蕩穿過孤寂的荒野並啃囓著青草時，一棵結實纍纍的樹——過去從來不曾見過——映入眼簾。

因為低矮的枝椏就在觸手可得之處，牠們立刻反覆的輕咬扯下葉片，同時拉扯柔軟的芽。

它的苦味極具吸引力。

尚未發現此事的牧羊人，此時正坐在柔軟的草地上唱歌，並對樹林講述他喜愛的故事。

但當夜晚的星星升起，警告他該離開田野，而他帶著他吃得飽飽的羊群回到畜欄，他意識到，這些動物並未在甜美的睡眠中閉上眼，反而超出牠們慣常狀態的快樂，整個晚上伴隨著非同尋常的欣喜，以嬉戲的跳躍步伐四處亂跳。

因突來的恐懼而顫抖，牧羊人十分驚奇地站在那裡；並且因那聲響發狂，他以為這是某人的邪惡把戲，又或者是什麼神祕魔法造成的。

離此不遠處，有一群神聖的教友在偏僻的山谷中，打造了他們樸素的住所；他們在此的生活就是詠唱對神的讚歌，並將祂的祭壇放滿適合的禮物。

儘管低沉且巨大的鐘聲整夜迴盪，並召喚他們前往神聖的殿堂，而通常在黎明到來時會發現，他們逗留在臥榻上，已然忘記在夜半三更時起身。

他們對睡眠的愛意如此深沉！

管理這座神聖殿堂，被他心甘情願的教友們崇敬並遵從的是院長，一位老者，有著一頭銀絲和滿面白色的鬍鬚。

牧羊人著急慌忙地來到院長面前，並將整件事告訴他，乞求他的協助。

這老者暗自發笑；不過他同意前去，並調查這奇蹟的隱蔽根源。

當他來到山坡之上，他觀察到小羊，和牠們的母親，咬囓著一株不知名植物的漿果。

同時他叫嚷，「這就是問題的源頭！」然後便不再說話。

他立刻由那棵結實纍纍的樹上撿拾那些平滑的果實，並帶回家中，放置好，在以潔淨的水清洗後，在火上烹煮它後，無畏地喝下1大杯。

一股暖意立刻瀰漫在他的血管中，充滿生氣的力量擴散傳進他的四肢，疲倦困乏立刻從他老邁的身軀中被驅散。

然後，在經過很長一段時間之後，這位老者因這個發現所帶來的祝福狂喜不已，歡欣鼓舞，並好心地與他所有的教友們分享。

他們急切地在夜幕初降時分縱情於歡樂的盛宴，並以大碗一飲而盡。

他們不再像從前一樣需要中斷甜美的睡眠並起身離開柔軟的床榻。

噢，多幸運的人們啊！

他們的心臟經常浸浴在這甜美氣流中。

沒有遲鈍懶散佔據他們的心靈，他們迅速地為被賦予的職責起身，並因勝過第一道曙光而欣喜，還有你們關注以非凡的雄辯術供養心靈之人，以及以言辭使罪人靈魂感到恐懼之人，也應飽享這令人愉快的飲料；因為，如同你所知，它使弱點得到改善。

從這個源頭，四肢可獲得強烈的活力，並擴散穿過全身。

同樣地從這個源頭，能使你的聲音獲得新的強度和力量。

還有你們經常被有害氣體騷擾的人，你們的病腦因危險的眩暈而抖動。

啊，來吧！

這甜美的液體中有著現成的良藥，而沒有什麼比用這使過度的擾動平息下來更好的了。

他們說，阿波羅為自己種下這份力量，這是個值得被歌詠的故事。

曾經，有一場最為致命的疾病襲擊阿波羅座下的信徒。

它傳播得既遠又廣，而且攻擊大腦本身。

所有有天賦之人都已受此疾病之苦；而藝術遭到遺棄，與它的工作者一同衰弱凋零。

而某些人甚至假裝患上這種疾病，並臆想捏造出的苦難，他們將自己交托給閒散怠惰的生活。

不開心的工作變得更令人討厭，而致命的怠惰到處增加。

這取悅所有如今由工作和勞動解放的人，耽溺於無憂無慮的寧靜之中。

滿心憤慨的阿波羅，不想再忍受這種致命的安逸墮落如此影響感染他們。同時，他或許能由先知那帶走所有欺詐的手段，從富饒土地中誘騙這友善的植物，沒有其他比這植物能更迅速提振因長時間研究而疲憊心靈的精神，或舒緩頭腦中令人煩惱的憂傷。

噢，這植物！

是諸神給人類的餽贈！

整個植物名單上沒有足以與你競爭的。

水手因你由我們的海岸揚帆出航，無畏地征服凶惡的風暴、沙丘，以及令人恐懼的暗礁。

以你營養豐富的植株，你勝過了嚴愛草、神仙美味，還有芳香的萬應藥。

可怕的疾病從你面前逃跑。健康如同你的伴侶一般，信任地依附於你，同時還有歡樂人群、交談、有趣笑話，以及甜蜜的私語。

詩人貝利吉在十六世紀即將結束的時候譜寫了一首詩，在經過自由翻譯後的內容如下：

在大馬士革、阿勒波和偉大的開羅，
每個街角轉彎處都能找到，
能製作如此被喜愛之飲料的溫和果實，
在接近通往勝利的宮殿前。
有世上的煽動擾亂者，
憑藉它無與倫比的功效，
從今日開始，
已經替代了所有的酒。

雅克‧德利爾（1738～1813 年）是一位描寫自然的說理詩人，在他《自然三界》的詩歌之中，對「天賜的瓊漿玉露」如此使用頓呼（此指將咖啡當做在場人物，與之對話），並描述了它的製備：

天賜的咖啡

（由法文翻譯而來）

有一種對詩人來說最為珍貴的液體，
它是維吉爾所缺乏的，
被伏爾泰熱愛，
那即是汝，天賜的咖啡，
因屬於你的盡皆為藝術，
在不使頭腦錯亂的情況下使心臟歡喜。
因而即使我的味覺因變老而遲鈍，
我依然帶著喜悅喝光你的珍貴飲料。
我多麼歡喜能為自己準備——
你那最珍貴的瓊漿玉露，
沒有人能篡奪這個屬於我的美妙儀式；
在黑色煤炭燃燒時周遭的火焰上，
你的豆子，
從金黃轉變成和稀有黑檀木般的色澤，
我獨自一人，
倚靠著那圓錐體，
與駭人鐵製利齒合作，
讓你的果實帶著它的苦甜吐息呼喊出聲；
直到被如此散發的香氣所迷，
我小心地將這稀有、充滿香氣的粉塵，
交託給我壁爐邊的壺：
先是平靜的，
隨後激動起來，
直到它火熱地開始旋轉；
用專注的眼神，
我凝視直到它沸騰。

終於，現在這液體慢慢靜止下來；
我能作證，
它的財富盡在這滾熱冒煙的容器中，
我的杯子和你的瓊漿玉露；
來自野生蘆葦，
我的餐桌上有美國最好的蜂蜜；
一切都已準備就緒，
日本的鮮豔琺瑯發出邀約，
兩方世界對汝之聲望的尊崇在此結合，
來吧，
天賜的瓊漿玉液賦予你我靈感，
我心所願唯有安蒂岡妮、甜點與汝；
只因我鮮少品嚐你芬芳的蒸氣，
當汝從汝生活的宜人氣候帶而來時，
撫慰的溫暖圍繞著我流淌，
我專注的思緒上升，
並流動如空氣般輕盈，
喚醒我的感官並撫慰我的煩惱。
後來產生的念頭如此無趣且消沉，
看啊，
他們穿著華麗的服裝前來！
一些天才喚醒了我，
我的課程已開始；
因為我所飲用的每一滴，
都伴隨著陽光的明亮光芒。

莫梅內在下列詩篇對加蘭德說：

若睡眠（我的朋友）過於靠近，
伴隨著一些夜晚喝下的酒將悄悄到來，
隱約的、帶著罌粟花香的睡眠，
如果煙燻味過重的酒，
終於讓你的頭腦產生混亂，
那麼喝咖啡吧！

這天賜的果汁會將睡眠放逐，
並讓霧狀的酒蒸發，
因著它及時的幫助你將找回新鮮活力。

　　法國詩人卡斯特爾在他的詩作《植物》中，無法忽略熱帶的咖啡樹。他在1811年如此描述它們：

生氣勃勃的植物，
太陽神的最愛，
由這些氣候帶中提供了最罕見的功效，
美味的摩卡，
汝之樹汁，
如同迷人的女性，
喚起天才之人，
比巴納斯山更有價值！

　　在收藏於布雷斯特圖書館的《布列塔尼之歌》裡，有許多詩節是用來頌讚咖啡的。一位布列塔尼詩人做了一首由96個詩節構成的小詩，他在其中描述了咖啡對女性具有的強烈吸引力，以及它在家庭和樂方面的可能影響。根據布列塔尼的一首古老歌謠所說，咖啡第一次在這個國家被使用時，只有貴族會飲用它，而現在所有的一般平民都在飲用咖啡——其中有很大一部分的人甚至沒有麵包可吃。

　　一位十八世紀的法國詩人寫下了以下作品：

咖啡的消息

（由法文翻譯而來）
好咖啡並不只是 1 杯令人愉快的飲料，

它的香氣有使汁水變乾的力量。
藉著你離開飯桌時獲得的咖啡，
心靈會充滿智慧、思緒清明，
且神經穩定；
而儘管奇特古怪，
但仍舊是事實，
咖啡對消化的幫助能使進餐重新開始。
而確實為真，
儘管只有少數人知悉，
就是好咖啡是每一位傑出詩人的基礎，
許多脹氣得像北風神玻瑞阿斯的作家，
憑藉這極其良好的飲料，
已經有了大幅的改善。
咖啡照亮了單調乏味的沉重哲學，
並開啟了強大的幾何學。
在喝下這瓊漿玉液時，
我們的立法者也設計出令人驚嘆的改革，
相當無法形容；
他們欣喜地吸入咖啡的香氣，
並向全體國民保證會修改病態的法律。
咖啡將縐紋逐出學者的面容，
而他眼中的歡樂如螢火蟲閃爍；
他從以前那個受老荷馬雇傭的文人，
一躍成為一位原創者，
而且那並非用詞不當。
注意那盡力睜大眼睛、
觀看飛越過天際行星的天文學家；
唉呀，
所有那些明亮的天體，
似乎都令人絕望的遙遠，
直到咖啡揭露出他自己的指導星。
不過，咖啡達成最大的奇蹟，
是在新聞編輯並無預期時出現的幫助；
咖啡低聲說出隱密外交手段的祕密、

戰爭的暗示性傳聞，
還有非常猥褻的醜聞。
咖啡帶來的啟發必定與魔法接近；
而只要少少幾便士，
那是 1 杯咖啡的微小代價，
「編輯們」就能侵吞宇宙。

　　艾斯門納德在一些絕妙詩篇中，頌揚狄克魯船長帶著從巴黎植物園獲得的咖啡植株駛往馬丁尼克的浪漫旅程。

　　在眾多歌頌咖啡煥發的詩意當中，由法國詩人創作、值得一提的有：〈咖啡頌詞〉，1711 年由雅克·艾蒂安於巴黎寫成的一首 24 對句的頌歌；〈咖啡〉，一首在馬賽發行的〈大自然奇蹟中神的輝煌榮光〉其中第四首詩歌未完成的片段；〈咖啡〉，摘錄自貝爾舒所作的第四首美食詩歌；〈致我的咖啡〉，杜西斯所做的一節小詩；〈咖啡〉，1824年，插入《詩意的馬其頓》中的一節佚名小詩；奧利維爾住持收藏中的一首拉丁文詩；〈白色花束與黑色花束，四首詩歌〉；1837 年 C·D·梅里所做〈咖啡〉；1852 年，S·梅拉耶所做〈咖啡讚詞〉。

　　許多義大利詩人吟唱對咖啡的頌歌。L·巴洛蒂在 1681 年寫下他的詩作〈咖啡〉。十八世紀義大利最偉大的諷刺作家和抒情詩人兼評論家朱塞佩·帕里尼（1729～1799 年）描述了一幅令人愉快的當代米蘭上流社會之習慣與風俗的畫卷。威廉·迪恩·豪威爾斯在他的著作《現代義大利詩集》中，由這些詩篇（根據他自己的翻譯）引述了以下文句。場景是宴會收場，淑女向她的護花使者示意該起身離開桌邊：

首先，快站起身，靠近你的女士，
拉開她的椅子並向她伸出你的手，
引領她走向另一個房間，
不再忍受，
會引起她纖細感官不適的食物，
所散發的汙濁氣味。
你和其他人一同邀請，
咖啡令人愉快的香氣到來，
它在一張稍小的、
用印度織物裝飾的隱密桌上冒著熱氣。
那同時燃燒著的芳香樹脂，
使沉重的氛圍變得香甜而純淨，
因此消除所有逗留不去的宴飲痕跡。
你們貧病交迫，
悲慘的人和懷抱希望的人，
偶然地在正午時分被引領至這些門戶，
喧鬧、赤裸、醜陋的人群，
有著殘缺不全的肢體汙穢的臉孔，
正在生產和支撐著枴杖者從遠處而來，
寬慰你們自身，同時伴隨翕張的鼻孔，
飲用那討人喜歡的微風吹送而來的——
天賜筵席中的瓊漿玉液；
但不要妄圖圍困這些高貴的院落，
糾纏不休地給予她，
那統治你內心災難的令人討厭的場景！
而現在，先生，需要你的幫助來準備，
那隨後將給予援助的微小杯子，
慢吸緩飲，
它的汁液被引入汝女伴的雙唇；
同時現在你思考著，
她究竟偏愛這滾燙的飲料更多，

或是以一點點糖所調和的；
或者如果，可能她最喜歡的方式，
如同原始的配偶一般，
接著當她坐在波斯來的織錦上時，
用靈巧的手指，
愛撫她的君主那虯髯滿佈的面容。

　　這首詩選自〈正午時分〉。其他 3
首讓一日時光完成的詩作分別是〈早晨
時光〉，〈傍晚〉，以及〈夜幕降臨〉。
在〈早晨時光〉中，帕里尼歌曰：

若令人沮喪之臆想症使汝心情沉重，
將汝迷人的四肢，
圍繞以分量驚人的汝所增長的血肉，
那麼以汝之雙唇向那清澈的飲料致敬，
由充分變為古銅色、冒著煙、
從阿勒波發送與汝的熾熱豆子，
還有從遙遠的摩卡，
一千艘船的貨運；
當緩慢啜飲時，它無可匹敵。

　　貝利的〈咖啡〉提供了關於咖啡之
義大利文學的部分參考書目。其中有許
多的詩作被譜寫成歌曲，晚至 1921 年，
波隆那出版了一些由 G・B・切齊尼為咖
啡所作的宣傳詩，配上由凱薩・坎丁諾
譜寫的音樂。

　　教宗利奧十三世在他 88 歲所譜寫的
賀拉斯風格（賀拉斯是古羅馬奧古斯都時代
的詩人）詩篇〈儉樸論〉中，以詩句如此
描述他對咖啡的欣賞：

最後到來的是來自東方海岸的飲品，

遙遠的摩卡，
是那芳香漿果生長之處。
用挑剔的雙唇品嚐那深色的液體，
當你啜飲時，
消化作用欣喜地等待著。

　　一位維也納詩人彼得・艾騰貝格，
如此讚美他家鄉城市的咖啡館：

致咖啡館！

當你心有煩憂，
被這樣或那樣的事情所困擾——
去咖啡館吧！
當她未能赴約，
因為這樣或那樣的理由——
去咖啡館吧！
當你的鞋子被扯破且破舊不堪——
去咖啡館吧！
當你賺了 400 個克朗而花掉 500 個——
去咖啡館吧！
你在某些職場中就是個暖椅器，
而野心帶領你追求職業上的名譽——
去咖啡館吧！
你找不到適合的良配——
去咖啡館吧！
你覺得有輕生念頭——
去咖啡館吧！
你痛恨並鄙視人類，
而同時沒了人類你也沒了快樂——
去咖啡館吧！
你譜寫了一首詩，
卻無法強迫在街上遇見的朋友聽——
去咖啡館吧！
當你的煤筐空虛，

而且你的瓦斯配給也告用罄時——
去咖啡館吧！
當你需要買菸的錢，
你會接觸的侍者領班——
在咖啡館！
當你被鎖在門外，
而身無分文可打開家門時——
去咖啡館吧！
當你獲得一段新的熱情，
同時意圖刺激舊日戀情，
就要將新的熱情帶到舊情人的——
咖啡館！
當你想要躲藏，
找尋隱匿的地點——
去咖啡館吧！
當你想要向眾人展示你的新衣——
去咖啡館吧！
當你在其他地方都無法賒帳時——
去咖啡館吧！

　　從米爾頓到濟慈的英國詩人都歌頌咖啡。米爾頓（1608～1674年）在他的作品《酒神》中這樣為咖啡喝采：

啜吸一口這飲料，
就將令消沉的靈魂沐浴在欣喜中，
遠超過夢境的極樂。

　　詩人兼諷刺作家亞歷山大‧波普（1688～1744年），則有以下經常被引用的文句：

咖啡，讓政客變得聰明，
並透過他半闔起的眼簾透視所有事物。

　　在卡魯瑟斯所著《波普的一生》中，我們看見這位詩人為了從他所患的頭痛中得到緩解，而吸入咖啡蒸氣。從以下的詩句，我們完全可以理解在他還未滿20歲時，從他身上被喚起的靈感：

只要摩卡的快樂之樹依然生長，
在漿果爆裂時、或磨盤轉動時；
在冒煙的蒸氣由銀製壺嘴中流動時，
或中國的土地接納那黑暗之潮時，
在咖啡被英國的仙女視為珍寶時，
在被香氣蒸騰的頭腦將振奮喝采時，
或令人愉快的苦味將取悅味覺時，
她的榮耀、名聲，
與歌頌將如此長久持續不衰。

　　波普著名的著作《秀髮劫》是由咖啡館八卦脫胎而來。詩中包括了先前已經引用過、關於咖啡的段落：

因為——
看啊！這寄宿之處被杯子與湯匙加冕；
漿果爆裂而磨臼一圈圈轉動；
他們在塗著閃亮黑漆的祭壇上，
舉起銀色的油燈：
火焰一般的精神熊熊燃燒：
那令人愉快的汁液由銀製壺嘴中流淌，
同時中國的土地接納那冒著煙的潮水。
他們立即對他們的氣味與口感到滿意，
經常的觥籌交錯，
延長了豐富的就餐時間。
她歡樂的樂隊一直盤旋在這市集上；
在她啜吸時，
有一些冒煙的汁液被吹拂：

有一些在她的膝上小心的展示其羽飾，
顫抖著，
因富麗的纖錦而害羞。
咖啡，
（讓政客變得聰明，並透過他半闔起的
眼簾透視所有事物。）
以蒸氣的型態升高抵達男爵的腦中，
新的策略，
為了得到那閃閃發光的一縷秀髮。

　　波普經常在夜晚因要求僕人準備 1
杯咖啡而打斷對方的睡眠；但一般飲用
時，他習慣在桌上研磨和煮製。

　　威廉·古柏「那能激勵但不致醉飲
料」所表達讚賞的這句話，據說是從貝
克萊主教對茶而不是咖啡的讚譽借鑒而
來，這經常被錯誤地歸屬在他身上。這
是從《任務》中最令人愉快的畫面之一
選取出來的。

　　古柏在他的作品中只提到咖啡一
次。在他的《對不幸非洲人的憐憫》中，
他以「被奴隸的無知震驚」來表達自己
的想法：

我深深的憐憫他們，
但我得保持沉默，
因為我們如何能沒有糖和蘭姆酒而活？
尤其是糖，在我們看來如此缺乏；
什麼！
放棄我們的甜點、我們的咖啡和茶？

　　和許多其他人一樣，用這種方式滿
足於憐憫的言辭，而更積極的抗爭將會
犧牲他個人的舒適悠閒和安逸。

利·亨特（1784～1859 年），以及
約翰·濟慈（1795～1834 年），都是咖
啡神壇的崇拜者；而著名的詩人、散文
家、幽默作家，以及評論家查爾斯·蘭
姆用詩歌頌揚狄克魯船長護送咖啡植株
的功績。

　　以下就是這些愉快的詩句：

咖啡枝條

每當我聞到芬芳的咖啡飲料，
我就想到那寬厚的法國人，
他那高貴的堅忍不拔
將樹運送到馬丁尼克的海岸。
儘管當時她的殖民地尚且陌生，
她的島嶼產出稀少；
他帶著從咖啡樹上截下的，
兩節幼嫩枝條橫渡海洋。
為了每條幼小柔嫩的咖啡枝條，
他每日在船上加以澆灌。
而他便如此照料他那胚芽般的樹，
感覺好似他在大海中央培育咖啡果林，
而它寬大的樹蔭，
將屏蔽黑暗的克里奧爾少女。
但是，唉呀！
很快地，
他觀看他珍貴寶藏的心愛樂趣，
即將就要消失——
因他所乘船隻已無水可供，
如今所有貯水處盡皆關閉，
船員只能獲得限量供應；
每人分到可憐的數滴水，
讓你猜想沒有多少剩餘、
可以澆灌這些可憐的咖啡植株——
但他供應了它們貪得無厭的需求，

甚至由自己的乾渴雙唇中，
為他的咖啡枝條留下水來。
他將水先給了精心養育的幼枝，
在平息自己深沉的乾渴之前，
唯恐，
他忍受已久的急切雙唇先將水吸食。
他見它們因渴求更多水分而枯萎；
然而當抵達預定的海岸，
英勇的園丁驕傲地看見，
他的樹上還有一段存活的枝條。
島民對他的頌揚迴盪不絕；
咖啡種植園如雨後春筍般建立；
而馬丁尼克，
將他的船舶裝滿了——
那些被珍視救助枝條的產物。

在約翰‧濟慈那有趣的幻想虛構之作——《帽子和鈴鐺》中，埃爾菲南國王問候偉大的占卜者胡姆，並為他提供了茶點：

「你可以選擇裝在銀杯中的雪莉酒、裝在金杯中的德國白酒，或裝在玻璃杯中的香檳……你想喝乾哪 1 杯？」
「忠誠者的指揮官！」胡姆答，「出於對這些的喜好，我只要嚐一點頂針大小的老牙買加蘭姆酒。」
「這是個再簡單不過的恩惠，」埃爾菲南對胡姆說道；「你可以來 1 杯加在我晨間咖啡裡的白蘭地（Nantz，古語中道地的白蘭地）。」不過，胡姆接受了 1 杯沒有搭配咖啡的白蘭地，「加入第 3 份最少分量的檸檬奶醬使其美味，晶瑩剔透。」

無數的大字報在 1660 年到 1675 年間在倫敦印刷。這些印刷品只有極少數具有文學價值。
〈咖啡與烤麵餅〉曾經常被引用。它在 1837 年刊登於《弗雷澤的城鎮與鄉村雜誌》上。該詩的作者自稱為朗塞洛‧利特爾多。全詩長度相當長，這裡選錄的只有那些特別提到「葉門的芳香漿果」的部分：

咖啡與烤麵餅
（由聖殿泵房的大律師朗塞洛‧利特爾多所做）
10 點鐘了！
由漢普斯特德到倫敦塔的鐘聲，
敲響活潑的歡樂之歌；
以剛強的口舌爭論著關於時間的問題，
活像 50 個賣魚婦的吵架現場；
謹慎的警察躲開了即將來到的陣雨；
湯普森和費倫裝上另一桶酒的桶塞；
「把木頭放到火上，驅散寒冷吧！」
現在，來吧，來奧利諾科河！
來吹走一個小時，
來喝一杯吧，
滿滿一早餐杯色澤微紅的摩卡咖啡，
清澈、味香、顏色深濃，
如同佛羅倫斯少女那——
渡鴉般黑亮秀髮、
白皙臉頰，
還有因美麗嘴巴而增色的明亮雙眼。
我從來不吃黑松露——
若不是我注定會為它消化不良。
（碰它就完蛋！）
所以，為了永遠平息這衝突，

貝蒂，把水壺拿來！
咖啡！噢，咖啡！
令人意想不到的信念。
在所有詩人當中，
優秀的、差勁的，以及更糟糕的，
在郵件與紙莎草紙上信手塗鴉，
（頌揚德國白酒或希俄斯酒）
「永恆不朽的詩句」──
以乏味的莎芙詩韻，
或簡練的阿卡額斯詩韻，
寫成韻律優美的明喻。
我小小的棕色阿拉伯漿果啊，
無人為你寫作頌歌──
這令人吃驚！非常吃驚！
若現在我是名詩人，有著現成的韻腳，
就像湯米‧摩爾的一樣，
流暢地來到它們的位置，
隨著歡樂轉動的鐘聲旋轉起舞，
伴隨著粗心大意的真相，
一場糊塗夫人們的舞蹈；
聽聽這個──
公報、通告、預兆、標準、時報，
我能寫出一首史詩！
用咖啡做為它的基礎；
甜美如自從鮑伯‧蒙哥馬利，
或阿莫斯‧科特爾的時代後，
倫敦東區曾經令人窒息的鳥囀。
你們睡眼惺忪的中國人啊！
迷人的海妖，
白毫紅茶！
繆斯曾對你加以稱頌，
「那愉悅卻不使人迷醉的」；
而拜倫曾稱呼你的姊妹為「淚之女王」，
武夷岩茶！

而他，
羅馬鐵血時代的阿那克里翁，
說，
如此偏頗的「他幫不了你」。
而同時咖啡，汝──貼滿傳單的山牆說，
如古老丘彼特的技藝，「每天被烘焙。」
我極愛在一個像今日一般的雨夜，
當難得且更為少見的公共馬車，
哐啷哐啷地在街道間穿梭，
為了啜飲汝芬芳的親吻；
而河岸街偏僻處，
一些醉酒鬥毆遙遠模糊的回聲，
以及水壺在灼熱爐盤上發出的嘶嘶聲，
在我腦海中只有──
由汝而來的異鄉、我的咖啡壺、
我詩作的靈感泉源。

　　許多在這期間出現的詩當中，包括了一場若非結局不甚愉快否則還算讓人高興的舞會。男主角和他迷人的「瑪麗」坐在一起，正要向她求婚時，不幸的轉折出現，1杯紅酒傾倒在她白色的緞子禮服上，也同時打翻了他所有的幸福夢想，「因為一個潑婦取代了他曾愛慕的天使。」而他，只能擁抱甘於做一個「在室男」的人生。

因此我坐在這裡啜飲，
邊啜飲邊思考，
爾後再度思考並啜飲，
並沉入弗雷澤河中，
健康的奧利佛國王啊！
我為你喝1杯：
長久以來，大眾以你使她驚訝。

和費加洛一樣，汝令人的眼皮眨動，
磨光的剃刀在汝熟練的掌中翻轉——
真正由賀拉斯冶煉，
用雅典的磨刀皮帶打磨平滑；
啊！
汝能「剃光整個歐洲」。
***
來吧，奧利佛，
告訴我們有什麼新鮮事；
一張舒適的椅子，
正等待汝過來並將它填滿。
來吧，我懇求汝，
如同他們懇求繆斯，
而在汝萎靡不振時，
汝將選擇烈酒。
而若汝之雙唇拒絕我奉上的醒酒湯，
只為了那紫色葡萄更紅潤的一點汁液，
我們可以歌唱，
汲取另類的詩句，
你的和我的飲品，
就如科里登與賽爾西斯一樣。
***
把碗裝滿，但不是用酒，
濃烈的波特酒，或火一般的雪莉酒；
因為這是給我更溫和的 1 杯
我迷戀的是葉門芬芳的漿果。
***
顏色深濃的葡萄串是溫和的，
但酒是個反覆無常的孩童；
有著更柔順的光澤，這才是瓊漿玉液！
這才是「使其得到溫和」的 1 杯。
深刻地飲下它天賜般的蒸氣，
把杯裝滿吧，
但別用酒。

普瑞爾和蒙塔格將以下的詩意小品
文刊登在他們的著作《城市老鼠與鄉村
老鼠》中，模仿德萊頓《母鹿與黑豹》
的滑稽諷刺文體寫成：

隨後他們繼續慢跑；
而由於一個小時的談話，
能在冗長乏味的散步中插入一段談笑，
就我記憶所及，
那嚴肅的老鼠說，
我聽過不少關於魏特的咖啡館的談話；
布林多說，
在那裡，
汝將前去並看見
僧侶啜飲咖啡、
互相爭吵，
並為茶寫詩；
這裡有粗糙的起絨粗呢，
那裡有高檔恰當的打扮，
這一切讓高貴的老官員無所適從，
我是說那些測試官員。
精明的臆測被做出，並給出理由，
人類的律法從不曾是在天堂中制訂的；
但最重要的，
那將討好汝之視線，
並令汝之眼球裝滿巨大欣喜的，
乃是神聖的幽默機智做出之詩意判決，
由那榮耀就座在黑暗中者所裁決；
而當那接受第一縷月光者，
她令這地獄因此光芒明亮，
而他如此閃耀，從遙遠之處反射光芒，
他由一顆更好的星辰借用光線；
因為源自高乃依和拉平的規則，
被所有在底下塗鴉的芸芸眾生所欽佩，

出於法國傳統的同時他確實提供
一貫正確的真相，
那是分裂教會罪，
被詛咒的犯行；
要質疑他的，或信任你個人的感受。

　　已故的傑佛瑞・塞普頓，一位長年居住在維也納的英國詩人兼小說家，他的幻想故事和童話在歐洲遠近馳名，他曾為咖啡寫作以下這首 14 行詩：

獻給偉大的君主，咖啡王
傑佛瑞・塞普頓作
　　I
讓鴉片出局吧！
那令頭腦遲鈍的、
伴隨著不存在幻影的強烈誘惑的陷阱。
別讓纖細的感官因如此的藥物而衰敗，
隨著不知不覺地、輕聲被竊取的幻覺，
進入靈魂所在的房間。
夢魘緊跟在他們之後，使心靈昏愚。
尋找確信者好排除那難以忘懷的憂慮；
將冒著蒸氣的咖啡壺放在桌上吧！
透過香味濃郁的果實、甜點，
以及閃閃發光的酒瓶，
以偉大咖啡大帝的身分自負地統治吧，
因為所有索求的，
他皆給予天賜的歡樂，
與他的配偶，甜美的水果白蘭地一起。
噢，讓我們沐浴在他的至高歡愉中。
來吧，舉起芳香滿溢的杯子並屈膝吧！
　　II
噢！偉大的咖啡，汝乃民主之主，
誕生於熱帶陽光下且帶著古銅色光澤，

在財富與智慧之地，
誰能同汝一般，
在每一或輝煌或儉樸的桌上，
為流浪的人類提供如此服務？
在老實的工人樸實無華的爐圍邊，
在優雅的女士與甜美溫柔的少女中間，
在瓷器、金和銀器中，
我們倒入汝之崇拜與甜美，
東方的君王啊。
噢，我們多麼喜愛聽見水壺的鳴唱聲，
因汝的接近而歡欣，
體現人生那——
苦味、甜味及奶油般的面向；
人民之友、爭鬥之敵，
土地之子艱困地將汝孕育。

　　同樣地，在美洲的詩人也對咖啡大加讚頌。稍微有點可疑的「母親以前經常製作的種類」被詹姆斯・惠特科姆・萊利在他的古典詩中頌揚：

如同他的母親曾做的一樣
「傑克大叔的店」，1874 年，密蘇里州聖約瑟夫市。

「我出生在一個原住民族群。」
一個陌生人說，
他的頭髮平直稀疏，身材纖瘦，
當我們這些在餐廳的伐木工人，
有點在嘲笑他的時候，
傑克大叔將另一片南瓜派滑向他面前，
還有 1 杯額外的咖啡，
伴隨著他眼中閃爍的亮光，
「我出生在一個原住民族群——

在距今 40 多年前，
我已有 20 年未曾回歸，
而我正緩慢地為返回努力；
不過，
我曾在這裡與 Santy Fee 間所有餐廳──
用過餐，
而我要聲明，
這杯咖啡喝起來像回到家一樣，
對我來說！」
「老爹，再給我們來 1 杯！」
那伐木工人邊暖身邊說，
並在大叔拿過他的杯子時，
隔著茶托開口說，
「當我在遠處看見你的招牌時，」
他對著傑克大叔繼續說，
「我進門並喝到像從前你母親煮的咖啡，
我想到我的老母親，
還有波西鄉下的農場，
彷彿我再次成了一個小孩，
被抱在她的臂彎中，
在她讓壺滾沸，
將蛋打開並倒進壺中時……」
之後這位伐木工人停頓了一下，
下巴顫抖了一瞬。
傑克大叔把伐木工的咖啡端回來，
並且像一位殯葬業者一樣，
莊重地肅立了一分鐘；
然後在某種程度上，
他躡手躡腳地，
走向廚房門口，接著，
他老邁的妻子和他一同走出，
一邊擦拭著她的眼鏡，
她衝向那位陌生人，
並叫喊出聲，

「是他！
感謝老天我們遇見他進門！
你不認識自己的母親了嗎，吉姆？」
同時那伐木工，邊抓住她邊說，
「我當然沒有忘記可是，」
他擦擦眼睛，說，
「妳的咖啡非常燙！」

　　英國最可愛的咖啡詩篇之一是由法蘭西斯・薩爾圖斯・薩爾圖斯（卒於 1888 年）為「性感的漿果」所作的 14 行詩，收錄在《燒瓶與酒壺》中：

咖啡
性感的漿果啊！
凡夫俗子在何處能尋得──
堪與汝匹敵的天賜瓊漿，
在宴飲時，我們啜吸汝之珍貴精華，
並感受到，
自己離機智談吐和妙語如珠更近一步？
汝乃輕蔑、憤世嫉俗的伏爾泰，
他唯一的友人；
汝之力量激勵巴爾札克的心靈，
為輝煌成就而努力；
無疑是上帝為汝之愛好者設計了：
可用以分享的無上歡樂。
每當我聞嗅汝之香氣，在夏日群星之間，
東方輝煌的盛況便映照在我的眼前。
大馬士革，
伴隨著各式各樣清真寺的尖塔，
閃爍發光！
我見汝於廣大無邊的市集中熱氣蒸騰，
或者──
在昏暗的後宮內，

在那皮膚白皙的蘇丹之妻腳下，
伴隨著春夢冒出蒼白的煙霧！

　　阿圖‧格雷在1902 年的《關於黑咖
啡》中，對咖啡的詩歌藝術做出以下的
貢獻，雖然伴隨著有關茶的不適宜的意
見──這部分可以忽略不計：

咖啡

噢，滾沸、冒泡、漿果、咖啡豆！
汝乃廚房女王的配偶，
每一獨到之處皆成為棕色且被研磨。
唯一的芳香造物，
我們所渴望、我們所感受，
早晨流露的氣息，芬芳的餐食。
因為茶算什麼？它只能代表，
最溫和的媒介，
思想與心靈無趣的清醒物
它「毫無特色」──我們發現──
除了平和的散文、和緩的散步、
舒適呼嚕的貓兒、老婦人間的閒談……
＊＊＊
但咖啡！能展現不同的故事。
它書寫的歷史隨處可見且大膽無畏，
在「西班牙海域」上的英勇海盜，
軍隊行進橫跨那狹長的平原，
孤獨的探勘者遊蕩越過山丘，
在獵者的營地，汝之香氣被徹底蒸餾。
因此，在此為咖啡的健康舉杯！
火熱的咖啡！
1 杯晨間的祝酒！再來 1 壺吧。

　　1909 年，《茶與咖啡貿易期》刊登
了威廉‧A‧普來斯所作的絕佳詩句：

咖啡頌

噢，汝乃最為芳馥、馨香的喜悅，
被責難、被濫用，
並經常被激烈反對，
然而小小 1 杯，
包含了所有能被濃縮的幸福喜悅！
為蔑視汝之人帶來狂妄、專橫的奚落，
因汝之統治將貫穿尚未到來的時代！
傳說中提及，
一些古老的阿拉伯人最先發現汝，
他的記憶蒙福！
今日遍及全球之兄弟情誼的標誌，
聯繫東方與西方的羈絆！
好咖啡在波斯小溪谷中開心自在，
而黑腳印第安人讓它變得更加優越。
孤獨的旅人在沙漠地帶，
若汝之技藝跟隨他，
他便能笑對黃昏，
在汝之芳香泡沫前，
水手在大海風浪肆虐時嘲笑大海，
而正在作戰的戰士營地中
汝之香氣盤旋在每一片戰場上。
「飲用，但別濫用，
此一人生中的美好事物。」
這是由先知的時代流傳至今的格言，
而以如此方式對待汝，
我們將永遠不會遭遇困難的時光，
或走上歧途。
安適與撫慰接隨汝持續，
咖啡樹之豐饒、高貴的漿果！

　　1915 年《紐約論壇報》刊登了路易
斯‧昂特梅耶的詩句，這些詞句隨後被
囊括在其《與其他詩人選》中：

吉爾伯特・K・卻斯特頓起身為咖啡祝酒

烈酒，那是一位模仿者；
烈酒，那是一頭凶猛野獸。
當你開始奮起時，它緊咬住你；
它是虛構的酵母菌。
你不該供應由新鮮採摘的蛇麻子，
所製成的麥芽啤酒或啤酒，
或甚至供應廊酒來誘惑一名新婚男子。
因為酒有著如同來自地獄之誘惑的魔咒，
而惡魔已混入那釀造物中；
與麥芽啤酒親善之人，
某種程度都是蒼白、令人厭煩，
且不明事理的一群人，
而啤酒的口感某種程度很古怪，
並且是不甚明確的棕色；
但是，同志們，
我給予你們咖啡，
將它喝下、將它一飲而盡。
伴隨著廢話連篇和胡言亂語等等等。
噢，可可是給上了年紀且與年邁姪女同
住的教師喝的飲料；
茶是給藝術家工作室和喧鬧且暴力的社
會秩序飲用的；
而白蘭地是在行李箱裡破損時會損壞衣
物的飲料；
但咖啡是讓從不曾喝醉者沉醉的飲料。
所以，先生們，
舉起那歡宴用的杯子，
摩卡與爪哇在其中融合；
它能在談話變得過於高明
讓聰明才智不敷使用時讓頭腦清明！
它讓命運遠離那金色的吧檯，
和微醺的都市生活；
所以，為濃烈的黑咖啡舉杯吧！

將它喝下，
伴隨著廢話連篇和胡言亂語等等等。

最為流行的美國早餐咖啡風格在以下由海倫・羅蘭在《紐約世界晚報》發表的作品中被稱頌：

每位妻子都知道的事

給我一個會在早餐飲用完美、熱燙、
又黑又濃咖啡的男人！
一個會在晚餐後，
抽支完美、色黑、粗胖雪茄的男人！
你大可與牛奶信徒或你的反咖啡怪胎——
結婚，隨你高興！
但我深知咖啡壺的魔力！
讓我準備我先生的咖啡吧，
我不在乎誰對他暗送秋波！
每天給我兩支火柴，
其一是為了早餐時燃起煮咖啡的火焰，
另一是為了點燃他的雪茄，就在晚餐後！
而我向所有的基督教迷人美女，
發起在他心裡點燃全新火焰的挑戰！
噢，甜美非凡的咖啡壺！
家庭問題的溫和萬應藥，
能緩和已婚人士所繼承所有疾病，
那甜美忘憂藥的忠實創始者。
令人愉快、閃閃發光、撫慰靈魂，
以及溫情親切的、無生命的友人！
哪個妻子能否認：
她應當歸功於你的安詳與平靜？
向你致意，
是誰阻擋在，
她和她所有一早出現的麻煩之間，
阻擋在她和早餐前的抱怨之間，

阻擋在她和宿醉的頭疼之間，
阻擋在她和冰冷昏暗黎明的監督中？
向你致意，
你為那疲倦不堪的男子靈魂，
提供了金黃色的瓊漿玉液，
撫慰那緊張不安的男子神經、
激動勞累的男子心靈、
啟發遲緩的男子心緒，
使遲滯的血液流動並讓整天恢復正常！
讓我問你，
是什麼，
在他口乾舌燥且暴躁易怒地用早餐時，
讓他暫停，
同時使冒著火花的銳利諷刺鋒芒，
那是他原本打算用來刺穿你的惡毒言語，
在他說出口前歸於靜默？
是那咖啡壺散發的甜美香氣，
那想到就令人戰慄的第一口美味！
是什麼，在俱樂部通宵狂舞後的清晨，
在他挑剔的眼光下，
為你掩藏那疲倦、有點蒼白無力的臉色，
還有那凌亂散落、變直的髮型？
是那寬宏大量的咖啡壺，
如同守護天使般阻擋在你和他之間！
而在那些眾多生死攸關的緊要關頭，
在決定支持或反對婚姻生活的各面相，
是否將會浪漫與幸福的蜜月期間，
當急性子碰上急性子的重要早餐時刻，
並遇上「我不」的時候，
是什麼讓你在悲劇邊緣剎住車，
並分散──
你對意圖為自己辯護之誘惑的注意力？
是那引人入勝、渴望看咖啡滾沸的焦慮！
是什麼，

溫暖了他的血管同時撫慰了你的神經，
並冷不防地，
將整個世界從陰沉灰暗的沮喪低谷，
轉變為明亮美好的希望花園，
而且讓又一天如同一輛全新的車子般，
平順流暢地向前行進？
是什麼，
能在將一個男人，
由一個朋友改造成一個天使時，
比在約旦河行浸禮做得更多？
是那早晨的第一杯咖啡！

　　1935 年，美國詩人伯頓・布拉利在以下詩篇中，頌揚晨間的第一杯咖啡：

抱怨的理由

我的胃由鋅製成，
能夠處理那會導致規避現實者擔憂與內疚的食物和飲料；
早餐、晚餐、茶或午餐，
一隻山羊能咀嚼吃下的任何東西──
我都能津津有味地品嚐並吸收。
用染料美化的果凍、
能無預警砸扁禿鷲的裝甲蛋糕和派，
我都能以味覺的熱情愉快地消化，
就算我的咖啡是早上唯一像樣的。
我是個心臟適應力極強、
非常令人愉快的紳士，
還有我力所能及儘可能樂觀的人生觀，
而如果命運以不悅地蹙眉放我鴿子，
並對我施以壓制，
我已然在過去證明我能應付。
我甚至能擺脫那混亂愛情的影響
我能忍受一位女士理想化的輕蔑藐視，

但我是徹底無用的，
而我的整個生涯是微不足道的，
如果我在早上沒喝到 1 杯像樣的咖啡。
沒有女人、酒或詩歌，
我依然能快樂地平穩向前，
沒有同伴或金錢也可以；
少了圖畫、書籍或戲劇，
我將會鎮日煩憂，
伴隨著普通樂觀的性格。
總體而言——
我是我靈魂的船長，
獨立自主，
但我的自由和我的勇氣初生即死亡，
而我在昏迷中，
納悶我是否錯失了——
早上那 1 杯芬芳咖啡的新鮮香氣！

戲劇文學中的咖啡

咖啡首次被「戲劇化」，或許是在英國，我們讀到：1667 年時，查理二世和約克公爵參加了《塔魯格的詭計：或者，咖啡館》的首演。

這是一齣喜劇，山繆・皮普斯將其描述為「我這輩子所看過最荒謬而無趣的劇碼」。

這齣戲劇的作者是湯瑪斯・聖塞德瑟菲。該劇以一種生氣勃勃的方式拉開序幕，身為這齣戲裡的時髦英雄，塔魯格有換裝的需求；因此，他換下他的「背心、帽子、假髮，還有配劍」，並為賓客們提供咖啡，同時那學徒扮演一位紳士顧客的角色。

不久，其他「各行各業的顧客」順道而來，走進咖啡館。

這些人對那位所謂的咖啡師並非總是有禮的；一位顧客抱怨他的咖啡「只不過是杯加了豆子煮滾過的溫開水」，而另一位則希望他送上「加水調製的巧克力，因為我討厭用加蛋方式處理的」。由一位「學究」角色演繹的迂腐和胡說八道，可能是咖啡館言談的一個不公正的樣本；特別值得一提的是，沒有一位賓客拿危險的政治立場來冒險。

最終，這位咖啡師對他小丑般的顧客們感到厭煩，直接了當地說「這種粗野無禮和郊區的小酒館相稱，而非我的咖啡館」；同時在他的僕人的幫助下，他「在學究們和顧客們付完帳之後，將他們全都推出門外」。

1694 年，尚・巴普蒂斯特・魯索出版了他的喜劇《咖啡》，這齣劇碼似乎在巴黎只演出了一次——雖然一位後來的英國劇作家說它在法國首都受到盛大的鼓掌歡迎。《咖啡》在 Laurent 咖啡廳寫就，此地經常受到豐特奈爾、安托萬・胡達爾・德拉莫特、杜謝、阿拉里・博因丁住持及其他人的光顧。伏爾泰說：「這個在文字世界或劇場沒有任何經驗的年輕人的作品，似乎預示著一個新天才的出現。」

約在此時期，巴黎的咖啡館業者和侍者流行穿戴亞美尼亞服裝；因為巴斯卡已經發展得比他所知的更好。丹庫爾特寫的喜劇《聖日耳曼博覽會》1696 年上演時，其中一個最重要的角色是「老洛朗，一位穿著打扮像亞美尼亞人的咖

啡貿易商」。在第五場戲中，他對穆塞特小姐表示，「做為一個咖啡館服裝銷售者」，他已經「成為一個歸化亞美尼亞籍的人 3 週之久了」。

大約在 1719 年，蘇珊娜・尚特利弗夫人（1667～1723 年）寫就喜劇《大膽地為妻子愛撫》，當中有一場戲是設定在那個時代的喬納森咖啡館。當股票經紀人在第二幕第一場戲中開口講話時，咖啡侍童叫喊著：「新鮮咖啡，先生們，要新鮮咖啡嗎？⋯需要武夷茶嗎，先生們？」

亨利・菲爾丁（1707～1754 年）在 1730 年出版了一齣名為《咖啡屋政客》的喜劇。

1737 年，《咖啡館，詹姆斯・米勒所著之戲劇片段》在位於德魯里巷的皇家劇院上演。狄克咖啡館的內部場景在這齣劇的出版版本中，是以雕版卷頭插畫的方式呈現的。

作者在序言中表明：「這部作品部分取材自一部多年前由著名的魯索在法國寫成的獨幕喜劇，劇名是《咖啡》，這齣劇在巴黎受到極大歡迎。」

劇中的咖啡館是由有個漂亮女兒的寡婦 Notable 所經營，像所有的好媽媽一樣，她急著為自己的女兒安排一樁合適的親事。

在第一場戲中，一段刻薄辛辣的對話發生在政客 Puzzle 和詩人 Bays 之間，花花公子 Pert 和所羅門，以及其他此地的常客都牽扯進這場口角中。

Puzzle 發現一位喜劇演員和其他演員都在房內，堅持要將他們驅逐或禁止進入咖啡館。寡婦恰到好處地被激怒，並憤慨地回答：

> 禁止演員來我的咖啡館，閣下！
> 喲，閣下，我 1 個星期從他們身上賺到的錢，比 7 以年來從你身上賺得還要多呢！你手裡拿著報紙，來到我店裡待 1 個鐘頭，用你的政治惹毛所有顧客，還要求筆和墨水、紙張和封蠟、討要 1 管菸草、燒掉半根蠟燭、吃掉半磅糖⋯⋯然後就拍拍屁股走人，只為 1 碟咖啡付了 2 便士。
> 若是沒有其他好心人為像你這樣的人造成的損失做出補償，我很快就得關門大吉了，閣下。

所有人都加入寡婦嘲弄和譏諷的行列，極度窘迫的 Puzzle 因此離開了咖啡館。美麗的小吉蒂透過演員的協助戲弄她的母親，並嫁給了她自己選擇的一位男性，但在那人被發現是一位聖殿騎士後獲得原諒。

這齣戲只有 1 幕，並有幾首歌曲穿插其中。結尾是一首有 5 節的詩文，配上「由 Caret 先生譜寫」的音樂：

歌曲

一間咖啡館每天能給予多少樂趣啊！
能讀到和聽到這個世界快樂地運行；
能歡笑、歌唱和閒聊八卦；
在通宵遊蕩飲酒作樂後，浪蕩子來此，
因他早晨花費的 4 便士，
將讓他的腦袋恢復正常；
從未讓銅色沾染潔白手指的花花公子，

讓自己的 6 便士值回票價，
目不轉睛地瞪著眼前的玻璃杯；
總是準備獵殺的醫生，
每天來此佔據一位置——他願意的話；
還有那喧囂並挑戰保安的士兵，
會大膽地在此處抽籤，
因為——我們會維持他的信任；
總是在尋找獵物的律師，
會在此處找到每日果腹的食物；
而那嚴肅的政客，用咖啡渣占卜，
能指出每位君王的命運——
除了他自己的。
然後，時髦男士們，
既然你在此能找到的每一件——
能取悅想像或有益於心靈，
全都來吧，
每個人都來杯滿溢的歡樂，
並在每個夜晚將我們的咖啡館擠滿。

　　約翰·提布斯告訴我們，這齣劇「符合因它的表述所產生的巨大對立，因為據說劇中的角色就是根據經營迪克咖

SONG.

Set by Mr. CARET.

What Pleasures a Coffee-House daily bestows!
To read and hear how the World merrily goes;
To laugh, sing, and prattle of This, That, and T'other,
And be flatter'd, and ogl'd, and bifs'd too, like Mother.

Here

SONG FROM "THE COFFEE HOUSE"

《咖啡館》劇中選曲。

啡館的特定家族（也就是 Yarrow 夫人及她的女兒）所設計的，藝術家們不經意地選擇了此地做為卷頭插畫。」提布斯繼續說，「看來女店主和她的女兒是當時聖殿騎士團的紅人，於是騎士團的成員經常光顧迪克咖啡館；並對此事反應如此激烈，導致他們聯合起來，在事件發生的當晚譴責這場鬧劇；他們成功了，甚至在往後一段很長的時間內，將他們的憤慨延伸到疑似這位作者（詹姆斯·米勒牧師）的每一件事情上。」

　　被稱為義大利莫里哀的卡洛·哥爾多尼在 1750 年寫下《咖啡館》這部關於威尼斯中產階級的自然主義風格喜劇，嘲諷當時的醜聞和投機風氣。場景設定在一間威尼斯咖啡館——很可能是有許多情節同時發生的弗洛里安咖啡館。

　　在許多值得注意的研究中，有一項是針對一位名為唐·馬齊歐的滿口胡言的誹謗者的研究，他被評為曾經出現過少數最好的、吸引舞臺注意力的原著角色。這齣劇碼在 1912 年於芝加哥戲院協會以英文演出。查特菲爾德－泰勒認為，伏爾泰可能參考了《咖啡館》創作了他的《咖啡館，或蘇格蘭人》。哥爾多尼是一位咖啡愛好者，他是咖啡館的常客，在創作這條路上，他從咖啡館汲取了許多靈感；被稱為威尼斯賀加斯的彼得羅·隆吉，在他的一幅展現威尼斯在她墮落年代的生活與風俗習慣的畫作中，證明哥爾多尼是當代一家咖啡館的訪客，畫面中還有一名女乞丐在乞求施捨。這幅畫是義大利可·巴拉斯的收藏之一。

在喜劇《波斯婦人》中，哥爾多尼讓我們一窺十八世紀中葉的咖啡製作。他藉奴隸 Curcuma 之口述說這些文字：

咖啡來了，女士們，
原產於阿拉伯的咖啡，
並由沙漠商隊帶進伊斯法罕。
阿拉伯的咖啡當然永遠是最好的。
當它在一側伸出葉子，
花朵會在另一側出現；
源自於富饒的土壤，它渴望陰涼處，
或只需要少許陽光。
每 3 年這小小的樹木會被種在土裡。
儘管確實非常微小，果實還是能——
長大到足以變得有幾分青綠。
在後來使用的時候，
它應該被新鮮研磨，
貯存在一個乾燥且溫暖的地方，
並謹慎地以守護。
＊　＊　＊
不過只需要少量就能將它備好。
放進想喝的量同時，
別讓它溢出流到火源上：
加熱到泡沫升起，
然後讓它在遠離火源處再次消退；
至少這麼做 7 次，咖啡立刻就能做好。

1760 年，《咖啡館，或蘇格蘭人，喜劇》在法國出現，傳說是一位名為休謨先生的英國人所寫，並且被翻譯為法文。事實上這齣戲是伏爾泰的作品，伏爾泰在不久前以同樣的方式出版了另一部戲劇作品《蘇格拉底》。

同年，《咖啡》以「咖啡館，或公正的逃犯」為名被譯成了英文。書名頁註明該劇是由「伏爾泰先生」所做，並從法文翻譯而來。

它是一部有 5 幕的喜劇，主要角色有：法布里斯，一個和藹的人兼咖啡館的經營者；康士坦提亞，美麗的逃犯；威廉・伍德維爾爵士，一位被厄運籠罩的高貴紳士；貝爾蒙特，愛上康士坦提亞，是一位有錢人和嫌疑犯；弗里波特，一位商人和英式風格的象徵；史坎朵，一個騙子；還有愛上貝爾蒙特的艾爾頓夫人。

《鄉村咖啡》是一齣加盧皮創作的音樂劇，在 1762 年時出現在義大利。

另外一齣義大利戲劇，則是一部名為「精神飽滿的咖啡壺」的喜劇，於 1807 年演出。

《漢彌爾頓》是一齣由瑪麗・P・哈姆林和喬治・亞利斯創作的戲劇，後者也在其中飾演與該劇同名的角色，這部劇碼於 1918 年由喬治・C・泰勒在美國演出。第一幕第一場戲的場景被放在費城的交易所咖啡館，華盛頓第一次執政時期。這場戲出場的角色包括了詹姆斯・蒙羅、塔列朗伯爵、菲利普・斯凱勒將軍，以及湯瑪斯・傑佛遜。

劇作家們非常忠實地重現了華盛頓時期咖啡館中的氛圍。塔列朗評論說：

「大家都到交易所咖啡館與每個人會面……它是俱樂部、餐廳、商人的交易所、一切的一切。」

《咖啡攤上的獨裁者》是一部哈羅德・柴林創作的獨幕劇碼，1921 年在紐約市出版。

咖啡與文學的關係

茶和咖啡在著名文人的「最愛飲品」中不時交替，此消彼長的複雜過程說不定足以寫成一本有趣的書。而在這兩種興奮劑中，咖啡似乎給多數人提供了更好的靈感和提神作用。然而，正因為這兩種飲料讓如此多的傑出心靈戒除掉他們一度沉溺的大量紅酒與烈酒，反倒使得文明成了它們的債務人。

伏爾泰與巴爾札克，是法國的文人學士中對咖啡最忠誠的狂熱信徒。蘇格蘭哲學家兼政治家詹姆斯·麥金塔爵士（1765～1832 年）喜愛咖啡到曾主張說，一個人心靈的力量通常會與他所飲用興奮劑的量成正比。他優秀的校友兼好友羅伯特·霍爾（1764～1831 年），是一位浸信會牧師兼佈道壇上的雄辯家，偏愛喝茶，有時候會喝上十幾杯。著名的希臘學者古柏、帕森，以及帕爾；山繆·強森博士；還有作家兼評論家威廉·赫茲利特都是重度飲茶人士；但是伯頓、迪恩·史威夫特、愛迪生、史迪爾、利·亨特，還有許多其他人則頌揚咖啡。

西北大學醫學院的教授查爾斯·B·里德博士說，咖啡可以被想成是一種能夠培養天賦的物質。歷史似乎能做為他的佐證。

里德博士說，咖啡本質的定義是如此之明確，以至於某位評論家宣稱，自己擁有一種特殊的能力，能從伏爾泰的所有作品當中，看出有哪些部分是受到咖啡的靈感啟發而創作出來的。茶和咖啡能調和創作才能，從而產生出創造藝術和文學傑作所必需專注精神。

風趣之王伏爾泰（1694～1778 年）也是咖啡飲者之王。即使在他的晚年，據說他還是每天喝下 50 杯咖啡。對有所節制的巴爾札克（1799～1850 年）來說，咖啡既是食物也是飲料。

在弗雷德里克·拉頓寫作的《巴爾札克》中，我們讀到：「巴爾札克辛勤地工作。他的習慣是在傍晚 6 點就寢，睡到 12 點，然後，起床並連續寫作將近 12 小時，在陷於寫作魔咒期間，飲用咖啡做為興奮劑。」

巴爾札克在他的《當代興奮劑專論》中，如此描述他自己對於他最鐘愛興奮劑的反應：

這咖啡落入你的胃袋中，立刻就有騷動出現。構想開始像戰場上的大軍般開始行動，並且開始戰鬥。記憶中的事物全速奔馳而來，旗幟飄揚在風中。由比喻組成的輕騎兵實現了一次宏大的部署衝鋒，邏輯組成的砲兵隊加快行列和彈藥的速度，理智的箭如同狙擊手一般啟動。

明喻法形成，紙張上滿布墨水；因為鬥爭開始並隨著那黑水的奔流而終了，如同戰事因火藥而結束一般。

當巴爾札克講述米諾雷博士的監護人，慣於以 1 杯與波旁威士忌和馬丁尼克酒混合而成的「摩卡」款待他的朋友們，博士堅持親自在銀製咖啡壺中調製，那是經過他本人精細化的習慣。

他只從白朗峰大道（現在的紹塞・昂坦大道）購買波旁威士忌；從 des Vielles Audriettes 路購買馬丁尼克酒；摩卡則是向大學路的一位食品雜貨商購買。要湊齊它們需要半天的行程。

▶ 為咖啡而生的文學作品

法國、義大利、英國和美國的作家在咖啡的通俗文學方面有明顯的貢獻。篇幅所限僅能附帶提及其中一些人。早期法國與英國的文人學士有關咖啡的作品已經在先前章節提過一些。

在法國的達弗爾、加蘭德與拉羅克之後，還有英國的倫福德伯爵、約翰・提布斯、道格拉斯・埃利斯，以及羅賓森；法國的賈丁和富蘭克林；義大利的貝利；美國的休伊特、瑟伯，以及華許等等。

奧布里、波頓、愛迪生、史迪爾、培根，以及迪斯雷利的作品，都有提到咖啡的參考文獻。

法國偉大的美食家布瑞拉特－薩伐侖（1755～1826 年）對咖啡的了解可謂前無古人、後無來者。在收錄於《美食的藝術：美好生活的科學》的歷史輓歌中，他大聲疾呼：

你們這些管理天堂恩賜的、戴著十字架和主教冠冕的修道院長和主教們，還有你們這些為消滅撒拉森人而武裝自己的、令人畏懼的聖殿騎士，你們對我們現代巧克力的甜美恢復作用，還有啟發思考的阿拉伯咖啡豆一無所知──我真是同情你們！

歐・德古爾庫夫的作品《咖啡，給塞內塞的書信》值得光榮的提名表揚。

一位早期的法國作家以下列文字向咖啡給予靈感的效力致敬：

它是一種極為令人愉悅、啟發靈感，而且有益身心健康的飲料。它同時是一種頭部的興奮劑、一種退熱劑、一種消化劑，以及一種抗催眠劑；它能消除做為勞動之敵的睡意；它能喚起想像力，沒有想像力就不會有快樂的靈感。它能驅除痛風，那享樂之敵，雖然痛風的誕生要歸因於享樂；它能促進消化，沒有消化作用就不會有真正的快樂。

它支配快樂，沒有快樂就不會有享樂或享受；它將機智給予那些已經擁有的人，它甚至供應機智風趣（至少有幾個小時）給那些通常並不具備的人。為咖啡感謝上天，因為看啊，一顆小小漿果的浸泡汁液中蘊含了多少賜福。世上還有什麼飲料能與之匹敵？咖啡，同時是一種享樂和一種良藥；咖啡，能同時滋養心靈、身體和想像力。為汝喝采！文人作家的啟發，美食者的最佳消化良藥。全人類的瓊漿玉液。

1691 年，安傑羅・蘭博蒂在波隆那出版了《阿拉伯珍饈，健康飲料咖啡》。這部作品分為 18 節，並描述了咖啡豆的起源、種植，以及烘焙，同時講述如何煮製這種飲料。

在西班牙仍然統治米蘭的時期，切薩雷・貝加利亞主持並編輯了一份名為「咖啡」的刊物，這份刊物的發行時間

由 1764 年 6 年 4 日，直到 1766 年的 5 月，根據致敬謝詞，這份刊物「由賈馬里亞·里扎迪在布雷西亞所編輯，並由一小群友人承擔這項工作」。

另一份叫做「咖啡」的刊物專注在藝術、文字與科學層面，在 1850 年到 1852 年間於維也納發行。還有一本名字相同的期刊，是一本全國性週刊，在 1884 年到 1888 年間於米蘭發行。

一本題名為「咖啡」的年鑑在 1829 年於米蘭出版。

一份名為「佩德羅基咖啡」的週報於 1846 年到 1848 年間在巴都亞發行。這份週報的主旨在藝術、文學，以及政治方面。

佩卓·波利教授 1885 年於米蘭創辦了名為「茶、巧克力、藏紅花、胡椒，以及其他興奮劑」的刊物；但維持時間很短暫。

一份早期的英國雜誌（1731 年）中有篇咖啡渣占卜的報導。作者出其不意地前去拜訪，並「使那位正在用咖啡策劃陰謀的女士及其同伴大吃一驚。所有人的興趣都聚焦在當中一位看起來疲憊不堪的女人身上，而當女占卜師透過咖啡渣發出了奧祕的預言後，眾人變得更加興味盎然。接著，女占卜師進入完全受到天啟的狀態，以相當莊重的神情觀察著咖啡杯底的微小顆粒；她身旁坐著一位寡婦，另一邊則是一位未婚女士。她們都向我保證，咖啡杯中的每個圖案都預示著每個人即將到來的人生藍圖，而且針對每一筆交易所發出的預言都經過最精確無誤的分析」。

這位先知的宣傳廣告相當有意思：

特此公告，聞名遐邇的櫻桃夫人近日抵達本市（都柏林），她是唯一真正在咖啡渣占卜這門奧祕的科學有真才實學的女士；在過去一段執業時間內獲得的連續成功，整體上都令她的女性訪客感到滿意。她的營業時間由聖彼得教堂祈禱時間結束後，到晚餐之前。

（注意，她從未向任何一位女士索要超過 1 盎司的咖啡，而且在任何時候都不會超過那個數量。）

如果那 1 盎司咖啡代表的是她預言未來的酬金，那麼，收費標準可以說並不高昂！

十七和十八世紀的英國作家很明顯地受到咖啡的影響，當時的咖啡館也因他們而永恆不朽；而在許多情況下，這些作家本身便因咖啡館與其中的常客而不朽。

現代的新聞寫作可以追溯到 1709 年 4 月 12 日《閒談者》的發行，它的編輯是愛爾蘭劇作家兼散文家理查德·斯蒂爾爵士（1672～1729 年）。他在咖啡館接受到靈感的啟發；而他的讀者們是最了解咖啡館的一群人。他在第一期中如此宣布：

所有英勇行為、享樂和娛樂的內容都將置於分類為懷特咖啡館的文章下；詩歌在威爾咖啡館分類下；學習在希臘人咖啡館標題下；你將由聖詹姆斯咖啡館分類下獲得國外與國內新聞，而我將

提供的任何其他主題將由我自己的公寓開始。

斯蒂爾的《閒談者》每週發行 3 期，一直持續到 1711 年，當時它暫停營業，即將被《旁觀者》接手，而《旁觀者》的主要撰稿人是散文家兼詩人約瑟夫‧愛迪生（1672～1719 年），同時也是斯蒂爾的校友。

▶ 咖啡館內的珍稀收藏

理查德‧斯蒂爾爵士在《閒談者》的第三十四期，令唐和位於老切爾西的唐‧沙特羅咖啡館名垂青史，在那裡，他告訴我們旅行對認識這個世界的必要性，透過他為了獲得新鮮空氣而展開的旅程（實際上沒走得比切爾西的村莊遠到哪兒去），他幻想著能立即對那村莊做出描述──從強盜等待躲藏的 5 片田野，到文人學士圍坐議事的咖啡館。但他發現，即使像此地這麼接近城鎮的地方，都有他一無所知的窮凶極惡的暴行和成就顯赫之人。

這間咖啡館幾乎被博物館合併，斯蒂爾說：

當我走進咖啡館，還來不及向裡面的客人致意，我的視線就被 1 萬件四散在房內和懸掛在天花板上的小玩意兒給轉移。當我第一時間感受到的震驚過去了之後，一位頭髮稀疏、身形單薄的智者鎮定地向我走來，他的樣子讓我懷疑，是閱讀或苦惱煩躁造成他如此哲學家般的外貌。不過，很快我意識到，他屬於

那種古人稱為「gingivistee」，在我們的語言中叫做「拔牙工」的類型。

我立刻上前問候他，因為這些實際的哲學家是根據非常實際的前提而決定將病人受感染的部分給移除──而非加以治療。我對人類的關愛讓我對沙特先生十分仁慈──其實這是出於他理髮師兼骨董商的名聲。

唐最出名的是他的潘趣酒，還有他的提琴技藝。他還會拔牙和寫詩；他在數個詩節中描述他的博物館，其中一節是這麼寫的：

各個種類的怪獸都能看見：
自然界中生來即如此的奇妙事物；
席巴女王的一些遺物，
與有名的鮑伯‧克魯索的未完成作品。

隨後斯蒂爾陷入深沉思考，為何理髮師們在打擊荒誕不經之事時，比其他行業的人來得更為激進；並堅稱唐‧沙特羅乃是沿著正確的路線行進，並非出於約翰‧查德斯坎──如他自己聲稱的那般，而是出於來自曼查的騎士那值得紀念的陪伴。

斯蒂爾對所有前來觀看唐那些珍奇收藏的可敬公民擔保，他的雙管手槍、小圓盾、鎖子甲，他的手持火槍與托利多之劍，都是由傳說中的唐‧吉訶德留給他的祖先的；再由他的祖先傳承給所有後裔，直到沙特羅。

儘管斯蒂爾如此持續支持唐‧沙特羅的偉大功績，但斯蒂爾對唐在未經他

允許的情況下，利用各自的名聲宣傳他的收藏，而對英國的良善人們造成傷害是拒絕的；其中一件特別計畫用來欺騙虔誠的宗教人士，和針對有好感者的巨大醜聞，同時還可能引進異端的主張。

在由海軍上將蒙登提供的奇珍異寶中有一副棺材，裡面裝著一位曾行過奇蹟的西班牙聖人遺體或遺物。斯蒂爾這麼說：

他向你展示 1 頂草帽，據我所知，那是馬吉・佩斯卡德的作品，在距離貝德福德 3 英哩之內的地方；並且告訴你

「這是龐提烏斯・彼拉多的妻子的女僕的姊姊的帽子。」

就我對這頂帽子的了解，或許能補充說明，覆蓋在帽子上的稻草從未被猶太人使用過，這是因為他們被要求在沒有稻草的情況下製作磚塊。因此，這不過是為了欺騙世人所編造出披著學識與古代遺物外皮、似是而非的說詞。

在他的珍品當中，還有其他我無法忍受的事物，例如，裝在玻璃箱子中的陶瓷仕女像；為了禁錮那些隨其出國之人的義大利火車頭；我特此命令這兩者撤展，否則他將可預期他製造潘趣酒的特許信函遭到廢棄，來年冬天被禁止使用暖手筒，或永遠無法在不帶妻子的情況下去倫敦。

巴比拉德說沙特有個破舊的灰色暖手筒，由穿戴起來能頂到他鼻子的情況，遠從 0.25 英哩外就能夠認出他來。他的妻子一點都不好，她相當沉溺於斥罵、數落他人；而喜愛杯中物的沙特，如果

他有機會自己去倫敦，一定不會急著踏上歸途。

以做為展覽而言，唐・沙特羅咖啡館被證實是非常吸引人的，吸引了眾多人潮前往咖啡館。咖啡館還為此還出版了一本目錄，並印刷超過 40 版；小說家斯墨列特是貢獻者之一。1760 年發行的目錄包括了下列罕見珍品：

老虎的獠牙；教宗的蠟燭；天竺鼠的骨骼標本；1 隻戴著裝飾有羽毛之帽子的猴子、1 塊真正十字架的碎片；以櫻桃核雕刻的 4 個傳教士的頭；摩洛哥國王的菸斗；蘇格蘭瑪麗皇后的插針墊；伊莉莎白女王的祈禱書；1 雙修女長襪；生長在 1 棵樹上面的雅各之耳；1 隻在菸草塞裡的青蛙；還有超過 500 種奇特的紀念物。

唐有個競爭對手，可以由於皇家天鵝——在金士蘭路通往肖迪奇教會——1756 號的亞當店鋪展示之珍品目錄看出來。為了娛樂那些好奇之人，亞當先生展出的物品如下：

珍妮・卡麥隆的鞋；亞當長女的帽子；著名的貝絲・亞當斯的心臟，她在 1736 年到 1737 年間的 1 月 18 日於倫敦行刑場與卡爾律師一同被處以絞刑；華特・雷利爵士的菸斗；布雷牧師的木底鞋；用來幫豌豆去殼的工具；長在魚肚子上的牙齒；布萊克・傑克的肋骨；亞伯拉罕為他的兒子以撒與雅各梳頭的那把梳子；瓦特・泰勒的馬刺；治好洛瑞

船長頭痛、耳朵痛、牙痛還有肚子痛的繩子；亞當的伊甸園前門鑰匙與後門鑰匙，諸如此類……

這些不過是由 500 種同樣神奇的展品中列舉出來的一小部分。

唐·沙特羅在吸引客人上門所獲得的成功，引來切爾西麵包店業主的仿效，他弄出了類似的珍品收藏，為他的麵包店引來顧客；此舉在某種程度上來說可算是成功的。

▶ 文人們的咖啡館日常

愛迪生在第一期《旁觀者》中說：

我經常出席一般的休閒場所。

有時會見到我在威爾咖啡館把頭伸進一圈政治家當中，並全神貫注聆聽在那些小圈群聚的聽眾當中做出的精彩陳述。有時候我會在柴爾德咖啡館抽著菸斗，而儘管我看起來除了手中的《郵務員》外，未曾再分心他顧，卻能偷聽到房間內每張桌子上的對話。

我在週日晚上出現在聖詹姆斯咖啡館，有時候會加入裡間的小型政治委員會，做一個前來聆聽和提升的人。

我在希臘人咖啡館、可可樹咖啡館都混得臉熟，在德魯里巷及乾草市場的劇院也是。

有超過 10 年的時間，我在交易所咖啡館都被認為是一名商人，而在喬納森咖啡館的股票經紀人集會上，我被當做是猶太人。

簡而言之，無論在何處看到人群聚集，我總是會去和他們混在一起，儘管

我從不曾開口說話——除了在我自己的俱樂部中。

在第二期雜誌中他說：

我現在與一位寡婦互許終生定下來了，她有許多孩子，並還就我對每件事的幽默感。

我不記得在這 5 年當中我們有交換過隻言片語；無須開口要求，我的咖啡就會每天早上出現在我的寢室；如果我需要燒火，我就指指煙囪；如果要用水，就指指我的臉盆。對此，我的房東太太會點點頭，就好像她說她了解我的意思一樣，同時立刻按照我的訊號行動。

愛迪生在《旁觀者》的 3 篇文章（第四〇二期、第四八一期和第五六八期）幽默地記述了那個時期的咖啡館。第四〇二期以下的評論開卷：

兩個國家的朝廷並無太大的差異，至於王宮和城市則各有其獨特的生活和對話方式。簡而言之，儘管生活在同樣的法律之下，說著相同的語言，聖詹姆斯的居民仍舊與戚普塞街的居民有著明顯的區別，而戚普塞街的居民同樣有別於一旁的聖殿街居民與另一側的史密斯菲爾德居民，差異體現在他們思考的方式和交談時的氛圍。

基於這個理由，作者漫步穿越倫敦和西敏，收集他足智多謀的同胞們，對法國國王死亡這則時事的意見。

我認識所有倫理法案中主要政客的

臉孔；並且，由於每間咖啡館都有某些專屬的政治家，他們是自己那條街區的喉舌，所以，我總是會特別注意讓自己接近他們，以便弄清楚他對目前事件的立場。然而，就像我預見國王之死將使整個歐洲改頭換面，在我們的英國咖啡館中，也同樣出現了許多稀奇古怪的臆測，我非常渴望得知我們最卓越出眾的政治人物在此一問題上的想法。

我或許可以從儘量靠近源頭開始。我首先拜訪了聖詹姆斯咖啡館，在那裡，我發現整個靠外側的房間都充滿討論政治的嗡嗡聲；各種臆測在接近門口處相當中立，但當你愈向前接近房間內部的盡頭，猜想就變得愈精細，而且被一小群坐在裡間的理論家做出了極大的改進，在咖啡壺蒸騰的蒸氣之間，在那裡，我在不到 15 分鐘內聽見了整個西班牙如何應付君主制，還有波旁王朝準備的所有路線方針。

隨後我拜訪了賈爾斯咖啡館，我在那裡看見一群法國紳士坐在一起討論他們崇高君主的生與死。他們當中支持輝格黨利益的人非常明確地聲明，從那之後，他已經放棄這種生活達 1 週之久，因此，沒有任何延遲地，著手解放他們仍在奴隸船上划槳的友人們，並進行他們自己的復辟行動；但在發現他們的意見無法達成一致後，我繼續原來打算好的進度。

在我來到珍妮·曼咖啡館時，我看見一位警覺的年輕小伙子把帽子歪戴在剛好和我在同一時間走進店內的朋友頭上，同時用以下的方式跟他搭話：「好

吧，傑克，那個一本正經的老傢伙總算死了。急轉直下是最好的形容詞了。時不我予啊，小子。直接登上巴黎的城牆吧！」除此之外還有一些其他相同性質的深沉抒發。

我在查令十字和柯芬園間遇到的政治分歧相當少。而且，在我走進威爾咖啡館時，我發現他們的交談離題了，從法國國王的死亡，轉移到了布瓦洛先生、拉辛、高乃伊和其他幾位詩人身上，他們在這樣的場合，痛惜這些人物本該能夠以一位如此偉大的王子暨教育如此卓越的贊助人的死亡為題，做出十分高貴的輓歌，為這世界盡一份義務的。

在接近聖殿街的一家咖啡館，我發現幾位年輕紳士非常瀟灑地參與進一場關於西班牙君主體制繼承的爭論。他們當中的一位似乎依然是安茹公爵的擁護者，另一位則支持皇帝陛下。他們兩位都是支持憑藉英國條例法律來決定君王頭銜的；在我發現自己對他們的談話開始一竅不通之後，我繼續前行，來到保羅的教堂庭院。我在此處極為專注地聆聽一位博學之人的談話，他為聽眾解釋在已故國王的少數派統治期間，法國可悲的處境。

隨後我右轉進入費雪街，那個街區的首席政治人物在聽到這個消息後（抽完一菸斗的菸草，並反覆咀嚼思考一段時間之後），說：「如果法國國王確定已經死亡，我們這一季將能夠擁有足夠的青花魚；我們的漁業將不再受私掠船的騷擾，就像在過去十幾年間遭受的一樣。」隨後，他考慮起這位偉人的死亡

會如何影響我們的沙丁魚，同時藉由一些其他的評論，將一種大體來說是喜悅的感受注入他所有的聽眾當中。

在那之後，我走進一家站在一條狹窄巷弄較上端盡頭的路邊咖啡館，我在那裡偶然遇到一位正非常親切地與蕾絲商人談話的拒絕宣誓者，這位商人為附近一個非國教教派祕密集會所提供了極大的支持。爭論的重點是已故法國國王最喜歡的是奧古斯都‧凱薩還是尼祿。爭議伴隨著兩方的激動繼續下去，而由於兩方都在爭論過程中相當頻繁地向我看來，我有點擔心他們會求助於我，所以我在吧檯放下我的1便士，並做出最佳選擇前往齊普賽街。

在找到下一個適合的目標前，我已經徒勞地瞪著這些招牌好一會兒了。我在咖啡室遇見的第一個對象是一位對法國國王的去世表達出深切哀悼的人；但當他解釋他的意思時，我發現他的哀傷並非出於這位君王的逝去，而是因為他在聽到消息的大約 3 天前，將所有產業變賣了。

對此，做為這家咖啡館的行家，而且有自己仰慕者小圈子的一位雜貨商人，立刻找了幾個人作證，說他在超過 1 個星期前就表達過意見，認為法國國王絕對已經死了；他補充道，考慮到我們從法國接到的遲來的通知，這絕不可能有其他的可能。

當他把這些事件都集中在一起，並用極為權威的口吻與他的聽眾辯論時，進來了一位從加拉維咖啡館過來的紳士，他告訴我們有幾封來自法國的信件剛剛

抵達，信裡的通告是說國王貴體康健，而且在郵件寄出的當天早上外出打獵了；那位雜貨商人對這個消息的反應是偷偷把帽子從他座位旁的掛勾上取下，帶著一肚子的困惑回到他的店裡。

這個情報讓我終止了在各家咖啡館間愉快的遊走。能在如此重大的事件中聽聞許多不同立場的意見讓我感到非常愉悅，我同時觀察到，當這樣的一條新聞發生時，每個人都會自然而然地生出對自身有利的考量。

強森在他的《愛迪生的一生》中寫到，關於《閒談者》和《旁觀者》：

兩者皆在有著喧囂、躁動且暴力的兩方政黨鼓動整個國家之時代出版，兩方皆有貌似可信之宣言，而兩方對自己的觀點可能都沒有明確的決心；對因政治爭辯而激昂興奮的心靈來說，它們提供了冷靜與更為無害的表達方式……它們對當時的談話有著明顯的影響，並教導那些嬉鬧浪蕩之人該如何兼備歡鬧與規矩禮儀，這些是他們永遠不會完全丟失的影響。

哈洛德‧魯斯在劍橋文學史中談到《旁觀者》，他說：

它在風格與思想方面都優於《閒談者》，它表達了商業的影響力。商人被描繪成不誠實且貪得無厭的形象已經超過一個世紀，這是因為劇作家和宣傳小冊子作者通常都是為有閒階級寫作，而

由於自身過於貧窮的緣故，導致他們跟生意人之間的關係並不愉快。如今的商人已然成為文明的大使，並為了控制遙遠且神祕的財富來源而在智力方面有所成長；因此他們輕而易舉、並在很大程度上透過咖啡館，開始認識自己的重要性與影響力。

▶ 咖啡，極度急切的小事

山繆·皮普斯（1633～1703 年）非常喜愛精美飲食，而且幾乎每天都會將享用過的美味晚餐佳餚條列登記在他的《日記》中。

一場被他認為無比成功、供應給 8 位賓客享用的晚宴包括了生蠔、兔肉馬鈴薯泥、小羊羔、珍貴的牛脊肉；隨後是 1 大盤的烤飛禽（「花了我大約 30 先令」）、水果餡餅，然後是水果和乳酪。「我的晚餐已經足夠壯觀……我相信這天的筵席會花掉我將近 5 鎊。」不過你會發現，咖啡並未被當做菜單的一部分被提及。

他無數次提及自己造訪了這家或那家咖啡館，但只留下唯一一次真正飲用咖啡的實例：

一早來到我的辦公室，之後在 7 點的時候，前去卡特瑞特爵士處，在那裡與梅納斯爵士結束他的帳目。

不過，我沒有依照慣例去享用我的夫人已準備好的正餐，並在那裡喝幾杯早酒；除了她的咖啡之外，我什麼都沒有喝。那是煮得很糟糕的咖啡，裡面加了一點點糖。

這一條他認為值得記錄下來的備忘錄，顯然不是受到那位好夫人晨間咖啡的啟發。

英裔美籍政治家、改革者及經濟學作家威廉·克伯特（1762～1835 年）指控咖啡是「汙水」；不過他屬於非常少數的那群人之一。在他的年代之前，迪恩（1667～1745 年），英國最偉大的諷刺作家之一，引領著一長串全都是咖啡狂熱信徒的文學界人士。

史威夫特的作品處處可見咖啡的蹤影；而史黛拉給他的信件經過偽裝後，在聖詹姆斯咖啡館被交付給他。很少有任何一封給埃絲特（凡妮莎）·梵尼籟的信件，裡面沒有包含明顯提到咖啡的段落，可由這些段落看出他們的友誼和私下聚會的蛛絲馬跡。日期標記為 1720 年 8 月 13 日，史威夫特在愛爾蘭各地旅遊時寫下的信件中說：

我們住在這裡的一個乏味的城鎮中，沒有任何有價值的造物，同時，卡德說他對此感到厭倦，寧願在威爾斯貧瘠的山上喝他的咖啡，也不想在這地方稱王。

無花果是給鶇鴰和鵪鶉吃的，我對你們的美味一無所知；但在威爾斯最高的山峰上，選擇平靜地喝下我的咖啡。

在大約 2 年後，在回覆凡妮莎來信指謫並哀求史威夫特盡快寫信給她的信件中，他提出了以下建議：

我所知最好的人生格言就是，在可

以的時候，飲用咖啡，並在力有不及時，在沒有它的情況下放鬆度日；儘管妳依舊暴躁易怒，靠著它我將能一直說教。這就是我所能給妳的那麼多同情了，我的情緒並未愉快到願意寫信的程度，因為，我相信，每週喝 1 次咖啡是必要的，而妳很清楚，咖啡會使我們正經、嚴肅，並且冷靜。

這些提及咖啡的段落被認為是以他們交友初期的一樁事件為根據，當時梵尼籍家族由都柏林旅行到倫敦，凡妮莎意外地在某家旅館的火爐邊把她的咖啡潑灑出來，這被史威夫特認為是他們的友誼將日漸增長的預兆。

在從克拉赫寫信給凡妮莎時，史威夫特提醒她：

別忘了，財富是生活中所有美好事物的90%，而健康是剩下的10%──喝咖啡則在很久之後才出現，然而，它是那第11份，但若沒有前兩者，妳也無法正確的飲用它。

在另一封他以滑稽筆調紀念她開玩笑般的揶揄而寫成的信中，他說：

我渴望能邋裡邋遢的喝上 1 碟咖啡，並聽妳催促我告訴妳一個祕密，還有那一句：「喝你的咖啡；你為何不去喝你的咖啡？」

關於咖啡，利‧亨特有非常愉快的事可說，他認為咖啡擁有能激發想像力的魅力，他說這種魅力從未在茶當中被發現。舉例來說：

咖啡，和茶一樣，過去便自成一類正餐後數小時使用的點心飲料；它現在被當做一種消化藥，在用餐或用酒時飲用，有時甚至會不停飲用它，或許消化藥劑本身會被某種叫做 Chasse-Café（一種飲用烈酒後喝的飲料）的飲料消化。我們因滋味口感的緣故而喜愛咖啡更甚於茶。

為了在風味上達到完美（我們並沒有說有益身心健康），咖啡應該要滾燙濃烈，加上一點牛奶和糖。它在歐洲的某些地區已經依循這個方法被飲用，但沒有任何一地的民眾接納它。異國用餐所喜愛的咖啡飲用方式，是加入大量額外的牛奶──在法國被恰如其分地稱為咖啡歐蕾（配牛奶的咖啡）。我們從飲用咖啡這種普及於東方的飲料所獲得的樂趣之一，就是它使我們想起《一千零一夜》的地域，就和吸菸會造成同樣效果的原因一樣；儘管這些飲料被視同與東方風俗劃上等號，但一樣都沒有在那本迷人的著作中出現。它們在《一千零一夜》寫成的時候還沒有被發現；那時的飲料是冰凍果子露。你很難想像沒有咖啡和菸斗的土耳其人或波斯人要如何度日，就和內戰發生前，英國的女士和先生們早餐沒有茶喝一樣。

偉大的形而上學家伊曼努爾‧康德在晚年時，變得極為喜愛咖啡；而托馬斯‧德‧昆西敘述了一件顯示康德對晚餐後咖啡極度急切的小事：

在他餘生最後一年開始時，他開始習慣於晚餐後立刻飲用 1 杯咖啡——特別是那些我恰好和他作伴的日子。而這屬於他的小小樂趣重要性如此之大，他甚至會提前為此事寫好一份備忘錄，寫在我曾送給他的空白筆記本上，記錄隔天我將與他一同進餐，而且必然「要準備咖啡」。有時候因為談話的緣故，咖啡會被遺忘，不過不會太久。他會記得，而且伴隨著老年人的嘮叨抱怨，還有他衰弱的健康狀況都需要咖啡「立刻當場」送上來。

無論如何，準備工作總是已經預先做好；咖啡被研磨好，同時水被煮沸；而在命令下達的那一刻，僕役像箭一般射出地將咖啡投入水中。因此，剩下的就是給它時間滾沸。但這微不足道的延遲對康德來說似乎難以忍受。若你說：「親愛的教授，稍待一會兒咖啡將會送來。」他會說：「將會！只有障礙才將會出現。」然後他會以斯多葛學派的神態讓自己冷靜下來，並說：「好吧，人終有一死；那不過就是死亡；而在另一個世界，感謝老天，沒有咖啡可喝，因此也不用為它等待。」

在終於聽到僕役踏上樓梯的腳步聲時，他會轉向我們，開心地叫著：「陸地，陸地！我親愛的朋友們，我看見陸地了！」

薩克萊（1811～1863 年）八成對茶和咖啡都有許多失望的經歷。在《萊茵河的齊克伯里家》中，他問道：「為什麼搭乘汽船時，他們總是要將泥巴加進咖啡裡？為什麼茶通常喝起來會像煮過的靴子？」

在《亞瑟咖啡館》中，A·尼爾·里昂保留了反璞歸真的倫敦咖啡攤氛圍。「我不願，」他說，「將待在亞瑟咖啡館的一晚與和倫敦最聰明的智者圈相處一星期交換。」該書是短篇故事選集。就像已經記錄過的，哈羅德·柴林在《咖啡攤上的獨裁者》中將這一處別具一格的倫敦場所給戲劇化了。

在霍拉斯·波特將軍的作品《與格蘭特並肩做戰》中，在五十多頁的內容中，有 3 件與咖啡有關的事件。在莽原之役最激烈的深沉咆哮中，我們所受到的款待是：

格蘭特將軍，慢慢地啜吸著他的咖啡……完整的一份讓人鎮靜的軍中飲料……將軍為如此令人精疲力竭的一天，以及接下來類似的每一天，做出寧可單獨用餐的準備。

他拿了 1 根小黃瓜切片，在上面倒了些醋並吃光，除了這個以及 1 杯濃咖啡之外，就沒有別的了……將軍看起來精神很好，甚至想要開開玩笑。他對我說：「我們剛喝過咖啡，你會發現我們留了一些給你。」……我像遭遇船難的水手般津津有味地把它喝掉了。

在抵達費特耶維爾以及 1865 年 3 月的情報交流中，薛曼將軍想從威靈頓那裡最優先得到的補給之一顯然就是咖啡；這難道不是他自己在《回憶錄》中說的嗎？

更明顯的是，在《回憶錄》接近結尾處，由這場浩大戰爭所獲得的經驗果實中，薛曼將軍為咖啡如是說：

咖啡幾乎變得不可或缺，儘管已經找到許多代替它的替代品，例如將玉米像咖啡一樣烘烤、研磨並煮沸，以及用同樣方法處理的蕃薯和秋葵籽。

這些全都被南方邦聯的人們拿來使用，他們已經好幾年都弄不到咖啡了！不過，我注意到女人們經常向我們乞求真正的咖啡，似乎真正的咖啡能滿足某種更為強烈、無法以習慣解釋的天生需求——或者說渴望。因此，我總是會建議將咖啡和糖的配給隨身攜帶，即使在犧牲麵包的狀況下亦然，因為麵包有非常多的替代品。

在喬治‧阿格紐‧張伯倫的小說《家》當中，包含了一段在一個老種植園裡咖啡製作的生動描述，只可能出自對這種飲料的忠實愛好者的筆下。

美國人蓋瑞‧蘭辛逃過了在河中溺斃的命運，而現在迷失在巴西的叢林之中。最終他找到一條通往一個老種植園房舍的道路：

灶臺是用磚石手工砌成的，一個大而深的爐子從厚實的牆上開口。灶臺旁有一名年老的女黑人，用帶著顫抖的慎重態度製作咖啡……

女孩和那長滿皺紋的老女人讓他在桌旁坐下，然後把鬆脆的木薯麵粉做的脆餅乾和冒著熱氣的咖啡放在他面前，

咖啡輝煌的香氣戰勝了這個景象的髒汙，同時通過鼻腔，來到充滿期待的上顎……咖啡裡加了深色、氣味刺鼻的糖漿，未加牛奶，並裝在大碗中上桌，彷彿永遠喝不夠這生命的靈丹妙藥一般。蓋瑞貪婪地狼吞虎嚥，並啜飲咖啡，一開始是拘謹地小口小口喝，接著便貪婪地大口飲用……

蓋瑞嘆口氣，放下了空掉的碗。脆餅乾十分美味。

在《念珠》中，佛羅倫斯‧L‧巴克萊讓一名蘇格蘭女子講述她如何煮製咖啡。她說：

用水罐——它不是你用來製作的器具；它是你用來製作的方法。一切都取決於新鮮，新鮮烘焙、新鮮研磨、新鮮滾沸的水。還有，絕對不要讓它與金屬接觸，將它塞進陶製的水罐中，將沸水直接倒在上面，用一支木頭湯匙攪拌，將它放在壁爐擱架上沉澱 10 分鐘；咖啡渣會全部跑到底下去——雖然你可能沒有想到這一點；然後將它倒出來，香氣十足、濃郁且清澈。

祕訣就是：新鮮、新鮮、新鮮。還有，別吝嗇你的咖啡。

賽勒斯‧湯森‧布雷迪的《咖啡裡的困境》是「一部紐約咖啡市場的驚悚傳奇小說」。

咖啡、杜巴利伯爵夫人以及路易十五在《緋紅色汙漬壕溝》故事的一場戲中領銜主演，如同伊莉莎白‧W‧錢

普尼在她的作品《波旁城堡中的羅曼史》中所講述的一樣。

故事敘述一位德國學徒里森納協助他的師傅奧本，為路易十五設計一張帶有隱藏抽屜的美麗書桌，這張書桌耗費10年，兢兢業業、不曾間斷的勤奮作業才製作完成。

到最後，里森納被他的師傅納為合夥人和女婿——小薇朵兒，那個熱愛坐在平底船上，將她的娃娃在比耶夫爾河水中拖行，看看她的裙擺會被戈貝林工廠的染料變成什麼顏色的小小女孩，當時才只有5歲，而奧本夫人則是23歲。

隨著時間的流逝，里森納愛上了母親，而非已長成一位苗條少女的女兒，女兒的美麗雖不及母親，卻有獨屬於她的可愛美好。

隨後發生了一場爭吵。

年輕的學徒認為師傅應該拒絕 M‧杜普萊斯的建議——杜普萊斯要奧本夫人為放在國王書桌上的燭臺雕像擔任裸體模特兒。里納森在年輕氣盛的狂怒之中離去，並發誓在奧本有生之年絕不回來；奧本則因無法完成這個最重要的傑作而尋短見，在比耶夫爾緋紅色的河水中死去。

奧本並沒有宿敵，但他與里森納的爭吵讓他的遺孀——奧本夫人，對這位學徒的懷疑迅速滋長；因此，當里森納聽聞師傅的死訊，深感自責地回來完成那張書桌時，她斷然拒絕與他見面。書桌上有一尊惟妙惟肖的雕像，是由里森納仿照德沃伯尼爾夫人的形象雕刻而成，德沃伯尼爾夫人是一位狡詐的女帽製造商，她想用這種方式讓自己獲得路易十五的注意。

這個策略十分成功，在書桌被獻給國王之後，我們聲名狼藉的杜巴利伯爵夫人——即從前的德沃伯尼爾夫人——被任命為最新的皇家情婦。

後來，杜巴利伯爵夫人派人去請如今已名聞遐邇的櫥櫃製作商；當她的黑人男侍允許他進入時，他看見路易十五國王跪在壁爐前，在她嘲笑他燙傷的手指時，為她煮製咖啡。里森納被召喚前來為國王演示隱藏抽屜的機關，隱藏抽屜如此狡猾地隱藏在國王書桌內，沒人找得到。但是，里森納並不知道機關的祕密——師傅來不及洩露便已死去。

隨後發生了十月革命。當路維希恩那美麗的樓閣被劫掠時，裡面昂貴的家具被投下塞納河的懸崖；被破壞到幾乎無法修復的國王書桌，被送到戈貝林的工廠獻給奧本夫人，做為對她丈夫手藝的褒獎。

接著，里森納注意到原本隱藏的抽屜已然暴露出來，他在裡頭發現的一封信讓自己免除了殺人罪嫌。那封信出自奧本之手，他在信中暗示自己將因停滯不前而結束這一切。之後里森納迎娶了寡婦，一切都有了快樂的結局。

詹姆斯‧萊恩‧艾倫在《肯塔基歌手》中講述了一個藍草之鄉的傳說，還有一位年輕的英雄如何隨著鳥兒鳴唱的音符找到愛情與解鎖自身天性的鑰匙：

他四下環顧，尋找一棵奇特古怪的樹，如果他足夠幸運將視線落在其中一

株身上，他確信自己不至於盲目到視而不見——那就是咖啡樹。也就是說，他有信心若那樹結出立即可飲用的咖啡，他便能認出它來。他活到現在還沒有喝夠咖啡；在他漫長混亂的全部進食經歷中，從未有一次能讓他隨心所欲地飲用咖啡。曾經，在他更年少的時候，他聽聞某人說，在整個美國的森林中，唯一以肯塔基為名的樹就是肯塔基咖啡樹，他立刻感受到想要祕密造訪森林那個角落的渴望。

帶著他的杯子和幾塊糖，坐在巨大的樹枝下，在咖啡滴下時接住……沒有人會阻止他……他終於能想喝多少就能喝多少……肯塔基咖啡樹——大自然中他的最愛！

約翰‧肯德里克‧邦斯在《咖啡與巧談妙語》中，敘述了一些被縱容在寄宿公寓餐桌上發生的有趣小爭執，爭執發生在傻子和客人之間，而咖啡的作用是讓這場爭論變得更為有趣：

「我不能給你另一杯咖啡嗎？」房東太太這麼問道。

「可以的。」校長回答，對房東太太的文法感到頭疼，但因過於有禮而無法讓房東注意到這一點——除了用強調的口吻說出「可以的」之外。

傻子開口說：「你也可以把我的杯子加滿，史密瑟斯夫人。」

「咖啡全都用完了。」房東太太打了個響指回答。

「那麼，瑪麗，」傻子優雅地轉向侍女，「妳可以給我 1 杯冰水。畢竟它和咖啡一樣暖和，而且沒那麼寡淡。」

另一個幽默的短劇場景發生在史密瑟斯夫人的咖啡遭受損失的情況下，和平常一樣，在充滿連篇妙語的早餐桌上，牧師懷特查克先生對他的房東太太說：

「史密瑟斯夫人，今早請幫我在咖啡裡加一點水。」然後他瞄了傻子一眼，加上一句，「我覺得看起來快下雨了。」

「你們在談論咖啡嗎，懷特查克？」傻子問道。

「啊，我不太懂你的意思。」牧師帶著些惱怒回答。

「你好像說看來快下雨了，而我問你，你提到的是不是咖啡，因為我覺得我同意你的說法。」傻子說。

「我確定，」史密瑟斯夫人插嘴說道，「像懷特查克先生這樣文雅有教養的紳士，不會說出這種含沙射影的話，先生。他不是那種會挑剔放在他面前的東西的人。」

「我必須像你道歉，夫人，」傻子有禮地回答，「我也不是那個挑剔眼前食物的人。的確，我習慣避免各種各樣的爭執不和，尤其是與弱者之間的，你的咖啡屬於這個分類。」

咖啡俏皮話和咖啡軼事

咖啡文學中充滿了俏皮話和軼聞趣事。最出名的咖啡俏皮話大概出自於塞

維涅夫人，先前我們已經講述過「拉辛和咖啡會被跳過」這句話如何被誤植為塞維涅夫人所說。伏爾泰在《伊蕾娜》的序言中如此譴責這位友善的書信作家，而已過世的她無法為自己辯駁。

由她其中一封信件中摘錄的文字中，明顯可看出塞維涅夫人一度曾是咖啡飲者：「護花使者相信咖啡能帶給他溫暖，而同時我，如你所知是個傻瓜，已經不再飲用它了。」

拉羅克將這飲料稱為「香氣之王」，它的魅力在添加香草後更為豐富。

埃米爾・索維斯特（1806～1854年）曾說：「咖啡可以說維持了肉體與精神滋養的平衡。」

伊西德・波登說：「咖啡的發現擴展了幻想的疆域，並且為希望提供了更多保障。」

一則古老的波旁諺語說：「對一個老人來說，1 杯咖啡就像是 1 間老房子的門柱──它能支撐並鞏固他。」

賈丁說，在安地列斯群島上，鳥兒啣來的是咖啡花枝，而非柳橙花枝；而當一位女子處於未婚狀態時，他們會說她弄丟了她的咖啡枝。「在法國，我們會說她戴著聖卡特琳娜的頭巾。」

豐特奈爾和伏爾泰，在回覆咖啡是一種慢性毒藥的評論時，都曾做為著名作家被引證：「我認為一定是如此，因為我已經喝了 85 年咖啡，而且到現在還沒死。」

在麥丁格的《德文文法》中，bon mot──意即「慢性毒藥」──一詞被歸在豐特奈爾頭上。

將這所謂的慢性毒藥加諸在豐特奈爾身上似乎挺合理的。伏爾泰在 84 歲時過世。豐特奈爾則活到將近 100 歲，關於他對自己高齡的興高采烈還有一則相關的軼聞。

某一天在談話的時候，一位比豐特奈爾年輕幾歲的女士開玩笑地評論說：「先生，你和我在這世上待了這麼久，就我看來，死神已經忘了我們。」「噓！別作聲！我們要竊竊私語，夫人。」豐特奈爾回答，「這樣更好！別提醒祂我們還在。」

福樓拜、雨果、波特萊爾、保羅・德・科克、泰奧菲爾・哥提耶、阿爾弗雷德・德・繆塞、左拉、科佩、喬治桑、居伊・德・莫泊桑，還有莎拉・伯恩哈特，全都被認為與許多或巧妙或詼諧的咖啡俏皮話有關。

法國外交官兼才子的塔列朗王子（1754 ～ 1839 年），為我們總結何謂 1 杯理想的咖啡。他說那應該「像惡魔般漆黑、像地獄般滾燙、像天使般純淨、像愛情般甜美」。

這段俏皮話被誤植為出自布瑞拉特・薩伐侖。塔列朗還說過：

1 杯用少量優質牛奶調和的咖啡，並不會讓你的聰明才智降低；相反的，你的胃將被它解放，同時，你的腦將不再感到苦惱；它將使你的心靈不受煩惱與憂慮的束縛，而能令其運轉自如。摩卡咖啡溫和的微小顆粒，在不引起過分熱度的情況下，令你的血液激動；負責思考的器官由它接收到共鳴的感覺；工

作變得更為簡單，而你能在不對你的正餐感到焦慮的情況下落座，這將能修復你的身體，並給予你一個平靜、美味的夜晚。

在咖啡飲者當中，俾斯麥親王（1815～1898年）必然名列前茅。他喜歡純粹無摻雜的咖啡。

當普魯士軍隊在法國境內時，某日他走進一家鄉下旅舍，並詢問店主店裡有沒有菊苣，並得到了肯定的答覆。

俾斯麥說：「好吧，拿來給我，所有店裡有的。」店主照做，並交給俾斯麥1罐滿滿的菊苣。

「你確定這是全部了嗎？」這位首相堅決地問道。

「是的，大人，每一顆都在這了。」

「那麼，」俾斯麥將罐子放在自己身旁，「現在去吧，給我煮壺咖啡。」

相同的故事也曾經被拿來講述在1879年到1887年間，擔任法國總統的弗朗索瓦·保羅·儒勒·格雷維（1807～1891年）。

根據法國版的故事，格雷維從不飲酒——即便在正餐時也一樣，然而，他酷愛咖啡。為確保他所飲用的最愛飲料品質無懈可擊，在他力所能及的時候，他總是會自己煮製。

某次，他與一位朋友貝斯蒙特一同受邀，參加由諾瓦謝勒一位馳名的巧克力製造商M·梅尼爾舉辦的一場狩獵派對。碰巧格雷維和M·貝斯蒙特在森林裡迷路了。在試著走出去的時候，他們偶然發現一間小小的酒舖並停下來休息。他們要求一些喝的東西。M·貝斯蒙特發現他的酒好喝極了；但和往常一樣，格雷維不喝。他要的是咖啡，但他很擔心即將送上來給他的咖啡。不過他還是倒了足足1大杯，而以下是他處理的方式：

「你有沒有菊苣？」他對那人說。

「有的，先生。」

「拿一些給我。」

店主很快帶著一小罐菊苣回來。

「這是你們店裡全部的嗎？」格雷維問。

「我們還有一些。」

「把剩下的拿來給我。」

當他再次拿著另一罐菊苣回來，格雷維說：「你還有更多嗎？」

「沒有了，先生。」

「非常好。現在去幫我煮杯咖啡。」

前面已經提過，路易十五對咖啡有極大的熱情，他會自己煮製咖啡。凡爾賽宮的首席園丁勒諾曼德每年培育6磅咖啡專供國王使用。國王對咖啡和杜巴利伯爵夫人的喜愛，導致了一則著名的關於路維希恩的軼事，此事被許多認真的學者認可為事實。此事在1766年，被梅羅伯特用以下方式，在一本誹謗杜巴利伯爵夫人的小冊子裡講述：

國王陛下熱愛煮製自己的咖啡並拋棄了對政事的關注。某日，當咖啡壺放在火上，而國王陛下正專注於其他事情時，咖啡因沸騰而溢出。「噢！法國佬，

注意點！你的咖啡！」那位受喜愛的美人叫道。

查爾斯·瓦岱否定了這個故事。

據說尚·雅克·盧梭某次漫步在杜樂麗宮時，捕捉到烘焙咖啡的香氣。他轉頭看向他的同伴貝爾納丹·德·聖皮埃爾，他說：「這是會讓我高興的香水味；當他們在我的房子附近烘咖啡時，我會趕緊去把門打開，好接受所有的香氣。」這位日內瓦哲學家對咖啡如此熱情，他去世時，「他只差彌留時在手裡拿杯咖啡。」

拿破崙一世的機要醫師巴特茲，毫無節制地飲用大量的咖啡，並稱它是「聰明人的飲料」。

至於拿破崙本人則說：「濃烈的咖啡，而且要夠多，能把我喚醒。它給我溫暖，給我不尋常的力量，給我愉悅的痛苦。我寧願受苦也不想無知無覺。」

愛德華·艾默生講述了以下關於普羅可布咖啡館的故事。某日，M·聖福瓦坐在他在這家咖啡廳裡常坐的位子時，一位國王隨扈軍官走進店中，坐下，並點了 1 杯咖啡，還有牛奶和 1 條麵包捲，還加了句話：「這些能拿來充當我的晚餐了。」

對此，聖福瓦大聲批評，認為咖啡加上牛奶與麵包捲是非常寒酸的一頓晚餐。那軍官出聲抗議。聖福瓦重申他的批評，還加油添醋地說，任何與此相反的說辭都無法說服他這不是一頓非常寒酸的晚餐。軍官於是向他提出挑戰，所有在場的客人也轉換了地點，成為決鬥

的目擊證人，這場決鬥以聖福瓦被打傷手臂劃下句點。

「那真是太好了，」受傷的鬥士這麼說，「不過我請你們做見證人，先生們，我依然深深地相信，1 杯咖啡加上牛奶及麵包捲是一頓非常寒酸的晚餐。」

這個時候，事件的主要參與人都被逮捕，並被帶到諾瓦耶公爵面前，公爵的出席讓聖福瓦等不及被詢問便說：

「閣下，我絲毫沒有冒犯這位英勇軍官的意圖，我一點都不懷疑這位軍官是一位可敬之人；但是，閣下永遠不能阻止我斷言 1 杯咖啡加上牛奶及麵包捲是一頓非常寒酸的晚餐。」

「嗯……的確是。」公爵說道。

「那麼我就不是過錯方，」聖福瓦堅持，「而且 1 杯咖啡……」

聽到這幾個字眼，地方法官、違法者，還有聽眾爆出哄堂大笑，對立的兩人立刻成了熱情的友人。

博斯韋爾在他的作品《約翰生傳》中，講述了一位曾出身舊日貴族階級，但如今處於卑微境地的年老騎兵德·馬爾他的故事。

他身處於巴黎的一家咖啡館，此處還有「因其圖形及色彩而享有盛名的戈貝林偉大繡帷製作者——朱利安」。這位老騎兵的馬車十分陳舊。朱利安用粗俗傲慢的態度說：「我想，先生，你最好將你的馬車重新上漆。」

老騎兵憤怒地蔑視著他，同時回答：

「好吧，先生，你可以把它帶回家並為它染色。」

「整個咖啡館都因朱利安的慌亂而高興。」

英國牧師兼幽默作家西德尼·史密斯（1771～1845 年）曾說：「如果你想增進你的理解力，喝咖啡吧；它是聰明人的飲料。」

我們的同胞威廉·迪恩·豪威爾斯向這飲料致敬：「這咖啡令人沉醉但又不至於使人情緒激動，輕柔地撫慰你遠離乏味的嚴肅莊重，讓你思考和談論所有你曾經歷過令人愉快的事。」

已故哈定總統的妻子偏愛咖啡更勝於茶。白宮的午間訪客可以選擇來杯茶做為茶點飲料。不過，儘管茶對訪客來說是隨傳即到，哈定夫人總是會為那些和她有同樣偏好的人送上咖啡。

威爾·艾爾文講述了一個關於已故將軍——休·斯科特的故事，故事中的咖啡在一場印第安人叛亂中扮演了明星的角色。

居住在美麗山脈中的納瓦荷印第安人當中，出現了一位巫醫先知，有點像西南方的坐牛（歷史上最後一位印第安酋長），他的指導靈告訴他，諸神將降下洪水將白人盡皆淹沒。洪水會填滿山谷，升高到幾乎達到山峰最頂端。納瓦荷人必須撤離到高山上去。

當洪水消退，白人將全部死去而整個國家將不再乾旱。另一個黃金時代將隨之而來，納瓦荷人在這時代將蒙福且富足，是世界之主。他的追隨者與日俱增。他們狂熱地舞蹈，而有一日他們成群結隊艱苦跋涉，集體遷徙到美麗山脈的峰頂，他們在那裡靜坐等待。

這些狂熱分子大半是男性。女性留在家中照看她們的紡織工作；這群留下的人被忽略，而饑荒的徵兆隱約可見。非法槍枝和軍火彈藥開始送到美麗的山脈。政府派出斯科特將軍；他對納瓦荷人瞭若指掌，他知道咖啡是他們的軟肋，他們並不喜歡酒精。當一家之主在貿易站賣掉妻子織的毯子，他通常會買 1 磅咖啡和一點點糖。女人們會在特殊場合送上咖啡。

斯科特將軍向美麗山脈行進，探查他能採取些什麼行動。2 或 3 個騎馬的勤務兵，還有一小隊載著補給的騾子與他同行，這些人最後帶了 20 磅咖啡、相對應分量的糖、幾箱濃縮牛奶、幾個大型咖啡壺和許多錫製套杯。他們在打著休戰旗幟的情況下到達，斯科特將軍混雜了英文、納瓦荷語和手語對印第安人喊話。他表示，他和他帶來的人必須要求他們的招待。這要求看來並不合理，因為他知道他們的糧食即將告罄。他們會不會想要來杯咖啡？

原始的熱情點亮了納瓦荷人的雙眼。50 名印第安人立刻衝去生火，他們喝了 1 杯、再 1 杯、又 1 杯，而甜美的平靜降臨在他們的心靈。他們的心胸向白人敞了開來，他們聆聽著他的論據。在夜幕降臨前，斯科特將軍馳騁在通往希普羅克峰的小路上，而跟在他後方行進的，是仍處於精神安寧狀態、最近才發動叛亂的納瓦荷主力。

老倫敦咖啡館的趣聞

數量眾多關於十七世紀和十八世紀倫敦咖啡館常客們的軼事趣聞若被記錄下來，八成能集結成一本相當厚的書。

辭典編纂者山繆・約翰生（1709～1784 年）是他那個年代最忠誠的咖啡館常客。在他四處走動時，他巨大、笨拙的身影與陪同他的追隨者——年輕的詹姆斯・博斯韋爾——是一幅常見的景象。當時的博斯韋爾正為了取悅未來世代，開始在他的著作《約翰生傳》中書寫關於約翰生的事蹟。此人在智力和道德上的怪癖，在咖啡館中找到自然流露的管道。

當他們在位於柯芬園的湯姆・戴維斯書店初遇的時候，約翰生時年 54 歲，而博斯韋爾只有 23 歲。這個故事被博斯韋爾用極度的詳細和獨有的天真爛漫講述如下：

戴維斯先生提到我的名字，並恭敬地將我介紹給他。我相當激動，同時記

約翰生博士在柴郡乳酪咖啡店的座位。

起了我聽過無數次、他對於蘇格蘭人的偏見，於是我對戴維斯說：「別告訴他我是從哪兒來的。」戴維斯卻惡作劇地大喊：「從蘇格蘭來的」。

「約翰生先生，」我說，「我的確是來自蘇格蘭，但對此我無能為力。」我一廂情願地自以為我提起這一點當做是小小打趣一番，來安撫和博得他的好感，而不是以我的國家為代價所做出的屈辱自謙。

不過不管怎麼樣，這番說詞在某種程度上並不順利，因為他用十分出色的敏捷反應抓住了那句「來自蘇格蘭」；我使用的這個說法，在某種意義上來說代表我屬於那個國家，而他以一種好似我已經遠離或背棄它的方式反駁：「我發現，先生，那是很多你的同胞都無能為力的事。」

不過，沒有什麼能讓博斯韋爾卻步氣餒，他在 1 星期內前去約翰生的私室拜訪。這一次，他被要求留下。3 週後，博士對他說：「在你力所能及的時候儘量多來找我。」從那之後的 2 星期內，博斯韋爾為這位偉人勾畫出他自己一生的速寫，而約翰生興奮地大叫：「把你的手給我；開始喜歡你了。」

當人們開始詢問「跟在約翰生腳邊的那條蘇格蘭惡犬是何方神聖？」時，戈德史密斯回答：「他不是惡犬；他不過是附在別人身上的芒刺。湯姆・戴維斯開玩笑地把他扔到約翰生身上，而他具有黏附的功能。」

一段最為奇特的友誼因而萌芽，從

這段友誼關係，發展出所有文學作品裡最令人愉快的自傳。博斯韋爾對文學經歷的興趣，以及約翰生在文學方面的變幻無常，於這段在老倫敦小旅館與咖啡館的波希米亞主義中獲得極大滿足的情誼中交匯。博斯韋爾如此描述這位以這種方式生活的古怪博士的觀點：

我們今天在位於禮拜堂的一家棒極了的小旅館用餐，約翰生先生對英國咖啡館和小旅館發表意見，他評論說英國在某一方面是勝過法國的，那就是法國並未完成小酒館生活模式。那裡沒有像在重要城市中的小酒館一樣，可以讓人們度過愉快時光的私人會所（他說的），要有十分大量、充足的好東西、十分豪華、十分優雅、十分有每個人都應該安逸放鬆的渴望；當然，它是無法做到這種程度的：必然總是會有一定程度的煩惱和急切。

店主人急切於娛樂他的客人；客人急切地對店主表達贊同；而除了十分放肆無禮的流氓以外，沒有人能毫無拘束地控制他人家中的所有物，就好像是自己的一樣。反之，在小酒館中，有著一種因急切渴望而生出的自由。你確定自己是受歡迎的，而且你製造愈多噪音、帶來愈多麻煩、要求愈多的好東西，你就愈受歡迎。沒有任何僕役會像侍者一樣欣然為你服務，他們會被能立即獲得令他們滿意的報酬所激勵。

不，先生，還沒有任何一項由人所設計策劃的造物，能創造出如一間好的小酒館或小旅館所能製造的如此多的快

樂。他隨後以極豐沛的情感，重複了尚斯頓的詩句：

「無論誰在乏味人生中四處遊歷，無論他可能處在人生的何種階段，也許嘆息著想他依舊能夠在旅館，找到他最溫暖的歡迎。」

耐心地鑽研約翰生流派會收獲許多關於這位瘋狂哲學博士的軼事趣聞，以及那些以把他的天才翻譯給全世界為樂的忠實報導者。

博斯韋爾是個酒鬼，但約翰生坦承自己是一個「根深蒂固而且厚顏無恥的飲茶人士」。當博斯韋爾為了讓約翰生戒除那更強烈的飲料，博士回答：「先生，如果他能維持適量節制，我並不反對一個人飲酒的行為。我發覺自己有極端的傾向，而因此，在一段時間沒喝它的情況下，由於疾病的緣故，我認為最好不要恢復飲酒。」

另外有一次他說到茶：「這是多麼令人愉快的飲料啊，當他們在早餐時不能吃任何其他東西時，它每次都能讓所有口味都得到取悅。」

約翰生早年有一位不情願的弟子戴維·加里克。在這位演員變得出名而被自己的成功沖昏頭之後，他就非常習慣用模仿約翰生博士的怪相「讓滿座哄堂大笑」。

有一則故事是說，在某一場加里克和約翰生都獲邀參加的晚宴派對上，加里克沉溺於講述一個關於這位偉人的餐桌禮儀的粗俗笑話。當笑鬧聲平息下來之後，約翰生博士嚴肅地站起身來說：

老公雞旅舍咖啡室裡的壁爐。

「先生們，從加里克先生認為適合的對待我之方式看來，無疑地，你們必然會假設我是他的熟人；但我可以向你們保證，在此處遇見他之前，我只見過他一次——而且隨後我便為看見他付出了 5 先令。」

某個諂媚的人士為了拍約翰生的馬屁，開始對每件他說的事情發出響亮又持續的笑聲。約翰生的耐心終於耗盡，在一次特別令人不愉快的噴笑之後，他轉頭對那名沒禮貌的人說：「拜託你，先生，怎麼回事？我希望我還沒說出任何你能理解的事！」

由於生理和心理的缺陷，約翰生博士並不是很好的社會動物。然而，在他的幽默感被取悅時，他也能是位騎士，因為他的心靈能戰勝全部的殘疾。

還曾有一次，當一位女士正帶著約翰生博士在花園遊逛，並為無法將某種特定花卉培養到盡善盡美的狀態而表達遺憾時，他勇敢地迎接了這個挑戰，執起了那位女士的手並說：「那麼夫人，請允許我為那花帶來完美。」

再一次，當偉大的英國悲劇女演員西登斯夫人前往約翰生博士的私室拜訪他，而僕役卻未能即時為她搬來椅子的時候，他利用此事展現了他的機敏：「妳看看，夫人，不管妳去哪裡，都沒有妳的座位！」

約翰・湯瑪斯・史密斯在他的《倫敦街頭古文物隨筆》（1846 年）中講述了喬治・埃斯里格爵士生平中一椿有趣的事件，這位劇作家在當代劇作家經常光顧的洛克小店有一張不停增加的帳單，他發現自己無力支付，開始停止在該處出沒。洛克太太因此派人前去討債，並用如果不付錢就要起訴他來威脅他。喬治爵士回話說如果她攪和進這件事情，那他就會吻她。

收到這樣的回答讓這位良善的女士相當惱怒，她取來自己的兜帽和披巾，並告訴她那介入調停的丈夫，她「倒要看看有沒有任何還活在世上的人會有這麼厚的臉皮」。

「拜託！我親愛的，別那麼急躁，」她的丈夫說，「一個男人在盛怒之下會做出什麼是很難預料的。」

被約翰生寫進他著名作品《詩人生涯》中的英國詩人兼約翰生的友人——

理查德・薩瓦奇，因 1727 年在羅賓遜咖啡館的一場醉酒鬥毆中殺害了詹姆斯・辛克萊而遭到逮捕。薩瓦奇被判有罪，但藉著哈特福女公爵的求情，險險地逃過了死刑判決。這場審判最主要的特點是佩吉法官向陪審團陳述的驚人指控，這位法官因為其嚴苛的措辭和對絞刑的熱愛而受到了懲罰——在波普詩文中留下了遺臭萬年的壞名聲。

控告內容如下：

諸位陪審團的先生們！你們將要考慮薩瓦奇先生是一位非常偉大的人，比你我都還要偉大的人，諸位陪審團的先生們；他的穿著十分精緻，比你我的衣著要好太多，諸位陪審團的先生們；他口袋中有充足的金錢，比你我擁有的財富更多，諸位陪審團的先生們。但是，諸位陪審團的先生們，這並不是一件特別困難的案子，諸位陪審團的先生們，那麼薩瓦奇先生應該殺死你或我嗎？諸位陪審團的先生們！

亞伯特・V・拉利製作了一份老倫敦咖啡館軼事趣聞的合集。以下是其中部分內容：

這個故事是講述理查德・斯蒂爾爵士如何在巴騰咖啡館被要求在一場有趣的爭論中，做為兩位未具名辯論者的仲裁人。

兩位辯論者在宗教方面發生了一些

老公雞旅舍咖啡室裡的晨間八卦。

爭論。其中一位說：「我懷疑，先生，你是否應該談到宗教，我用 5 基尼打賭，你不會向上帝祈禱。」

「成交，」另一個人說，「理查德·斯蒂爾爵士將保管賭注。」

錢被寄存好後，這位紳士以下面這段話做為開頭，「我相信上帝。」並且順暢的說出了教義。

「好吧，」當他說完教義，另一位先生說，「我沒想到他能做到。」

此外，還有一則關於著名法官尼古拉斯·培根爵士的故事，他遇到一位胡攪蠻纏的罪犯，要求法官看在親戚關係的面子上饒他一命。

「怎可如此？」法官詰問他。

罪犯回答：「因為我的名字是哈格（字義為豬），而你的則是培根；豬和培根是如此接近的同類，它們根本無法被分開。」

「好吧，」法官乾巴巴的回答，「可是你和我不可能有親緣關係，因為直到豬被好好的吊起來才能成為培根。」

在另一時刻，一名緊張兮兮地在同一位法官面前答辯的出庭律師，以重複不斷提及他「不幸的客戶」做為開場。

「請繼續，先生，」法官說道，「目前為止，整個法庭都站在你這邊。」

關於強納森·史威夫特，據說有一位用特別的誘因試圖說服他接受一場晚餐邀約的男士說：「我會寄我的車馬費帳單給你。」

「你還不如把你的伴遊費帳單給我。」史威夫特反駁，充分顯示他對事實真相的欣賞：不是吃了什麼，而是那些前去用餐的人，才是構成一場好的晚宴更為重要的部分。

某次，「令人敬畏的傑弗里斯法官」正在最高法院面前審訊倫敦主教湯普遜時，如同坎貝爾在他的著作《大法官閣下的生活》中描述的，那位高等教士抱怨他沒有起訴書副本。傑弗里斯對這個藉口的回答是：「只要 1 便士，所有的咖啡館裡都可以買到。」這個案件在間隔 1 週後繼續開庭審理，主教再度抗辯，由於他還是在取得必要文件上有困難，因此依舊毫無準備。傑弗里斯不得不再一次休庭將案件擱置，而且在這麼做的同時，戲謔地道歉說：

「閣下，」他說，「在我告訴你，在每一間咖啡館都能看見我們的委員會成員時，我沒有任何暗指你常泡在咖啡館，而為你的貴族地位招致非議的意圖。我對此想法深惡痛絕！」

由於法官曾經一度明確地對抗他曾經不遺餘力支持的黨派和主義，他從前也將某些事情歸功於那如今他與之針對，發出之最後一擊的機構。

這個故事被羅格·諾斯敘述，並且被坎貝爾複述：「在他被叫到酒吧去之後——他通常會坐在咖啡館中，並命令他的男僕前來，同時對男僕說，在他私室中有那麼一群跟著他前來的人；對此他會氣呼呼的說：『讓他們等一會兒，我等一下就過去。』如此完成一場日常工作的演出。」

在他的作品《倫敦的俱樂部及俱樂部生活》中，約翰・提布斯收錄了許多老倫敦咖啡館的軼事趣聞和故事，以下是其中一則：

位於康希爾交易巷，著名的加拉維咖啡館有三重名氣：第一重，此地是英國第一個販售茶的地方；第二重，這裡是南海泡沫事件的年代，最好的休閒娛樂場所；其三，此地後來成為重要商貿交易進行的場所。這家店的原始店主是菸草商兼咖啡師湯瑪斯・加威，他是第一位零賣茶的人，把推薦茶做為所有疾病的的治療方法。

《布列塔尼亞》一書的編纂者奧格比從 1673 年 4 月 7 日開始，在加威先生的咖啡館中就有自己的常設書籍抽獎攤位，直到書全都被抽走為止。同時，在 1722 年的《英格蘭之旅》中，加拉維咖啡館、羅賓咖啡館和喬咖啡館被說成是 3 家馳名咖啡館：「第一家店裡的顧客，是在城市裡有一番事業的上流人士，經常光顧的是最重要且富有的市民。第二家店的客人是外國銀行家，甚至常常還有外交使節。而第三家則是股票買賣雙方常光顧的店。」

加拉維咖啡館。1673 年，加拉維咖啡館以「蠟燭拍賣」的方式出售酒類，蠟燭拍賣就是在 1 支 1 吋長的蠟燭燃燒的同時進行競價的一種拍賣形式。在第一四七期的《閒談者》中提及：「在昨晚回家時，我發現了留給我的禮物是非常大量的法國酒，聞起來有 216 大桶，

即將以一大桶 20 英鎊的價格在交易巷的加拉維咖啡館販售。」

然而，所謂的蠟燭拍賣並非以蠟燭照明進行的拍賣，而是在白天進行的。拍賣一剛開始，拍賣商會將拍品的敘述，以及拍品處理的狀況唸過一遍，此時一根通常是 1 吋長的蠟燭會被點燃，而在燭光熄滅的瞬間，最後喊價的投標人便會被宣告為得標者。

史威夫特在 1721 年的作品《南海騙局之歌》中並未忘記加拉維咖啡館：

在那裡，有個吞沒千人的海灣，
此處是所有大膽冒險者踏足之處，
一道細窄的海峽，
儘管深如冥府，
交易巷即那可怕的名字，
這裡漂盪的用戶數以千計，
互相將彼此推擠向下，
每個人划著自己漏水的船，
他們在此垂釣金錢並溺斃。
如今埋葬在海底深處，
如今再次登上天堂，
他們往復來回地捲線並躊躇而行，
全然不知所措，如同醉酒之人。
與此同時安然待在加威的峭壁上，
是靠著海難船為生的蠻族。
靜臥等候沉沒的小艇輕舟，
並將死者屍體洗劫一空。

南海騙局中的一位急躁投機者約翰・雷德克里夫博士通常會在接近交易時間時，站在加拉維咖啡館的一張桌子前，一動也不動地觀察市場的變化；此

處是在他有力的競爭對手愛德華‧漢內斯博士的男僕走進加拉維咖啡館，並趾高氣昂地詢問漢內斯博士是否在場時，落座的地方。被幾個藥劑師和外科醫師包圍的雷德克里博士大叫道：「漢內斯博士不在這裡！」同時，想要知道「是誰找他？」。同伴們的回覆是「有其主必有其僕」；但他把這句乾巴巴的指責當真了，「不，不，朋友，你弄錯了；那位博士需要那些老爺。」雷德克里夫的其中一項冒險之舉，是投進南海計畫的5000基尼。當他在加拉維咖啡館被告知他的投資全都付諸流水時，「哎呀，」他說，「這不過就是要再多走5000段樓梯罷了。」湯姆‧布朗說，「這個答案值得為他立一尊雕像。」

喬納森咖啡館。喬納森咖啡館是另一家交易巷咖啡館，在第三十八期的《閒談者》中，此咖啡館被描述成「股票經紀人的傳統市場」，而第一期的《旁觀者》則告訴我們，愛迪生「在喬納森咖啡館的股票經紀人聚會中，有時候會被誤認為是猶太人」。

此處是他們的集結地點，這裡進行著各式各樣的投機事業，儘管先前有過一道由倫敦市政府所頒佈，禁止股票經

「在旅館找到他最溫暖的歡迎」，今日的喬治旅舍保留了一部分的老迴廊，原始的迴廊能以典型「狄更斯旅舍」風格完全圍繞住天井。訪客可以想像皮克威克先生從其中一間臥室的門後出現，並朝天井裡的山姆‧韋勒打招呼。在一樓的老式咖啡室裡，你仍然能在被圈起來的長凳上用餐。

紀人聚會的禁令，這道禁令直到 1825 年才被撤銷。

彩虹咖啡館。第十六期的《旁觀者》注意到艦隊街的彩虹咖啡館有一些同志常客：「我接到一封想要我對現在流行的小暖手筒好好諷刺一番的信件；另一封信則是告知我，最近在艦隊街的彩虹咖啡館已經看過一對扣在膝蓋下方的銀色吊襪帶。」

劇作家蒙克里夫先生過去曾講述，在大約 1780 年，這間咖啡館是由他的祖父，亞歷山大‧蒙克里夫所經營，當時它保留了「彩虹咖啡館」的原名。

南多咖啡館。位於艦隊街內殿巷 17 號的南多咖啡館，會被某些人錯認成 16 號的 Groom 咖啡館，是瑟羅閣下一頭栽進執業律師這一行業之前，最愛的流連之地。

這家咖啡館聚集了一群被此地有名的潘趣酒及老闆娘的魅力而吸引來的懶漢，用上一點小機智，老闆娘在下班和上班的時候都確實被愛慕著的。其中一晚的討論主題是：道格拉斯－漢密爾頓公爵名聞遐邇的訴訟，當瑟羅出現時，有人半認真的建議要任命他為初級出庭律師，而這提議也真的被付諸實行。這項任命致使瑟羅與昆斯伯里公爵夫人相識，伯爵夫人立刻看出瑟羅的價值，並向伯特公爵推薦，設法以一襲絲質長袍得到他的效勞。

迪克咖啡館。艦隊街 8 號的迪克咖啡館（南側，靠近聖堂酒吧）原本叫「理查德」咖啡館，來自於理查德‧特納——或透納——之名，他在 1680 年承包了這家咖啡館。當古柏居住在聖殿區時，經常光顧理查德咖啡館。在對自己的瘋狂提出解釋時，古柏告訴我們：

我在早餐時閱讀報紙，其中有一封讀者投書，我愈是細讀那篇投書，我的注意力便愈加緊密地被吸引。我現在想不起來這篇投書的主旨，但在我讀完之前，它對我來說確實是針對我的一篇誹謗或諷刺的作品。作者看起來對我自我毀滅的目的十分熟悉，而且應該是故意寫下那封信，好加速我自我毀滅的執行。或許，我的頭腦在這個時刻已經開始混亂失調；無論事實如何，我確實熱中於一個強烈的錯覺。

我暗自思忖：「你的殘酷行為將獲得滿足；你將得以復仇。」並勃然大怒地將報紙丟下，我匆忙衝出房間；直直地向著田野奔去，我打算在那裡找尋能讓我死在裡面的房子；或者，如果沒有的話，我決定在水溝裡服毒，我能在田野裡找到一條足夠僻靜的溝渠。

洛依德咖啡館。洛依德咖啡館是同類型企業中最早創立的，它在 1700 年出版的詩〈富有的店東〉（或〈樂善好施的基督徒〉）被提及：

現在前往他從未缺席的洛依德咖啡館，
去閱讀信件，並去參加拍賣。

1710 年，斯蒂爾（《閒談者》，第二四六期）從洛依德咖啡館開始，為他的咖啡館雄辯家與報販請願書追本溯源。

而愛迪生在 1711 年 4 月 23 日的《旁觀者》中敘述了此滑稽可笑的事件：

自一件非常奇特的事件發生在我身上，已經過了 1 星期，起因於我偶然落在洛依德咖啡館的這些瑣碎文章之一，洛依德咖啡館是拍賣舉行的地方。在我發覺文稿遺失之前，有一群在咖啡館的人發現了它，而且被它轉移了注意力。在我注意到他們在做什麼之前，那篇文章就已在他們當中引發了哄堂大笑，以至於我沒有勇氣承認那是我的文章。

當他們看完那篇文章，咖啡館的侍童將它拿在手上隨身攜帶，詢問每個人他們有沒有遺失 1 張寫著字的紙；不過沒有人承認，侍童被那些細讀過文章而興高采烈的紳士們要求站上拍賣臺，對著整個房間將它讀出來，看看有沒有誰會站出來承認是自己寫下了這份文稿。

侍童於是爬上拍賣臺，並用非常讓人聽得見的聲音唸出那篇文章，這讓整間咖啡館都十分歡樂；有些人斷定這是由一個瘋子所寫的，其他人則認為是某人做為《旁觀者》的人在做筆記。

在讀完文章後，那位侍童由拍賣臺走出來，旁觀者（愛迪生）伸出手來要侍童將文章給他；於是侍童照辦。這把所有客人的目光都吸引到旁觀者身上；但在投以好奇的一瞥、迅速瀏覽之後，他在閱讀時搖了兩、三次頭，他將它扭成一團，並用它點燃了自己的菸斗。

「我全然的沉默，」旁觀者說，「連同我不變的神色，還有在整場交易中，我認真嚴肅的行為，在我的四周引起了非常響亮的嘲笑；然而，在我逃離了所有懷疑我是作者的嫌疑之後，我感到十分的滿足，為我自己要了 1 支菸斗和 1 份《郵務員》，不再注意在我周遭變化的任何事。」

士麥那咖啡館。位於帕摩爾的士麥那咖啡館，在安妮女王統治時期，因能在每天傍晚看見從火爐左側一路排到門口的「那群聰明腦袋」而聞名。以下刊登在第七十八期《閒談者》中的通告十分有趣：「這是給倫敦市和西敏市內外所有足智多謀的紳士們的通知，想要在音樂、詩歌和政治等高貴的科學獲得指導的人，他們都湧進了帕摩爾的士麥那咖啡館，在晚上 8 點到 10 點之間，他們會在那裡接受全部或任何一種上述技藝的免費指導，加上關於那些技藝『口耳相傳』的詳盡文章。」

聖詹姆斯咖啡館。聖詹姆斯咖啡館從安妮女王統治時期直到喬治三世執政末期，都是著名的輝格黨咖啡館。它是聖詹姆斯街西南角倒數第二家店，在第一期的《閒談者》中被如此描述：「你能從聖詹姆斯咖啡館獲得國內外的新聞。」它也出現在之前從《旁觀者》引用的段落。史威夫特經常造訪聖詹姆斯咖啡館——寄給他的信件會被留在此地；在他給斯特拉的日記中，他說：「我遇見哈雷先生，他問我，我獨享學到的寫作技巧多長時間了？他從放在咖啡館的玻璃盒中看到你的信件，而他願意發誓那出自我的手筆。」

為表現在聖詹姆斯所觀察到的秩

序和規律性，我們或許可以引用附加在二十五期《閒談者》中的一則廣告：「為預防所有在鎮上另一側、1週只造訪聖詹姆斯咖啡館1次的紳士們當中可能發生的所有錯誤（不論是對僕人的誤稱，或是向他們要求實際上並不在他們管轄範圍內的東西），此文是為了向大眾公告，做為偏遠地區顧客債務保管人兼未付款霸王客之觀察者的基德尼已經辭去了職務，由約翰・索頓接替；通訊門房和首席咖啡磨豆師由威廉・比爾德升任；而山繆・伯達克以擦鞋匠的身分加入前述比爾德的房間。」

不過，聖詹姆斯更讓人難以忘懷的是做為戈德史密斯的著名詩篇〈復仇〉的發源之地。這首詩歸屬於一個由有才識之人組成的臨時社團，其中有些人是偶爾一起在這裡用餐的俱樂部成員。

威爾咖啡館。威爾咖啡館是巴騰咖啡館的前身，而且甚至比巴騰咖啡館更為出名，由威廉・艾爾文負責經營。一開始它的店名是紅牛，然後是玫瑰，我們相信，它就是在《閒談者》第二期裡，在一則令人愉快的故事中，被拐彎抹角提到的同一間咖啡館。「晚餐和友人在玫瑰咖啡館等待著我們。」

迪恩・洛基爾留下了以下他在威爾咖啡館與首席天才（德萊頓）會談的逼真畫面，他說，自己第一次來到城裡時是17歲：

是個有著粗硬短髮、長相古怪的男孩，帶著那種剛走出鄉下時，總是會一起帶出來的笨拙。無論如何，不顧我的

覷覷與外表，過去我偶爾曾衝進威爾咖啡館，享受見到當代最聞名智者的樂趣，那時他們都在此地休閒娛樂。

在我第 2 次前去的時候，德萊頓先生正一如既往地說起他自己的事情——特別像是那些最近被出版的。「如果有任何好事發生在我身上，」他說，「那就是〈弗雷克諾之子〉，而且我因此對自己的評價更提高了一些，因為這是第一首以英雄詩體寫成的諷刺詩。」

在聽到他這麼說時，我努力振作起精神，用剛好足夠被聽見的音量說：〈弗雷克諾之子〉是一首非常好的詩，不過我不認為它是第一首以那種方法所寫作的詩文。」聽到我這麼說，德萊頓出其不意地轉向我，似乎對我的插話感到驚奇；他問我「跟詩歌藝術打交道」有多久了；還帶著微笑加上一句：「懇請你告知，先生，你究竟想像了些什麼讓你覺得曾經如此寫作過？」

我說出布瓦洛的名字以及他所作的〈唱讀臺〉，還有我讀過的塔索尼所作的〈被綁架的水桶〉，而且我知道德萊頓的某些寫作手法是從這兩者當中借鑑來的。「確實如此，」德萊頓說，「我把它們給忘了。」一會兒過後，德萊頓走出去，在他離開的同時，他再度跟我說話，而且希望我隔天能再次前來並探望他。我對這邀請感到非常欣喜；因此應邀前去看他；而且從此以後，於他在世期間與他徹底熟稔起來。

威爾咖啡館是誹謗文字和諷刺文章的自由市場。有個叫做朱利安的醉鬼是

威爾咖啡館的典型常客，而華特・史考特爵士對他和他的職業做出以下敘述：

講到寫作諷刺文章的一般操作，以及讓作者在隱身於幕後的同時，想出某些做法讓醜聞八卦四散傳播的必要性，促使朱利安創辦了他的獨立事務所；他自稱是繆思女神的祕書。

這位仁兄會出現在威爾咖啡館，如同它的名字——智者的咖啡館；並在經常光顧該地的常客群中，散佈將諷刺文章以放蕩方式表現的抄本，這些文章都是由作者私下傳達給朱利安的。馬龍先生說：「他被形容成一個醉鬼，還一度因一椿誹謗罪遭到監禁。」

皮普斯有一晚去接他的妻子回家，他中途停在柯芬園，造訪他從未去過的「那偉大的咖啡館」——他是這麼稱呼威爾咖啡館的。他補充說：「詩人德萊頓（我在劍橋認識的）、城裡所有的聰明人、祈禱者哈里斯，以及我們學院的霍爾先生，都在那裡。而假如我當時或其他時間有空的話，前去那裡會是一件美好的事，因為在我的意識中，那裡有著機敏而令人愉快的交談。但我不能在此耽擱，而且因為時間已晚，他們也全都準備離開了。」

愛迪生每一天都過得千篇一律，和德萊頓的生活方式很相似。德萊頓利用早上的時間寫作，在家中用餐，隨後前往威爾咖啡館，「只不過他晚上比較早回家。」

這種對德萊頓的尊敬崇拜讓非常年少的波普留下深刻印象，以至於他說服一些友人帶他到威爾咖啡館去，而且對於他可以說自己已經見過德萊頓這件事感到非常欣喜。查爾斯・沃根爵士也提到穿著時髦、來自溫莎森林的波普，並在威爾咖啡館引見。後來波普描述德萊頓為「一個有著消沉外表的直率之人，而且並不十分善變」。同時，西伯也只能說：「但他所記得的，就是他是個體面的老先生，威爾咖啡館裡重大爭議的仲裁者。」

波普歌頌道：「在威爾咖啡館接受德萊頓教導的少年斯泰爾斯！」

德萊頓已經在他不同作品序言中提及，對他劇作的絕大多數不友善評論，似乎都是在他最愛的流連之處——威爾咖啡館中——寫成的。

1679 年的冬天，在他於玫瑰街被 3 個受雇於羅徹斯特伯爵威爾默特的人用棍棒毆打時，大家普遍都以為德萊頓會從威爾咖啡館回到他位於爵祿街的住家。

值得注意的是，史威夫特習慣用貶抑的口吻談論威爾咖啡館，就像在他的〈詩的狂想〉中一樣：

隔天務必要在威爾咖啡館，
舒適地蜷在那裡，
並聽聽評論家們怎麼說；
而若你發現，
大眾流行宣告你是個愚蠢的惡棍流氓，
將你的所有思想貶抑為：
低級且微不足道，
靜靜坐著，
並吞下你的口水。

史威夫特看輕威爾咖啡館的常客，他曾說，他這輩子聽過最糟糕的對話就是在過去智者（像他們自稱的一般）曾經聚集的威爾咖啡館；也就是說，5 或 6 個曾寫過劇作或至少寫過序幕的人，或在一本雜集中佔了部分篇幅的人，會來到此處，以一種如此重要、彷彿他們是人類本性最高貴之成就，或帝國命運繫於他們身上的神態，用他們微不足道的平靜沉著彼此娛樂。

在第一期《閒談者》中，詩歌藝術被歸類在威爾咖啡館的文章之下。但此處在德萊頓的時代之後已然發生改變：「過去你遇見的每個人，手裡都會拿著歌曲、雋語，還有諷刺作品，而現在你只能看見一盒撲克牌；沒有了對情緒表達轉換、風格優雅與否，以及類似的吹毛求疵，取而代之，博學之士如今只會對競賽的真相發生爭論。」「過去，我們曾在戲劇演出當下及表演過後坐在此地，但現在的娛樂的方向已經轉變。」

有時旁觀者（愛迪生）會被看見「把頭塞進威爾咖啡館內的一圈政治人物中，並極為專注地聆聽發表在這些小圈子裡的講述」，然後做為例證，除了那些在某種程度上可能相當自命不凡的以外，我們沒有任何一位人類社會的成員，「彷彿他前來威爾咖啡館是為了寫出一句戒指上的題詞。」而且，「在威爾咖啡館待命的門房羅賓是城裡安排住宿地點最好的人選：這傢伙有著細瘦的身材、快捷的腳步、嚴肅的外表、足夠的判斷力，而且對這座城市知之甚詳。」

在德萊頓於 1701 年去世之後，威爾咖啡館依舊持續做為「智者的咖啡館」大約 10 年之久，就如我們在內德・沃德的敘述，以及 1722 年的《英格蘭之旅》中可看到的。

波普帶著深切的喜愛加入社團，並企圖獲得城裡智者及咖啡館評論家的信件。亨利・克倫威爾先生是波普早年的友人，是攝政家族堂／表兄弟姊妹中的一位；他是個單身漢，大部分時間都待在倫敦。他在學識和文學素養方面自詡不凡，曾為雅各・頓森的雜集翻譯數首奧維德的輓歌。

克倫威爾對包括威徹利、蓋伊・丹尼斯、當代受歡迎的男女演員，以及所有威爾咖啡館的常客都很熟悉。他做的比從德萊頓的鼻煙盒裡拿一撮鼻煙粉出來還要多，而上述行為在威爾咖啡館被視為強烈野心及榮譽的表示；克倫威爾曾因一位孱弱的女詩人伊莉莎白・湯瑪斯與德萊頓發生爭吵，德萊頓曾將她命名為柯林娜，而她也被稱做莎芙。這位精通文學又古怪的花花公子被蓋伊描繪成一位誠實、不戴帽子，穿著紅色馬褲的克倫威爾：

在與女士同行時，將帽子拿在手上是他的習慣。由於對女士與文學、預演與評論，以及對他的咖啡與巴西鼻煙粉的品質吹毛求疵的注意，亨利・克倫威爾在城鎮裡的時間被完全佔滿了。克倫威爾對 16 或 17 歲的波普來說，是個危險的熟人，不過他也是個非常令人愉快的人。在波普寫給他這位友人的信件中，大部分的收件地址都是位於 Great

Wildstreet、接近德魯里巷的藍廳，其他信件則是寄到「漢布爾登寡婦的咖啡館，位於王子街盡頭，接近德魯里巷，倫敦市」。克倫威爾到賓菲爾特走了一遭；在他回倫敦的路上，波普寫信給他，「提到特定幾位女士」，還有他喜愛的咖啡。

巴騰咖啡館。威爾咖啡館是德萊頓時代智者最好的休閒場所，在德萊頓死後，他們的休閒場所轉移到了巴騰咖啡館。波普形容這兩家咖啡館「位於柯芬園的羅素街，彼此面對面」，大約在1712 年，愛迪生在一棟新房屋內建立了丹尼爾‧巴騰的新咖啡館；而在寫出《加圖》之後，他的名聲吸引了許多輝格黨人來到此地；巴騰曾是沃里克伯爵夫人的僕人。這間咖啡館更確切地應該說成：「在湯姆咖啡館對面，接近街道南側的中間。」

愛迪生是巴騰咖啡館的最大贊助者，不過據說，當他在他的伯爵夫人那裡遭受任何惱火的事情時，他就會從巴騰咖啡館撤資。在他與沃里克夫人結婚之前，他最主要的伙伴們是斯蒂爾、布吉爾、菲利普斯、凱利、達維南特，還有康奈爾‧布雷特。

他過去經常與其中一位或多位在聖詹姆斯咖啡館共進早餐，在小酒館中與他們一同用餐，然後前往巴騰咖啡館，接著再去某家小酒館，在那裡享用晚飯；這是他日常生活的循環。

如同波普在史賓賽咖啡館的軼事中所敘述的，「通常愛迪生整個早上都在讀書，然後在巴騰咖啡館和他的同伴們會面，在那裡用餐，並停留 5 到 6 個小時；有時候還會逗留到深夜。大約有整整 1 年的時間，我曾是這群伙伴中的一員，但我發現自己漸漸無法應付這樣的聚會，那會損害我的健康，因此我放棄了。」他又說：「有段時間，我和愛迪生先生之間有股冷淡的氛圍，而除了我幾乎每天都能看見他的巴騰咖啡館之外，有好長一段時間我們不曾互相作伴去任何地方。」

在此據說波普曾經對辭典編纂者派翠克說：「字典編纂者可能知道 1 個字的意思，但是不知道 2 個字放在一起後的意思。」

巴騰咖啡館是《衛報》的投稿處，為了這個目的，在以幽默的方式公告時，還裝設了一個仿造威尼斯著名獅子的獅頭信箱（見 50 頁圖）。因此：

注意：艾恩塞德先生在過去 5 週內，給 3 隻獅子戴上嘴套、吞掉了 5 隻，還殺死了 1 隻。下週一死獅子的皮會被掛起來，令人生畏，就在巴騰咖啡館。
* * *
我打算 1 週刊登 1 次獅子的吼叫，並希望牠的吼聲大到足以讓所有大英國協的國家聽見。我曾經，不知如何，被捲入關於我自己的閒談中，按照老祖宗的風格，幾乎和整份《衛報》的內容一樣冗長。因此我將把剩餘的篇幅，用依舊和我本人相關的文字及我的客戶填滿。現在我要用第二十個瞬間讓所有人知道，我決意要設置一個獅子頭，為了仿效我

曾在威尼斯描述過的那些，據說所有平民百姓都會從中經過。

　　這個獅頭是為了打開最寬廣且最貪婪的口，來接受由我的客戶傳送給我的那些信件與文章，我決心要對所有這樣通過獅子之口後，來到我手中的事件特別關注。獅頭下方會有一個箱子，鑰匙由我自己保管，箱子是用來接收投放進去的文章的。獅子吃進來的任何東西，我都會為了將它化為公眾之用而加以消化。這個獅頭需要花點時間才能完成，因為工匠們決心為它增添一些精彩的潤飾，並儘可能將它描繪得貪婪飢餓。它將被裝設在柯芬園的巴騰咖啡館，巴騰咖啡館將指出通往獅頭的路，並告知每一位年輕作家，如何將他的作品安全並祕密地投入獅口中。

＊＊＊

　　我想我個人有必要讓大眾了解，2星期前向他們宣傳的那個獅頭，現在已經裝設在柯芬園羅素街的巴騰咖啡館，任何時候，它都會在那裡張開大口，接收那投入口中、如此智慧的訊息。

　　它被認為是一件極為出色的工藝品，而且是由一位能工巧匠仿照古埃及的獅子所設計的，它的臉是用一張獅子的臉與一張巫師的臉合成的。整體特徵十分強烈，而且線條極為深刻。它的鬃鬣被所有見到的人欣賞稱讚。它被設置在咖啡館的西側，腳掌安放在下頜和接收所有稿件的箱子中間。整個雕像只由頭部和腳掌構成，他確實是知識和行動最適合的象徵。

＊＊＊

　　因為目前我不得不前去處理我自己的一樁特殊事務，我確實授權給我的印刷業者深入研究獅子的奧祕，並從它們當中選出可能對公眾有實用效益的；同時特此全權委託並要求巴騰先生給予印刷業者自由進出的權利，不加以任何阻礙，或更不用說，任何妨害騷擾，直到他接到與此相反的命令為止。而為了如此執行，此段文字將成為他的授權令。

＊＊＊

　　我那任何時候都為智慧張開大嘴的獅子，告知我仍然有為數不多的龐大凶器存在；但我確信它們只會在德魯里巷及柯芬園當中（或周圍）的賭館與某些祕密情人的寓所偶爾可見。

　　這個值得紀念的獅頭被尚可容忍地雕刻著：「通過獅口，信件會掉入巴騰咖啡館的錢箱中。」

　　獅子頭是由賀加斯設計的，並被蝕刻在愛爾蘭的《插畫》中。據說，柴斯特菲爾德伯爵曾經為這個獅頭出價50基尼。它從巴騰咖啡館被遷移到位於廣場裡面的莎翁之首小酒館，由一位名叫湯姆金斯的人保管；1751年，它曾經短暫地被擺放在毗鄰莎翁之首的貝德福德咖啡館，被約翰‧希爾博士所用，當做他的《督察員》雜誌的信箱。

　　1769年，湯姆金斯的服務員坎貝爾繼承了他的工作，成為小酒館和獅子頭的業主，而後者由坎貝爾保留直到1804年11月8日，那時它被理查森飯店的查爾斯‧理查森以17鎊10先令買走，理查森也擁有莎翁之首的原始招牌。在理

查森先生於 1827 年過世之後，獅子頭被轉交給他的兒子，被貝德福德公爵從他手中買下，寄存在沃本修道院，它現在依舊在那裡。

波普在巴騰咖啡館遭受不少打擾和羞辱。山繆・加思爵士寫信給蓋伊，說每個人對波普的翻譯都很滿意，「除了少數在巴騰咖啡館的人之外。」針對這件事，蓋伊還對波普補充說：「我確信在關於道德等方面，你的名聲在巴騰咖啡館被人隨意使用了。」

在一封給波普的信件中，西伯說：「過去你曾經在巴騰咖啡館打發時間，

而即使在那裡，你也因你挑釁行為所表現出的諷刺欲而引人注目；鮮少有任何自詡擁有超凡才智的男士，沒有被你不加防備的暴脾氣在某一首尖銳的詼諧短詩中猛烈攻擊過。某次，你在這些人當中譏諷了一個描寫鄉村生活的鞋靶人，他對你本人和你詩中機敏的嚴苛深感憤懣，以至於他在房間裡豎起了一根樺木棒，好在你踏足到棍棒可及之處的任何時刻做好攻擊的準備；而照著你寫作並振作精神、然後再繼續寫作的速度，你遲早會有押韻押到把自己押離咖啡館的一天。」

亞歷山大・波普在巴騰咖啡館——1730 年。選自賀加斯的一幅畫作。據信就座的人物對面的男性是波普。

　　所謂「描寫鄉村生活的韃靼人」指的是安布洛斯‧菲利普斯，約翰生說，他「在巴騰咖啡館立起一根棍子，他威脅要用它來鞭打波普」。

　　在一封寫給克雷格的信件中，波普如此解釋這個事件：

　　菲利普斯先生的確某天傍晚在巴騰咖啡館對我表達出極憤慨的態度（據我所知），他說我與迪恩‧史威夫特，還有其他人走上了密謀策劃的道路，創作不利於輝格黨利益的作品，尤其還暗中破壞他自己與他的友人——斯蒂爾和愛迪生——的名聲；但菲利普斯先生從未當面對我開口過，不論在此次或任何類似的場合，即使我幾乎每天晚上都會和他共處一室，他也從未對我做出任何無禮的言行。

　　在菲利普斯以這種無所事事的方式談話之後隔天或 2 天後的夜晚，愛迪生先生來找我，並向我擔保他對傳言的懷疑，而我們應當始終保持友誼，並且希望我別再對此多說些什麼。哈利法克斯伯爵閣下出於道義、透過與數個人進行談話來排除虛假中傷的方式攪和進這件事情當中，而這些誹謗可能令我對一個政黨產生不只一點的偏見。

　　無論如何，菲利普斯暗地裡盡了他的全力向漢諾瓦俱樂部匯報，而且以俱樂部祕書的身分，把付給我的捐款掌握在他手中。俱樂部的首腦從那時起讓他明白，他們對這件事感到不痛快；但是（根據我應該與這樣的一個人所訂立的條款）我不會向他要這筆錢，而是委託

了其中一個遊手好閒者以及和他不相上下的人接受了這筆款項。這便是整件事的全貌了，而關於這種惡意行為的私密立場，將在我們碰面時創造令人愉快的歷史。

　　另一則記述中則說，那根棍子懸掛在巴騰咖啡館的酒吧，而波普用待在家裡——「他通常的習慣」——來躲開它。菲利普斯以他的勇氣及優秀敏捷的劍術著稱，後來他成了一位太平紳士，而且每當他逮到一位當權者聽他傾訴時，便經常提到波普，說他是政府的仇敵。

　　巴騰咖啡館最重要的顧客——尤其是愛迪生與斯蒂爾，會面時都戴著巨大飄逸的亞麻色假髮。戈弗雷‧內勒爵士也是那裡的常客。

　　店主在 1731 年去世，當時，10 月 5 日的《每日廣告商》刊登了以下內容：

　　在臥病 3 天之後，經營位於柯芬園羅素街巴騰咖啡館的巴騰先生，於週日上午去世。巴騰咖啡館是非常著名的智者聚集的咖啡館，是里昂創造出《閒談者》和《旁觀者》的場所，由已故國務大臣愛迪生先生和理查德‧斯蒂爾爵士撰寫，他們的成就將令他們的名字流芳百世。

　　其他經常造訪巴騰咖啡館的智者還有史威夫特、阿伯蒂諾、薩瓦吉、布吉爾、馬丁‧福克斯，以及葛斯博士及阿姆斯壯博士。1720 年，賀加斯提及有「4 幅以印度墨水繪成的圖畫」繪製巴騰

咖啡館的人物。這 4 幅畫分別是阿伯蒂諾、愛迪生、波普（據推測），以及某位維瓦尼伯爵——這是許多年後，當霍勒斯‧沃波爾注意到這些畫作時，由他所鑑定出來的。隨後這些畫作就成為愛爾蘭的所有物。

時髦的攔路強盜詹米‧麥克連，或稱麥克林恩，也經常造訪巴騰咖啡館。《太陽報》的約翰‧泰勒先生對麥克連的描述是一位高大、愛炫耀、好看的男性。一位唐納森先生告訴泰勒，他觀察到麥克連對巴騰咖啡館的酒吧女侍特別關注——她是店主的女兒，他對這位父親暗示麥克連的人格可疑。父親告誡女兒提防攔路強盜的舉止，並魯莽地告訴她是根據誰的忠告要她提高警戒；而她同樣魯莽地告訴了麥克連。

在那之後，唐納森造訪咖啡室，當他坐在其中一個包廂時，麥克連走了進來，並且裝腔作勢地大聲說道，「唐納森先生，我希望在私人小間和你談談。」赤手空拳的唐納森自然十分害怕與這樣一號人物單獨相處，他回答說，他們之間沒有什麼他不希望被別人知道的祕密可以交流，他乞求離開，好婉拒這個邀約。「很好，」麥克連在他離開房間時說，「我們會再見面的。」

一天或兩天之後的傍晚，唐納森先生在里奇蒙附近散步時看見麥克連騎在馬上；幸運的是，在那個當下，一位紳士的馬車突然出現在視野中，麥克連立刻調轉馬頭奔向馬車，而唐納森盡其可能快速地跑回里奇蒙。那輛出現的馬車對麥克連而言代表了更好的獵物，否則

麥克連原本很有可能會立刻射殺唐納森先生的。

麥克連的父親是一位愛爾蘭學監，他的兄弟是海牙一位極受尊重的喀爾文派牧師。麥克連自己曾是威爾貝克街的一名食品雜貨商，但失去了摯愛的妻子以及由她所生的小女孩後，他結束了他的生意，帶著口袋裡很快就被他花光的 200 鎊，然後與唯一的同伴——出師的藥劑商普朗基特——一同成為流浪者。

麥克連在 1750 年的秋天被捕，因為他向蒙茅斯街的一位當鋪老闆兜售一件以緞帶結成的背心，而當鋪老闆恰巧將背心帶去給緞帶被搶走的苦主。麥克連控告他的同伴普朗基特，但對方並未被捕。前者被寫入詩文當中——格雷在他的〈長篇故事〉中唱著：

當突如其來的寒顫使他發抖；
他沉默地站著，一如可憐的麥克連恩。

巴騰咖啡館後來成了一個私人會館，英奇巴爾德夫人在此投宿，可能是在她的姊妹過世之後，由於她姊妹的遺產，英奇巴爾德夫人才得以實踐如此高尚又大方的克己。

英奇巴爾德夫人現在的收入是每年 172 英鎊，而我們得知她現在搬去住在一間寄宿公寓中，在那裡，她更能夠享受生活的安逸。出版商菲利普斯曾提出要以 1000 英鎊收購她的回憶錄，但是被她婉拒了。她於 1821 年 8 月 1 日在肯辛頓的一間寄宿公寓中去世，身後留下的 6000 英鎊遺產，被明智地分配給她的親

威。她那樸實和節儉的習性非常奇特。「上週四，」她寫道，「在我完成擦洗臥室的同時，一輛有著小冠冕和兩名男僕的馬車在我的門前等候，要帶我出去兜風。」

「與巴騰咖啡館有關連的最令人愉快的回憶之一，」利·亨特說，「就是葛斯，由於他天性中的活潑與慷慨，提到他的名字都令人十分榮幸。他屬於最友善且最聰明的那一類人中最友善且最聰明的其中一位——就是醫師。」

就在安妮女王剛登基之後不久，史威夫特結識了光顧巴騰咖啡館智者的領頭者——安布洛斯·菲利普斯，他稱他是奇怪的牧師，咖啡館的常客已經觀察他好一陣子了，他不認識任何人，也沒有人認識他。他會將他的帽子放在一張桌子上，然後以輕快的步伐來回走動半個小時，其間不和任何人說話，或似乎是對任何正在進行的事都未加注意。然後他會抓住他的帽子，在吧檯把錢付清之後離開，完全沒有開口。咖啡室的常客命他為「瘋狂的教區牧師」。

一天傍晚，在愛迪生先生和其餘的人正觀察他時，他們看見他數次將目光投注在一位穿馬靴的紳士身上，那位先生看起來似乎剛從鄉下出來。最後，史威夫特走向這位鄉村仕紳，看起來好像要對他說話，並且是以一種非常唐突的方式，沒有任何事先的致意。

史威夫特詢問他：「拜託，先生，你知道世界上有任何好天氣嗎？」這位紳士因史威夫特奇怪的搭話方式和古怪的問題而瞠目結舌，一會兒後，他回答：「有的，先生，感謝上帝我記得許多我生命中的好天氣。」史威夫特回答：「這讓我不知道該說什麼才好；我從不記得有任何天氣是不會太熱或太冷、太潮溼或太乾燥的；但是，無論萬能的上帝如何安排，在一年結束時，一切都將很美好。」

華特·史考特爵士經伍斯特的瓦爾博士同意提供了以下這則軼事，此祕聞是瓦爾博士從阿伯蒂諾博士本人處所聽聞——沒有通常聽到的版本那麼粗俗。史威夫特在巴騰咖啡館的火爐邊就座，咖啡室的地板上有沙，而阿伯蒂諾打算逗弄一下這位奇怪的名人，他交給史威夫特一封他剛剛寫好地址的信，同時說著：「好啦，沙出去吧！」史威夫特回答，「我這裡沒有沙，不過我可以幫你弄到一點點碎石。」他把這句話說得如此意味深長，阿伯蒂諾倉促地將信抓回來，拯救了它遭受到與小人國首都一樣的命運。

湯姆咖啡館。儘管位於康希爾樺木巷的湯姆咖啡館基本上是商人的休閒場所，依然因經常被加里克造訪而獲得了一些名聲，他為了保持對這座城市的興趣，一個冬天會在年輕商人的集結地於交易時間出現兩次。

霍金斯說：「在所有對加里克先生的談論之後，必須羨慕嫉妒地承認，他的出名應該歸功於他的價值，然而，他自己對於那一點如此缺乏自信，以至於他練習雜七雜八微不足道卻單純的技巧，以確保大眾的喜愛。」然而加克里做得比這些更多。當一位正在崛起的演員對

加里克夫人抱怨報紙對他的辱罵時，這位遺孀回答：「你應該自己寫評論；大衛都是這樣做的。」

某天傍晚，墨非在湯姆咖啡館，當時柯利・西伯正與一位老將軍搭檔玩惠斯特牌戲。當牌發給西伯時，他輪流拿起每張牌，並用冷淡的口吻表達他對每張牌的失望。

在牌戲進行過程中，他總是不按牌理出牌，而他的搭擋說：「什麼！你一張黑桃也沒有嗎，西伯先生？」西伯看了看自己的牌，回答：「噢，有啊，1000 張。」而這惹來了將軍一番怒氣沖沖的批評。對此，非常熱衷於罵人的西伯回答：「不要生氣，因為——如果我想的話，我可以打得比現在爛 10 倍。」

貝德福德咖啡館。位於柯芬園著名的貝德福德咖啡館曾經因在 1751 年及 1763 年分別出版了 2 個版本的《貝德福德咖啡館回憶錄》而吸引了許多注意。它「位於柯芬園，在廣場裡面」，座落於西北角，靠近戲院的入口，而且已經不存在很久了。

在 1754 年第一期的《鑑識家》中，我們得以確信：「這家咖啡館每晚都擠滿了有才幹的人。幾乎每個你遇到的人，都是有禮的學者和智者。玩笑和機敏的評論在包廂間引起共鳴，文學藝術的每一種分支都被挑剔地檢視，每份報刊作品或戲劇演出的價值，也都會被評估和裁定。」

而我們在《貝德福德咖啡館回憶錄》中會讀到：「多年來，這個地點都發出此處為智者專賣店、評論中心和品味標竿的訊號。經常光顧這家咖啡店的常客有：富迪、菲爾丁先生、利歐尼先生、伍德沃德先生、墨非先生、莫普西、阿恩博士。阿恩是唯一一位三伏天還穿著天鵝絨西裝的男士。」

當約翰及亨利・菲爾丁、賀加斯、邱吉爾、伍德沃德、洛依德、戈德史密斯博士和其他許多人在貝德福德咖啡館見面，並創建了一個八卦先令與三局勝負俱樂部時，斯泰西是當時的店主。亨利・菲爾丁是一個非常聰明的傢伙。

在巴騰咖啡館的獅頭被放在這裡後，《督察員》雜誌似乎引發了這個由貝德福德咖啡館主導的狀況，這種情況對斯蒂爾來說是相當有幫助的，而且讓他再度確立了柯芬園裡的智者領地。

而盛行於貝德福德咖啡館的機智幽默與詼諧打趣並未因《督察員》的終結而停止，一群喜歡說俏皮話、雙關語的人緊接著繼承了此處。一個在吧檯的女士們聽力範圍之外的包廂特別被分配給這樣的場合使用，如此一來，那些語帶猥褻、有時候十分下流的雙關語才不至於會冒犯到她。貝德福德咖啡館被令人憤慨的騷擾行為所困擾，這種情況在亞瑟・墨非於 1768 年 4 月 10 日寫給加里克的信件中，呈現出相當生動的畫面：

泰格・羅區（因為他的蟑螂之名，過去曾經在貝德福德咖啡館橫行霸道）受威爾克的友人資助來嘲弄模仿盧崔和他的虛榮做作；我承認我不知道是不是有比成為泰格的共同應試者還要可笑的情況。歐布萊恩過去曾經非常快活地模

仿他，而從他的表現，或許你能對這位
重要人物有些概念。他過去曾帶著一副
餓得半死的神態坐著，臉頰上有一塊黑
色的膏藥，因謀殺的念頭或絕對的怯懦
而臉色蒼白，顫抖的嘴唇，還有下垂的
眼睛。他曾經以那樣的姿態一個人坐在
桌邊，而他因匆忙擦去少許唾液的虛弱
嘗試而不時中斷的自言自語，造成如下
的效果：

「咳！咳！咳！一個戴著絲袋假髮
的綢緞商人學徒；嗯……我的；嗯……，
好像我不會把他們都像百靈鳥一樣切成
碎片！咳！咳！咳！我不理解這種氣
氛！我會用棍子打他的背、胸，還有肚
子，因為那根本微不足道、不算什麼！
你好嗎，派特？咳！咳！咳！上帝的寶
血——賴瑞，很高興見到你；『學徒！
確實是優秀的傢伙！咳！咳！你好嗎，
多明尼克！嗯……我的，嗯……，你來
這裡做什麼！』」

這些自言自語，是這位令人愉快的
青年內心的思緒。我有一晚在那裡，泰
格因為這樣的空想，竟突然將一位巴內
爾先生叫出房間，並且非常英勇地在黑
暗中刺殺他，而巴內爾先生手無寸鐵，
無法自衛。

對此，泰格堅持不鬆口——直到最
後，蘭納先生氣勢洶洶地在他頭上揮舞
著一條鞭子，並擺出一幅威脅的姿態，
直接命令他開口求饒。

泰格因威脅而瑟縮，用微弱的音量
說：「咳！這對你我之間有什麼意義？
好吧！好吧！我請求你赦免我。」

「大聲點，先生，你說的我一個字

都聽不見。」而蘭納先生確實十分人高
馬大，以至於泰格那彷彿從底下傳出來
的無力聲音，無法升到足以被對方聽見
的地方。

這就是會出現在貝德福德咖啡館的
英雄人物。

富迪最喜愛的咖啡館便是貝德福
德。他也是湯姆咖啡館的固定常客，而
且是咖啡館內一個俱樂部的領頭人。

貝德福德咖啡館眾所周知的饒舌者
兼當代諷刺評論家巴羅比博士，留下了
描述富迪的速寫隨筆：

一天傍晚（他說），他看見一名打
扮得十分奢侈的年輕人走進房裡（在貝
德福德咖啡館內），他穿著一套綠色與
銀色蕾絲製成的連身套裝、戴著絲袋假
髮、配劍、拿著花束，還有尖尖的摺邊，
並立刻加入了屋內上層階級的核心圈子。
沒有人認得他，但他的態度舉止如此自
在不拘束，還有他能立即接續對話中的
幽默及評論重點，以至於似乎沒人對他
的出現感到困窘。

某種愉快地詢問「他是誰？」的嘈
雜交流仍舊在房間裡傳來傳去，沒有獲
得解答，直到一輛漂亮的馬車在門口停
下；他站起身，離開房間，同時僕人大
聲宣告他的名字是富迪，一位門第高尚
且富貴的年輕仕紳，內殿學院的學生，
而馬車是在前往一場時髦女士聚會的路
途中特意前來接他的。

巴羅比博士曾經在貝德福德嘲笑富

迪，當時富迪招搖地炫耀著他的金質腕錶，邊批評著「哎呀，我的錶不走了！」「它很快就要走了。」這位博士平靜地評論。

年輕的詩人柯林斯在 1744 年來到城裡追尋財富。他前往貝德福德咖啡館，富迪是那裡最重要的智者和評論家。

和富迪一樣，柯林斯很喜歡穿著打扮，並戴著一頂裝飾著羽毛的帽子到處走動，一點也不像是個身無分文的年輕人。一封當時的信件告訴我們：「柯林斯在任何地方都是令人滿意的同伴；而因他的天才而喜愛他的紳士算來有阿姆斯壯博士、巴羅比博士、希爾博士、昆恩先生、加里克先生，以及富迪先生，他們經常在把作品公之於眾以前，將他的意見加在自己的作品上。他特別受到經常光顧貝德福德咖啡館與屠宰場咖啡館的天才們的注意。」

10 年之後（1754 年），我們發現富迪在貝德福德咖啡館的評論角落再次達到最高的地位。咖啡館固定的常客努力爭取在晚餐時加入用餐賓客的行列；其他人則盡可能地讓自己靠近桌子，就好像只有富迪的口中會流洩出幽默的話語一般。此時，貝德福德咖啡館的名聲達到最高點。

富迪和加里克經常在貝德福碰面，他們是那個時代的兩大對手，他們的交鋒相當頻繁而且尖銳。攻擊的通常是富迪，而有許多弱點的加里克大多數時候都是受害者。早年的加里克曾經營過酒類貿易，並供應過貝德福德的酒；他因此被富迪形容成住在杜倫工場，有 3

夸脫醋在地窖裡就把自己稱為酒商的傢伙。富迪必然酗了不少貝德福德這段時期的酒！

有一晚，富迪走進貝德福德，對已經坐在那裡的加里克講述他剛才看到最令人讚嘆的演員。加里克正提心吊膽、焦慮不安，而富迪讓他在這個狀態保持了整整 1 小時。最後，富迪詢問加里克對彼特先生的戲劇天分有何看法，以此來結束這次攻擊；欣喜於得到解脫的加里克表示，如果彼特先生選擇登上舞臺，他很可能會是舞臺上的第一人。

另一個夜晚，加里克和富迪差不多要一同離開貝德福德，後者在付帳時掉了 1 基尼，並且在沒能立刻找到的時候說：「它到底跑到世界的哪個角落去了？」「投奔惡魔去了，我猜。」幫忙尋找的加里克回話。「說得好，大衛！」富迪回應，「更不用說光是你一個人就比其他人能讓 1 基尼跑得更遠。」

邱吉爾與賀加斯的爭吵始於先令與三局勝負俱樂部，就在貝德福德咖啡館的會客室裡；當時賀加斯對邱吉爾用了十分侮辱性的強烈言詞，而邱吉爾在他的作品《使徒書》中表達了他對此事的憤慨。這場爭論表達出的怨毒比聰明才智多更多。沃波爾說：「從未有與這兩位憤怒男士具有相同才能的人，以如此差勁的靈活度互相扔泥巴。」

喜劇演員伍德沃德通常住在貝德福德，他與店主斯泰西十分親密熟悉，並將自己一幅手中拿著面具的肖像畫贈送給他，這幅畫是約書亞·雷諾茲爵士早期的作品之一。斯泰西是一位惠斯特牌

戲的個中好手。某天早晨大約 2 點鐘的時候，其中一位服務生叫醒他，告訴他一位貴族紳士把他累慘了，而且還希望他能把老闆叫來，和他玩一場賭注 100 基尼的三局勝負制牌局。斯泰西在 1 個小時之內起床、穿好衣服、贏錢，然後回到床上睡著。

在 1754 年麥克林從舞臺退役之後，他在柯芬園開設了廣場膳宿公寓的分部，此處後來被稱為泰維斯托克酒店。他在此處佈置了一個很大的咖啡室、為雄辯術準備的劇院，以及其他的房間。以收費 3 先令的一般房間而言，他又多加了 1 先令的課程費，即「雄辯術與評論教育」；由他在晚餐桌上主持，並為顧客切肉；晚餐後，他會表演某種「雄辯術的至理名言」。菲爾丁曾經巧妙地在他的作品《里斯本之旅》中描繪麥克林：「對倫敦的魚販子來說很不幸的是，鮊魚只棲息在德文郡的海域；因為只要船員中的任何一位搬運僅僅一條魚到位於廣場下方的奢華之殿──執牛耳的麥克林每日在該處供應他豐盛的祭品，那位魚販就能得到極為豐厚的報償。」

在演講當中，麥克林試圖藉由教導他們如何發表演說，讓他的每一位聽眾都成為雄辯家；他歡迎指點與討論。

這個新奇的計畫吸引了許多好奇的人；他藉由自己和富迪之間要嘛存在於想像中、不然就是存在於現實中那非比尋常的爭議，去進一步激發這種好奇，麥克林與富迪十分公然地互相辱罵對方是「笨蛋鄉紳」，並為了他的目的佔用了位於乾草市場內的小劇場。除了此次

人身攻擊，各式各樣的主題都在此處以羅賓漢社群的方式進行辯論，這讓麥克林賺得口袋飽飽，並證明他的雄辯之術是有些價值的。

以下是他與富迪的一次交鋒。辯論的主題是愛爾蘭的決鬥術，麥克林已經舉例說明到伊莉莎白女王統治時期了。

富迪大叫，「肅靜！」他有問題要提出。

「好吧，先生，」麥克林說，「你對這個主題有什麼話要說？」

「我認為，先生，」富迪說，「這件事用幾個字就能解決。現在幾點了，先生？」

麥克林完全無法看出時間和決鬥術的學術演講之間有任何關連，但還是生硬地回覆時間是 9 點 30 分。

「非常好，」富迪說，「大概在晚上的這個時候，每位可能有能力負擔的愛爾蘭紳士都正在喝著他第三瓶紅葡萄酒，因此很可能正醉醺醺的；而由酩酊大醉過渡到爭吵，再從爭吵發展到決鬥，如此故事結束。」顧客們都很感激富迪的干預，時間問題因而被納入考慮；儘管麥克林並不欣賞這個簡化的版本。

富迪成功地拿麥克林的演講做為娛樂這件事，讓他在乾草市場創辦了一個講座給自己做為夏日消遣。他採納了麥克林的概念，將希臘悲劇應用在現代主題上，這個嘲諷之舉如此成功，讓富迪在 5 個晚上淨賺了 500 英鎊，同時柯芬園的偉大廣場咖啡室關門大吉，而麥克林在《公報》中成了破產者。

不過，在麥克林先生的偉大計畫被

證實流產之際，他在早先針對差不多相似場合的序言中說——

從陰謀詭計、煩躁憂愁、饑荒與絕望中，我們設法優雅的使一位被放逐的玩家恢復元氣。

當城鎮因兩位戲劇性的天才之間看似捏造出的爭吵而饜足時，麥克林鎖上了他的門，所有的仇恨和敵意被放在一邊，而他們來到貝德福德並握手言歡；群眾繼續出現，而伴隨著一位新大師的到來，也出現了一群新的顧客。

湯姆·金咖啡館。湯姆·金咖啡館是柯芬園市場的老夜店其中之一；它是聖保羅教堂柱廊正下方一處簡陋的遮陽篷，而且是「所有夜不歸宿的紳士們眾所周知的」場所。菲爾丁在他其中一首開場詩中說道：「怎樣的浪蕩子才會對金的咖啡館一無所知？」

這家咖啡館出現在賀加斯畫作〈早晨〉的背景中，畫中有位一本正經的未婚女士正走向教堂，因見到兩位酗酒的花花公子從金的咖啡館走出來、親吻愛撫著兩名孱弱女子而感到不快。咖啡館門口上演著一場以劍和棍棒為武器的醉酒鬧事（218頁圖）。

哈伍德的《伊頓公學校友錄》記述由伊頓公學選拔出、進入倫敦國王學院的少年，當中有以下條目：「1713年，湯瑪斯·金，出生於威爾特郡西阿什頓，擔心無法受同儕認同的輟學學生；後來在柯芬園經營以他本人之名命名的咖啡館。」

莫爾·金（即伊莉莎白·阿德金斯）在湯姆死後成為咖啡館的老闆娘：她是個聰明人，而且儘管只比遮陽篷好一點，她的咖啡館依舊門庭若市。「貴族和花花公子，」斯泰西說，「離開宮廷後，還穿著有配劍和荷包的正式禮服，及有富麗織錦的絲質外套，就會前去她的店裡，並且與各種各樣的人一同漫步和交談。她會為清掃煙囪的工人、園丁、商人和最上流階級的閣下們提供一樣的服務。穿著得富麗堂皇的高瘦男士阿普利斯先生是她的固定常客；他被咖啡館的常客們稱呼為卡德瓦拉德。」

莫爾·金因經營妨礙治安的咖啡館而被罰款，是一件司空見慣的事。經過很長的一段時間後，她從這一行——還有公開批評中——退休，前往亨普斯特德，她在那裡靠著非法所得生活，不過她在教堂認捐了一條長椅，而且在指定的時節慷慨施捨。她於1747年過世。

廣場咖啡館。位於柯芬園廣場東北角的廣場咖啡館似乎是起源自麥克林；因為我們在1756年3月5日《大眾諮詢報》的一則廣告中讀到：「偉大的廣場咖啡室，就在柯芬園。」

謝立丹經常光顧廣場咖啡館；關於他在1809年德魯里巷的劇院發生火災時如何沉著冷靜的著名軼事，在這家咖啡館流傳著。據說在火災發生當下，他坐在廣場咖啡館內享用著茶點飲料，他的一位朋友議論他這種哲學般的冷靜，以及他以這樣的冷靜承受他的厄運，謝立丹回答：「一個人當然應該被允許在自己的火爐邊喝杯酒。」

為了離劇院近些，謝立丹與約翰‧坎貝爾經常一起在廣場咖啡館用餐。在坎貝爾管理期間，謝立丹有機會提出抗議，而這為他帶來了一封坎貝爾「緊張兮兮」的信件，謝立丹對這封信的回覆十分有意思。他是這麼寫的：「管理劇院是一個麻煩棘手的職位、是我不想要的資訊，而且是一個我以為你早就知道的發現。」隨後謝立丹將坎貝爾的信件當做「一場神經緊張的潰逃」，不需要嚴肅的對待，因為劇院的利益使他的焦慮不安增加，同時還暗示坎貝爾過於敏感與保守；並如此總結道：

如果你心中有任何不順心之事並非根源自你目前的棘手困境，那麼選擇不將其揭露便是幼稚且怯懦的舉動。我待你十分坦率，因此有資格要求你也該這麼做。

但我發現情況並非如此；並將你的信函歸咎於我認為不應該縱容的混亂，我囑咐你必須履行你明天 5 點在廣場咖啡館的會面約定，而且要帶 4 瓶（而非 3 瓶）在你身體健康良好的情況下，或許會吝惜飲用的紅葡萄酒去，讓你忘記你曾經寫過那封信，就像我也會忘記我曾經收到這樣一封信一樣。

R‧B‧謝立丹

廣場咖啡館的正面和內部是採用歌德式設計。咖啡館拆除後，原址被用來建造以水晶宮模型為藍本的花卉大廳。

查普特咖啡館。查普特咖啡館位於帕特諾思特路，是一處與文學相關的休閒場所，更特別的是，此地與上個世紀的賢人會議有關。查普特一則非常有趣的記述，是由蓋斯凱爾夫人在較晚期（1848 年）所做。

戈德史密斯是查普特的常客，而且總是佔據同一個位子，而此地在之後的許多年，都是文學榮耀的寶座。現今還留存有查普特咖啡館的皮製代幣憑證。

柴爾德咖啡館。位於聖保羅教堂庭院中的柴爾德咖啡館是《旁觀者》的咖啡館之一。愛迪生說，「有時候，我會在柴爾德咖啡館抽著菸斗，同時偷偷聽著房間裡每張桌子上的對話。」此處經常被神職人員造訪；因為在第六〇九期的《旁觀者》中，談到了一位鄉下仕紳將所有戴著領巾的人都當做是神學博士的謬誤，因為只有極其重要的領巾才能賦予他「被老闆娘還有在柴爾德的少年冠以博士稱號」的資格。

柴爾德咖啡館是米德博士，以及其他成就顯赫專業人士的休閒場所。

皇家學會的會員也會來此。惠斯頓敘述某次漢斯‧史隆爵士、哈雷博士和他自己在柴爾德咖啡館時，哈雷博士問惠斯頓為何他不是皇家學會的會員，惠斯頓則回答，因為他們不敢選一個異教徒。哈雷博士答，如果漢斯‧史隆爵士願意提名他──也就是惠斯頓，他就會支持提案，而這件事也因此按照這個提議完成了。

柴爾德咖啡館地理位置上與主教座堂及民法博士會館的鄰近，使它成為神職人員的休閒場所，以及教士們閒晃之處；就這個功能而言，柴爾德咖啡館之

後便被位於帕特諾思特路的查斯特咖啡館所取代。

倫敦咖啡館。倫敦咖啡館在 1731 年之前就已經創立，因為我們在以下廣告中可以發現它的蹤跡：

1731 年 5 月

有鑑於咖啡館和其他大眾酒吧的慣例：¼ 夸脫的亞力酒收費 8 先令，而 1 夸脫的白蘭地或蘭姆酒收費 6 先令，混合製成潘趣酒。本公告特此通知：

詹姆斯‧阿什利的倫敦咖啡館已經在拉德蓋特山開張，這是一家潘趣酒館、多徹斯特啤酒及威爾斯麥芽啤酒倉庫，最好的陳年亞力酒、蘭姆酒，還有法國白蘭地搭配其他最好的原料，在此被製成潘趣酒。即，1 夸脫要製成潘趣酒的亞力酒價值 6 先令；因此按照最小分量的比例——也就是 ⅛ 夸脫來說，就是 4½ 便士。1 夸脫要製成潘趣酒的蘭姆酒或白蘭地要價 4 先令；因此按照最小分量的比例——也就是 ⅛ 夸脫來說，即 4½ 便士；只要有 1 基爾的酒能製作完成並被取出，先生們就能喝到。

這個營業場所佔據了一個羅馬遺址；因為在 1800 年，這間酒館的後面、城市城牆的堡壘裡，發現了一個紀念克勞迪娜‧馬汀納的墓碑，是由她的丈夫（一位外鄉人羅馬士兵）所設立的；這裡也發現了一座海克力斯雕像的碎片，還有一個女性雕像的頭部。在咖啡館前方、緊鄰聖馬丁教堂的西側則矗立著拉德蓋特山。

倫敦咖啡館最著名的就是它所舉辦的出版商庫存及版權拍賣。拍賣依照弗利特監獄管理章程舉行；咖啡館在拍賣舉行的夜晚會被「封鎖」，就和在老貝利街開庭的陪審團員無法達成一致的裁決結果時一樣。

這家咖啡館長期被著名藝術家約翰‧李奇的祖父及父親經營。

在那之後，有一件奇異的事件發生在倫敦咖啡館：地誌學者布雷利先生參加在此處舉辦的一場派對，當時有名的男高音歌手布洛德赫斯特先生因演唱高音而使得桌上的一個玻璃杯破裂，導致杯身與杯柄分離。

土耳其人頭像招牌咖啡館。我們從 1662 年一份由政府發行的週報《國家情報報》中讀到，有一家以土耳其人頭像做招牌的新咖啡館剛剛開張，那裡有零售「適合的咖啡粉」，每磅價格由 4 先令到 6 先令 8 便士不等；用研缽碾碎的價格是 2 先令；東印度群島漿果，1 先令 6 便士；而徹底篩選過的真正土耳其漿果，3 先令。「未篩選過的價格較低，附上如何使用的說明。」

另外，巧克力的價格是每磅 2 先令 6 便士；有薰香的從 4 先令到 10 先令不等；「還有，在土耳其製作的果味粉，以檸檬、玫瑰和紫羅蘭薰香；還有茶，價格取決於其營養成分。咖啡館的印章刻的是穆拉德大帝。有教養的顧客和熟識之人會（在下一個新年元旦）被邀請到這家掛著那偉大土耳其人標誌的新咖啡館來，咖啡在這裡免費供應。」穆拉德在德萊頓的作品《王政復闢》中扮演

暴君的角色。鮑福伊典藏中有一枚這家咖啡館印有蘇丹頭像的代幣。

在同一批藏品中的另一枚代幣，有著不同尋常的優秀之處，它可能是由約翰‧羅蒂爾斯所製作的。錢幣的正面圖文是：「我召喚你，穆拉德偉大之人」和蘇丹頭像；反面的文字為「在野外的，咖啡、菸草、果汁粉、茶、巧克力，於交易巷零售」，另有「由我所來之處，我將全部征服」的句子環繞於代幣最外圈。

「茶這個字，」伯恩先生說，「除了在那些由『偉大的土耳其人』咖啡館發行的代幣上可見到，沒有出現在其他於交易巷流通的任何代幣上。」1662年，一則該咖啡館的廣告中標示茶的價格每磅由 6 先令到 60 先令不等。

競爭隨之出現！康斯坦丁‧詹寧斯位於針線街、聖多福教堂正對面的店打出廣告，宣傳從他這裡可以買到和任何地方一樣價廉物美的咖啡、巧克力、果汁粉，還有茶與真正的土耳其漿果；而且人們可以免費在店裡學到如何製備那傳說中的汁液。

皮普斯在他的《日記》中說，1669年 9 月 25 日他點了「1 杯茶，一種中式飲料，他以前從未品嚐過」。阿林頓伯爵亨利‧班奈特在約 1666 年時將茶介紹到王宮；在他的作品《查爾斯‧塞德利爵士的桑園》中，我們讀到：「希望被視為時髦人士的人總是會在晚宴時飲用摻水的酒，隨後再喝一碟茶。」這些細節是 1855 年由伯恩先生傑出的《Beaufoy 目錄》第二版節錄而來。

在蘇荷區的爵祿街也有另一家土耳其人頭像咖啡館，該處還創設了一個土耳其人頭像協會；1777 年，吉本寫信給加里克：「到了一年的此刻（8 月 14 日），土耳其人頭像協會已經不能說是一個組織，大多數會員可能都已經四散消失：亞當‧史密斯在蘇格蘭，伯克在比肯斯菲爾德的庇護之下；而福克斯，上帝或者惡魔才知道他在哪。」

這裡是忠誠聯盟於 1745 年叛亂期間，某種意義上的總部。「文學俱樂部」在這裡成立，還有為保護及促進藝術的目的，嚴格挑選成員的組織。另一個藝術家社團從 1739 年到 1769 年間，在聖馬丁巷的聖彼得學院聚會。在持續數年不斷的爭吵口角後，為首的藝術家們在土耳其人頭像咖啡館會面，有許多其他人加入他們向國王（喬治三世）請願成為皇家藝術學院的贊助人。國王陛下同意這個請求；而新的社團在帕摩爾取得了一個在市場街對面的空間，並一直待在那裡，直到 1771 年國王將舊薩默塞特宮的公寓賜予他們為止。

位於河岸街 142 號的土耳其人頭像咖啡館非常受歡迎，是能和約翰生博士及博斯韋爾共進晚餐、同飲咖啡的店，在博斯韋爾的作品《約翰生的一生》中有數個條目，始於 1763 年，「晚間，約翰生先生和我在位於河岸街的土耳其人頭像咖啡館一間私室中啜飲咖啡；『我支持這家咖啡館，』他說，『因為這裡的女主人是位優秀的女公民，而且生意並不太好。』」另一個條目則是：「我們在土耳其人頭像咖啡館非常社交性地

結束這一天。」以及 1673 年 8 月 3 日的條目：「我們在土耳其人頭像咖啡館舉行在我動身前往外國前，我們最後一次的社交聚會。」

咖啡館後來改名為「土耳其人頭像，加拿大與巴斯咖啡館」，同時是一間門庭若市的小酒館兼飯店。著名的羅塔俱樂部在土耳其人頭像咖啡館，或位於西敏新宮殿圍場的麥爾斯咖啡館聚會，這個俱樂部是由哈靈頓於 1659 年創建的；聚會場所有一張巨大的橢圓形桌子，還有通道讓麥爾斯送上他的咖啡。

屠宰場咖啡館。 在倫敦的街道被完整地鋪設好的很多年之前，「屠宰場咖啡館」都被叫做「人行道上的咖啡館」。除了是藝術家們的休閒場所，老屠宰場咖啡館還是法國人的落腳處。

聖馬丁巷長久以來都是上個世紀的藝術家們的總部。「在班傑明·魏斯特的年代，」J·T·史密斯說，「以及在皇家藝術學院組建之前，希臘街、聖馬丁巷和爵祿街是他們僅有的聚集地。聖馬丁巷的老屠宰場咖啡館是他們在傍晚時分的重要休閒場所，而賀加斯是固定的訪客。」賀加斯住在 Golden Head，萊斯特運動場的東側，薩布隆涅爾飯店的北半邊。他住所的「金頭」標誌是他自己用軟木切割、黏貼並綁在一起，再放置在街門上的。在這個時期，年輕的班傑明·魏斯特住在柯芬園貝德福德街的房間裡，同時他在那裡架設起他的畫板；他於 1765 年在聖馬丁教堂結婚。

屠宰場咖啡館經常能夠找到魯比里亞克早期的蹤跡；大約在他獲得愛德華·沃波爾爵士的贊助之前，這位年輕的紀念碑製作者是在沃克斯豪爾花園撿到的皮夾，他因找到並歸還準男爵裝滿錢的皮夾而獲得準男爵的資助。

為了酬庸他的誠實和從實際例證中所展露出來的技藝，愛德華爵士承諾終生資助魯比里亞克，而他如實地執行了這個承諾。年輕的庚斯博羅花了 3 年在聖馬丁巷畫家的作品上，以特別歡樂愉悅出名的海曼和奇普里亞尼也很有可能是屠宰場咖啡館的常客。史密斯告訴我們，昆恩和海曼是形影不離的好友，非常的歡樂友好，以至於他們直到天明才互相道別。

康寧漢先生記述此地「早年威爾基會樂意以小量的花費換一頓少量的晚餐。一位咖啡館的老常客曾告訴我，威爾基總是最後一位來串門子吃晚餐的人，從未有人看過他在白天時到咖啡館內用餐。事實上，他在家為他的藝術拚命，直到白日最後一絲光亮消失為止」。

在海登斷斷續續的職業生涯早期，他習慣在此地與威爾基一同用餐。在海登 1808 年的《自傳》中，他寫著：「我們生命的這個時期是擁有極大快樂的；終日畫畫，然後在老屠宰場牛排屋用餐，隨即前往學院將傍晚時間填滿，直到 8 點鐘，之後回家邊喝茶——那是一位勤奮用功之人的賜福——邊討論各自的功績。他，威爾基在忙些什麼，還有我最近做了些什麼，而當時，為了緩和我們連續工作了 8 到 12 小時的心靈疲乏，經常會藉由最最離奇的荒誕行徑來發洩。通常我們會為奇特的稱呼撰寫韻文，並

在加上新一行詩的時候，以大笑的方式對著彼此喊叫。有時，在一頓豐盛的晚餐後，我們會懶洋洋地在接近德魯里巷或柯芬園到處閒逛，躊躇著是否要走進店內，而通常我（如果一開始就知道那裡沒有什麼我想看的）會假裝擁有一項實際上並沒有的長處，並假裝有著道德優勢，為了我們的藝術和責任，對威爾基無法抗拒如此誘惑的弱點說教，並在他期待去欣賞鵝媽媽的時候，逼迫他去用功唸書。」

J・T・史密斯提到老屠宰場咖啡館「曾經是波普、德萊頓，以及其他智者的會面地點，並經常被當代著名的聰明人造訪」。

在那邊的是建築師韋爾。在還是個病快快的小男孩時，韋爾曾經是一位煙囪清掃工人的學徒，並被一位付錢買下他剩餘時間的紳士撞見在白廳面對街道的門面用粉筆塗鴉；這位紳士隨後將他送去義大利，並在他回國時雇用他，同時將他以建築師的身分介紹給他的朋友們。這個故事是韋爾坐在那裡，為他的半身像給魯比里亞克擺姿勢的時候說起的。韋爾建造了柴斯特菲爾德故居以及其他幾個貴族宅邸，並以對開本形式，彙編了一本義大利建築師帕拉底奧的書：直到死去那一天，煤灰都依然存留在他的肌膚內。他與魯比里亞克十分親近，而魯比里亞克是老屠宰場咖啡館東側對面的鄰居。

另一位與韋爾競爭設計及建造黑衣修士橋的建築師關恩，也是經常光顧老屠宰場咖啡館的客人之一，還有在河岸街、幾乎是南安普頓街正對面經營一家繪畫學校的格拉維洛也是。

繪製《業餘者肖像》的哈德森；美柔汀版畫雕刻家馬爾德爾；以及賀加斯作品《衛兵行進》的雕刻師路克・蘇利文，也經常光臨老屠宰場咖啡館；同樣地，還有肖像畫家西奧多・加德爾，他因謀殺他的女房東而遭到處決；以及在彼得學院經營一所藝術學校的老莫瑟。

儘管雙眼全盲，威爾斯豎琴演奏家帕里卻是英國最早的西洋棋玩家之一。他有時會和老屠宰場咖啡館的常客一起下棋；而由於賭注的關係，魯比里亞克介紹納撒尼爾・史密斯（約翰・湯瑪斯之父）過來和帕里下棋。棋局持續了大約半小時，帕里相當激動，史密斯做出讓步的提議；但由於牽涉到賭注，棋局仍繼續到結束，而贏家是史密斯。這場勝利為史密斯帶來無數的挑戰，而位於聖馬丁巷，在教堂正對面、由唐所經營的穀倉酒吧邀請他成為會員；不過史密斯婉拒了這個提議。多年來，穀倉酒吧經常被著名的國際象棋和西洋棋的棋手光顧；他們經常在那裡為最高等級的棋手所進行的棋局做出裁決。

希臘人咖啡館。位於河岸街戴維魯短巷的希臘人咖啡館（於 1843 年停業）之名，是由經營針線街君士坦丁咖啡館的希臘人而來。在《閒談者》的公告中，所有關於學習的報導都將「歸類在希臘人標題下」；同時在第六期的《閒談者》中：「儘管城裡其他區域都被目前（馬爾伯勒）的活動所娛樂，我們通常會在這張桌子（在希臘人咖啡館）消磨傍晚

的時間，探詢調查古代遺物，並思考能帶給我們新知的任何新鮮事。因此，我們藉由將荷馬伊里亞德當中的情節放進嚴格的期刊中，為我們自己製造了愉快的消遣。」

此外，《旁觀者》的記者在希臘人咖啡館——一家「遊走在法律邊緣的」咖啡館——是為人熟知的。

有時候，希臘人咖啡館會成為學術討論的背景地點。金博士敘述了某個傍晚，兩位固定相伴的紳士在此地因某個希臘文字的重音問題發生爭執。這場爭執演變到如此嚴重的程度，導致兩位友人認為應該用他們的劍來終止這場爭端；於是他們往外走到戴維魯短巷內，其中一位（金博士認為他的名字是費茲傑羅）被刺穿身體，當場死亡。

希臘人咖啡館是富迪的晨間會客室。此地對年輕的聖殿騎士戈德史密斯來說也十分便利，而咖啡館內經常迴盪著奧利佛喧鬧的歡笑聲；因為「這裡已經成為愛爾蘭和蘭開夏的聖殿騎士們最喜愛的休閒場所，在這裡，他喜愛的人聚集圍繞在他身邊，以 1 杯甘露酒和樸實無華的殷勤款待做為娛樂，並偶爾吹奏長笛或者玩惠斯特牌戲消遣娛樂——雖然這兩樣他都玩得不是非常好」。戈德史密斯偶爾會在這裡伴隨著晚餐，完成他的作品《製鞋匠的假期》。

弗利特伍德·謝帕德就是在希臘人咖啡館告訴坦克雷德·羅賓遜博士以下這個令人難忘的故事，羅賓遜博士之後又允許理查森轉述給其他人聽：「多塞特伯爵當時在小不列顛搜尋著合他胃口的書籍：他找到一本《失樂園》。他對偶然發現的某些段落感到驚訝，書中每處都令他沉迷，因此他買下了這本書；書商乞求他幫忙說說好話，因為這些書像廢紙一樣在他手中躺了兩年了……謝帕德人在現場。伯爵閣下將書帶回家，讀完它，並將它送給德萊頓，他沒多久就把書還回來了。『這位仁兄，』德萊頓說，『把我們和年高德劭的人全都刪除了』」

喬治咖啡館。 位於河岸街 213 號，靠近聖堂酒吧，是十八世紀和十九世紀時的著名休閒場所。在它還是間咖啡館的時候，某天，詹姆斯·勞瑟爵士走進店中，在與咖啡女侍兌換 1 塊銀子，並為他那 1 碟咖啡付了 2 便士後，被攙扶著——基於他的跛腳和衰弱的身體——登上他的雙輪馬車，並回到他的家中。過了一小段時間，他回到同一家咖啡館，意圖結識經營咖啡館的女士，因為她給了他 1 枚劣質的 ½ 便士錢幣，他要求更換成另 1 枚錢幣。詹姆斯爵士的年俸大約有 4000 英鎊。

「在小旅館找到最溫暖的歡迎」的尚斯頓發現喬治咖啡館是個經濟實惠的地方。「你覺得，」他寫道，「我的必要支出是多少，你們這些愛刺探每件這類事情的人？哎呀，其實只有 1 先令。我的朋友們去喬治咖啡館，在那裡，我為閱讀所有小冊子付的訂閱費用在 3 先令以下；而確實，任何更大的尺寸都不適合在咖啡館翻閱細讀。」

尚斯頓講述牛津伯爵在喬治咖啡館時，一群烏合之眾拿著爵爺閣下的肖像

畫，為了請求他施捨一些金錢進入他與其他人所在的包廂；霍勒斯‧沃波爾反駁了這個說法，並補充說，他猜測尚斯頓以為牛津伯爵在辭職後到咖啡館去獲取新聞。

亞瑟‧墨非經常光顧喬治咖啡館，「城裡智者每天傍晚的聚會場所。」法律學生洛依德吟唱：

藉著法律，
讓其他人為獲得聲望而辛勤勞累！
弗洛里奧是一位紳士，
一位世故活躍的人。
他既不向客戶、
也不對相關的法律獻殷勤，
急匆匆地由南多咖啡館趕到柯芬園。
然而，
他是一位學者；
在劇場正廳後方的座位將他標記，
伴隨著評論家尖銳的噓聲，
同時響起智慧的停止訊號！
做為喬治咖啡館地位最重要的，
他對人群慷慨陳詞，
風格的審查員，從悲劇到歌謠。

波西咖啡館。牛津街拉斯伯恩廣場的波西咖啡館已經不復存在；但它因將名字賦予同類型中最受歡迎的書籍（《波西軼事選集》，由班格山班乃迪克修道院的肖爾托‧波西與魯班‧波西兄弟所創作）而留存在人們的記憶中。

這本書分為 44 個部分，從 1820 年開始創作。據說書的扉頁，僅僅只有姓名和地點是可疑的。魯班‧波西就是於

1824 年去世的湯瑪斯‧拜利；他是約翰‧拜利爵士的兄弟，也是由約翰‧利伯德於 1822 年著手開辦之《鏡報》的第一任編輯。至於肖爾托‧波西，則是於 1852 年過世的約瑟夫‧柯林頓‧羅伯森；他是《大眾機械》雜誌的設計者，一開始他就負責這本雜誌的編輯，直到他去世為止。

《波西軼事選集》的書名並非如當時所認為，是從受歡迎的《波西遺物》取得的，而是來自波西咖啡館；拜利和羅伯森習慣在那裡見面並討論他們的共同作品。然而，理查德‧菲利普斯爵士聲稱，這本書是他的主意，他頑強地堅稱這本書是源自於他向蒂洛奇博士和梅恩先生所提出的建議，從蒂洛奇博士擔任編輯、拜利先生擔任助理編輯的《星報》中，累積多年軼事趣聞的卷宗節錄出來。不過，理查德爵士質疑，若有人仔細探查《波西軼事選集》，便會發現是助理編輯偷聽到這個建議。他們這本書非常成功，並且因為這部作品獲利一大筆錢。

皮爾咖啡館。在費特巷東方角落，艦隊街 177 號及 178 號的皮爾咖啡館是約翰生流派年代的咖啡館之一；同時，此處長期保存著一幅繪製在壁爐架楔石上的約翰生博士肖像，這幅肖像據說是由約書亞‧雷諾茲爵士所繪製。皮爾咖啡館因存有以下這些日期的報紙檔案而聞名：《公報》，1759 年；《時報》，1780 年；《晨報》，1773 年；《晨間郵報》，1773 年；《晨鋒報》，1784 年；《廣告人早報》，1794 年；還有從他們

開業以來的晚報。這間咖啡館如今是一間小酒館。

咖啡文獻資料及典範

本書中提及的文學作品並非完整的參考書目，若要將所有短暫出現的詩文、隨筆、報紙及期刊中五花八門與咖啡詩歌與傳奇故事、歷史、化學，及生理學效應有關的文章全部收錄，會需要 2 倍的空間。參考書目中只包括了早期的作品，以及過去 3 個世紀以來更為值得注意的稿件；不過已足夠讓讀者對大體進展的脈絡進行分析。

針對咖啡文獻資料的研究顯示，法國人確實使咖啡這種飲料國際化。英國人和義大利人緊隨在後。之後，隨著報紙媒體的來臨，咖啡開始遭受來自競爭者的困擾。

現代生活的錯綜複雜暗示著完美的咖啡飲用、咖啡美學，以及一種新的咖啡文學可能再一次成為少部分社會階級的消遣娛樂。難道生命中真正的樂趣、真正值得的事物，都不過是為了追求速度——這才是最有效率的。誰說的？難道不是我們其中某些人——尤其是在美國，寧願美化工作信條到如此崇高的地步，以至於我們正面臨失去理解或享受任何其他事物的能力嗎？

假設真是如此，咖啡，已被認可為幫助人體運轉最令人愉快的潤滑劑，注定也同樣要做為國民的避震器，在我們的國民生活中扮演另一種重要性日漸增加的角色。但是它的角色無疑不僅止於此。當生活單調沒有生氣，它會帶走生命中的灰暗；當生活令人悲哀，它為我們帶來撫慰；當生活乏味令人生厭，它為我們帶來全新的靈感；當我們疲倦厭煩，它為我們帶來安適與有效的激勵。

咖啡對我們的誘惑，在於它會吸引我們更纖細的情感；那是所有人追尋的、長久而甜美的幸福快樂。帶領我們這龐大、忙亂的美國當中的一部分人，踏上充滿靈感與魅力的道路——全拜咖啡所賜。那可能不是一間與早期咖啡館有任何相似之處的場所，但或許會是某種現代化的咖啡俱樂部。有何不可呢？

Chapter 7
與咖啡有關的美學創作

　　咖啡是美國流行歌曲發源地錫盤街靈感啟發的重要來源。最早有被數部時事諷刺劇採用的「1 杯咖啡、1 份三明治和你」。「你是我咖啡上的奶油」則是音樂喜劇《抓住一切！》的主題曲；而《一切盡在 1 杯咖啡中》是一則用音樂講述生活中的小小悲喜劇如何與我們的國民飲料有所連結的故事。

咖啡啟發了許多詩人、音樂家，還有畫家的想像力。在十七與十八世紀，那些將自己的天賦奉獻給美術的人，似乎都拜倒在它的魔咒之下，並創作出大量流傳後世的偉大美麗作品。我們特別要為了大大增加我們早期咖啡習俗和禮儀知識的圖像，感謝那個年代的畫家、雕刻師和諷刺畫家。

藝術品中的咖啡

　　荷蘭風俗畫畫家兼蝕刻師阿德里安・范・奧斯塔德（1610～1685 年）是弗蘭斯・哈爾斯的學徒，在他的〈荷蘭咖啡館〉（1650 年）畫作中顯示出大約在此時期的西歐咖啡館起源，當時它仍帶有小酒館的性質及特徵。

　　前景的一群人正享用著咖啡服務。據信這是最古老的咖啡館圖像，右頁的插圖是 J・博瓦萊特製作的仿照蝕刻畫，收藏在慕尼黑的平面藝術收藏中。

　　著名的英國畫家兼雕刻師威廉・賀加斯（1697～1764 年）擅長諷刺主題的創作，為自己許多的社會諷刺畫選擇了與他同時代的咖啡館做為背景。

　　在賀加斯的系列作品《一天內的 4 個時刻》中的〈早晨〉，為 1738 年那個時代的倫敦街頭生活投射了一道清晰生動的光，從聖保羅教堂上的鐘可知，我們看到的是早上 7 點 55 分的柯芬園（218 頁圖）。

　　據說此畫作脫胎於藝術家本人過去一段關係中，將他從遺囑中剔除的一位拘謹未婚女士。於晨間禮拜結束後，由一名發著抖的小僕陪伴，正走在回家的路上，她對畫面右側聲名狼藉的湯姆咖啡館前某些男子醉酒喧鬧的場面感到震驚反感。

　　這些花花公子們正將注意力集中在前景漂亮的市集女子身上。在開創他不光彩的事業之前，湯姆・金曾是伊頓公學的學生。在這幅畫作繪製的時期，據信他的事業已經被同樣有著不體面名聲的未亡人莫爾・金所繼承。

　　在賀加斯創作的〈浪子的歷程〉（219 頁上圖），第六場戲的背景被放在懷特巧克力（咖啡）館的俱樂部內，史威夫特博士形容此處為「聲名狼藉的騙子賭棍還有貴族傻蛋們常用的聚會地點」。浪子失去了他最近獲得的所有財富，在突然爆發的一陣暴怒與詛咒中扯下了他的假髮，並朝著地面撲去。暗示 1733 年懷特咖啡館遭到焚燬一事，火舌突然由薄牆版後出現，但全神貫注的賭徒們並未多加注意，甚至連在看守人大喊「起火了！」的時候也一樣。

　　畫面左側坐著一名攔路強盜，他外

荷蘭的一家咖啡館，大約在 1650 年。阿德里安・范・奧斯塔德的畫作（據說是歐洲最早的咖啡館畫作），由 J・博瓦萊特仿照製作的蝕刻畫翻攝。

柯芬園的湯姆・金咖啡館，1738 年。翻攝自威廉 ・ 賀加斯的系列畫作，《一天內的 4 個時刻》。

在懷特咖啡館的俱樂部中，1733 年。翻攝自由威廉‧賀加斯所繪製的系列作品——〈浪子的歷程〉。

套下擺的口袋裡裝著一把馬槍和黑色的面具。他全神貫注在自己的思緒中，導致他並未注意到他旁邊的男孩正把放在托盤上的 1 杯酒端給他。

這場景完全描繪出懷特咖啡館所落入的下層階級。這場戲回顧了一小段法庫爾的《博客斯的策略》（第三幕，第二場）中的對話，當艾姆威爾對攔路強盜吉彼特說，「請告訴我，先生，我是不是曾在威爾咖啡館見過你？」「是的，先生，也是在懷特咖啡館沒錯。」這名攔路強盜回答。

火災過後，俱樂部和巧克力館都遷移到了龔特咖啡館。遷移啟事在 5 月 3 日的《每日郵報》上如此宣布：

這則啟事讓所有貴族與紳士了解，亞瑟先生在懷特巧克力館不幸被焚燬之後，將搬遷到聖詹姆斯街、聖詹姆斯咖啡館隔壁的龔特咖啡館，他謙恭地懇求他們與他們的朋友能夠一如既往地支持他的店。

義大利畫家兼雕刻師亞歷山德羅‧朗吉（1733～1813 年）被稱為「威尼斯的賀加斯」，他在一幅作品中揭露威尼斯衰微年代期間的生活和風俗習慣，畫中展現的是劇作家哥爾多尼造訪那個時期的一家咖啡廳，還有一個正在乞求施捨的女乞丐。

巴黎羅浮宮裡懸掛著一幅由路易十五著名的宮廷畫師法蘭索瓦‧布雪（1703～1770 年）繪製的〈早餐〉。畫中顯示的是 1744 年時期的一間法式早餐屋，有趣的地方是因為它說明了咖啡被引進一般家庭中；它也說明了當時的咖啡服務。

在范盧為路易十五的第二情婦兼政治顧問龐巴杜夫人繪製的肖像畫中，出

布雪所繪〈早餐〉，顯示 1744 年那個時代一般家庭的咖啡服務。

龐巴杜夫人中的咖啡服務——由范盧繪製。

現了十八世紀較晚期的咖啡服務型態。可以看出努比亞僕役將小杯黑咖啡呈給侯爵夫人，用的是當時相當流行的有蓋東方風咖啡壺，傳承自阿拉伯－土耳其燒水壺的有蓋東方風格壺。

咖啡與杜巴利伯爵夫人啟發了一幅著名畫作——〈被深愛者〉，畫作的主題便是這位在路易的感情上成為龐巴杜夫人後繼者的女性。這幅畫作被冠以「凡爾賽的杜巴利夫人」之名，同時，在凡爾賽目錄中，它被描述為由德克勒茲仿照德魯耶手法所繪製。德克勒茲是葛羅的學徒之一，同時在凡爾賽繪製了許多歷史肖像畫。

馬爾科姆・查爾斯・薩拉曼在他的著作《十八世紀的法國彩繪》中提到，達戈蒂在 1771 年完成的這幅畫作的複製品，書中說：「原版畫作被認為是法蘭

斯瓦・休貝特・德魯耶的作品，但原始的肖像畫技法出自雕刻師（達戈蒂）之手是沒有什麼疑問的，因為那風格遠遜於德魯耶。」

他如此形容：

我們可以看見路易十五最後的情婦坐在她那位於路維希恩、靠近馬里森林的迷人寓所中的臥房內，她正由她所豢養的侍者，小黑人男孩札莫爾的手中接過她的咖啡，札莫爾是孔蒂親王給他的命名，意思是所有穿紅戴金的勇士。

無疑地，她正在等待國王早上的造訪。國王如今不再是那英俊年少的時髦男士，而已然眼神晦暗無光、臉頰浮腫；而或許就是在這個特定的早晨，她會用甜言蜜語哄騙路易，在一時放肆的玩笑挪揄時，讓他指派那黑人男孩成為有著豐厚薪水的城堡及路維希恩樓閣的總管，就如同，在另外一天，她開玩笑地打趣那疲倦不堪的老色鬼，哄著他為她烹調精美餐點的大廚授勛，隨後得意洋洋地向他揭露，他剛才用極大的熱情、津津有味享用的態度表達讚賞的晚餐其實是

杜巴利伯爵夫人和她的奴隸侍童札莫爾——由德克勒茲所繪製。

一位女性廚師的傑作，這個可能性曾被他心懷輕蔑地懷疑過。

但當我們觀察這名皇家情婦與她的小黑人寵兒時，我們忘記了那「被深愛者」與他驕奢淫逸的享樂與放縱，因為我們在陰暗處看見另一幅景象——大約20多年後，在那傲慢、不知羞恥的美人站在那令人恐懼的法官席前的同時，札莫爾，那忘恩負義的不忠黑人，被從路維希恩解雇，而且現在專心致志在公共安全委員會，同時是她毫不寬貸的原告，將她在尖叫聲中送上斷頭臺。

咖啡館被引進歐洲，被風俗畫畫家、維也納學院的學徒法藍斯・沙姆斯提在一幅被提名為〈維也納第一家咖啡館，1684 年〉的美麗圖畫給記錄下來，這幅畫為奧地利藝術協會所擁有。一份平版印刷的複製品由法藍斯・沙姆斯提自己製作，並由維也納的 Joseph Stoufs 印製。美國有數份複製品樣本。

畫中顯示的是藍瓶子的內部情景，這是維也納的第一家咖啡館，由哥辛斯基所開設。這位英雄店主站在前景中，從一個東方式咖啡壺中將咖啡倒出來，另一個咖啡壺則由咖啡店的招牌懸垂下來，掛在壁爐上方。在火爐的壁龕中，有一名女性正用研缽碾碎咖啡。穿著那個時代服裝的男男女女由一位維也納年輕女孩負責供應咖啡。

法藍斯・沙姆斯提的〈維也納第一家咖啡館〉。

畫家馬里哈特、德坎普斯，以及德圖爾尼明都曾描繪過咖啡廳場景；馬里哈特是在他的作品〈在敘利亞道路上的咖啡館〉中，這幅畫在 1844 年於沙龍畫展中展示；德坎普斯是在他的〈圖爾咖啡館〉中，在 1855 年於世界博覽會嶄露頭角；德圖爾尼明則是在他的〈小亞細亞咖啡館〉中，在 1859 年的沙龍畫展中獲得讚響，並在 1867 年的全球萬國博覽會中吸引多注意。

一片由 S・馬茲羅勒為巴黎歌劇院自助餐廳設計的裝飾鑲板，在 1878 年的萬國博覽會上被展出。一位法國藝術家雅克昆德，曾繪製 2 幅迷人的作品；一幅描繪一間閱覽室，而另一幅則是一間咖啡廳的內部情景。

許多德國藝術家在畫作中呈現咖啡禮儀和習俗，這些作品現在都懸掛在歐洲知名的藝廊中。其中特別值得一提的有：C・舒密特的〈賈斯提在柏林的甜點店〉，1845 年；米爾德的〈咖啡桌旁的巴斯特・羅騰堡及其家人〉，1833 年；還有他的〈下午茶桌邊的可萊森經理及其家人〉。1840 年；阿道夫・門采爾的〈巴黎林蔭大道咖啡廳〉，1870 年；Hugo Meith 的〈在咖啡桌邊的週六午後〉；約翰・菲利普的〈拿著咖啡杯的老婦人〉；弗里德里希・沃勒的〈慕尼黑王宮花園中的午後咖啡〉；保羅・梅耶海姆的〈東方咖啡館〉；彼得・菲利普斯的〈杜塞朵夫〉。

在 1881 年的沙龍美術博覽會中，展示了P・A・魯菲歐的畫作，〈咖啡前來成為繆思之助〉，當中出現一種形式

更為雅致的東方大口水壺。至於〈開羅咖啡館〉，是一幅由尚・李奧・傑洛姆（1824～1904 年）所繪製的油畫，懸掛於紐約市的大都會藝術博物館中，受到

〈杜塞朵夫〉。翻攝自彼得・菲利普斯的畫作。

〈咖啡前來成為繆思之助〉。翻攝自魯菲歐的畫作。

〈開羅咖啡館〉，由尚・李奧・傑洛姆繪製，收藏於紐約大都會博物館。

許多的讚賞。畫作顯示了一家典型東方咖啡館的內部情景，畫面左側有 2 名接近火爐的男性正在準備咖啡飲料；一名男子坐在柳條編織的籃子上，正要開始抽水煙筒；一位托缽僧在跳舞；背景還有數人靠牆坐著。

1907 年時，紐約歷史學會由瑪格麗特・A・英格拉罕小姐處獲得一幅油畫〈唐提咖啡館〉。這幅畫是法蘭西斯・蓋伊於費城繪製的，並且在獲得約翰・亞當斯總統的讚賞後，於一場慈善抽獎活動中售出。畫中顯示的是 1796 年到 1800 年間的下華爾街，畫作中的唐提咖啡館位於華爾街與水街的西北角，此位置原是另一間更為著名的咖啡館——貿易商咖啡館——的舊址，它後來搬到對角線對面街區前的位置。

查爾斯・格魯佩（1860 年）的畫作展現了「華盛頓於貿易商咖啡館接受紐約市及州政府官員正式歡迎」的場景，時間是 1789 年 4 月 23 日，他正式成為第一任美國總統的就職典禮前一週，這是一幅色彩豐富的油畫，因畫中的氛圍和歷史連結的關係而受到極大的讚賞。此幅畫做為本書作者之財產。

每個國家的藝術博物館和圖書館都擁有許多美麗的水彩畫、雕刻版畫、版畫、素描，還有平版印刷品，這些作品的創作者都從咖啡中獲得靈感的啟發。篇幅所限，僅有少數能加以陳述。

湯瑪斯・H・舍菲德已在畫作中為我們保存了巴騰咖啡館，然後是一幅 1857 年的水彩畫，畫中描繪的是位於柯芬園大羅素街上的加勒多尼咖啡館；

〈咖啡館裡的瘋狗〉──羅蘭森所繪製的諷刺畫。

1857 年繪製了位於柯芬園大羅素街 17 號的湯姆咖啡館；1841 年繪製了位於聖馬丁巷的屠宰場咖啡館；此外，還有 1857 年繪製的，由愛迪生放置在巴騰咖啡館的獅子頭，這個獅頭現在歸屬在沃本的貝德福德公爵名下。

賀加斯的作品則以數幅收藏於山姆·愛爾蘭典藏中，以描繪 1730 年巴騰咖啡館常客的素描原稿為代表。

偉大的英國諷刺畫家兼插圖畫家湯瑪斯·羅蘭森（1756～1827 年），為我們提供了數幀描繪英國咖啡館生活的精細畫作。他的作品〈咖啡館裡的瘋狗〉刻畫了一幅生動的場景；而他的水彩作品〈法式咖啡館〉則是我們所擁有的，描繪十八世紀後半葉時期的倫敦法式咖啡館最好的畫作之一。

在 1814 年法國的推廣運動期間，某日拿破崙匿名前來參加一次長老會教務評議會，虔誠的教區修士正安靜地轉動他手中的咖啡烘焙器。皇帝問他，「你在做什麼，神父？」「陛下，」修士回答，「我做的事和您做的一樣。我正在焚燒殖民地的砲灰。」沙萊（1792～1845 年）根據此一事件製作了一幅平版印刷作品。

數位法國詩人兼音樂家將對咖啡的稱頌訴諸於音樂。布列塔尼有自己特有的頌讚咖啡的歌曲，就和法國其他省分一樣。有許多敘事詩、狂想曲，以及清唱劇等形式的作品，甚至還有一齣由梅爾哈特創作、德菲斯譜曲的喜歌劇，劇名是「*Le Café du Roi*」，1861 年 11 月 16 日在里里克劇院演出。

為了向咖啡表達敬意，富澤利寫作了一齣清唱劇，由伯尼為其譜寫音樂。以下是詩人之歌的主題：

啊，咖啡，
是什麼樣至今未知的地帶，
無視汝之蒸氣啟發的澄澈火焰！
汝之言有重大意義，

〈拿破崙與教區牧師〉——沙萊製作的平版印刷。

在汝廣大的帝國，
那不被酒神戴奧尼索斯所承認的疆域。
那將我的靈魂充滿喜悅的受喜愛汁液，
汝迷人之處在於使生命相信快樂時光，
憑藉汝帶來幸運的協助，
我們甚至能征服睡眠，
汝拯救那本應為睡眠剝奪的夜晚時光。
那將我靈魂充滿喜悅的受喜愛的汁液，
汝之迷人之處在於使生命相信快樂時光。
噢，我深愛的汁液，
深褐色的狂歡蒸氣，
甚至讓高高在上的諸神，
追逐這餐桌上的瓊漿。
為汝開啟無情戰端，
因那不忠的狡猾汁液。
噢，我深愛的汁液，
深褐色的狂歡蒸氣，

甚至讓高高在上的諸神，
追逐這餐桌上的瓊漿。

　　在咖啡廳剛開始在巴黎蔚為風潮的那段時期，一首名為「咖啡」的香頌由音樂學院的和聲學教授 M・H・科利特譜曲，並加上鋼琴伴奏。

　　這首香頌被以公告的形式印刷並展示在咖啡廳，它獲得了警察隊長德・沃耶・達根森的簽名核准。這首詩作並非毫無缺陷；它幾乎無法被認可為當代任何一位頗富盛名的詩人之作品；反而更像是一位用各式各樣主題大量寫作的波希米亞打油詩人的作品。

　　它是關於咖啡特質及製作咖啡最佳方法理論的產物。

　　有趣的是，廣告宣傳的使用在 1711

年的巴黎就已經被知曉且賞識；因為在香頌中似乎指名道姓地說出一位商人的地址，也就是顯然是那個時代流行人物的倫巴底街的維蘭。這一節詩文經翻譯後複製如下：

咖啡——一首香頌

若你有著無憂無慮的心靈，
將日益繁盛興旺，
讓一週當中的每一天，
都有咖啡在你的托盤出現。
它將保護你的身軀免於任何疾病，
它將那些疾病趕得遠遠的，啦！啦！
那偏頭痛和可怕的黏膜炎——哈！哈！
沉悶的傷風和瞌睡。

咖啡音樂——如果你能夠接受這個說法，最出名的作品就是約翰・塞巴斯蒂安・巴哈（1685～1750 年），這位德國管風琴演奏家兼十八世紀前半最時髦作曲家的《咖啡清唱劇》。

巴哈以聖歌頌揚德國新教徒的虔誠情操；而在他的《咖啡清唱劇》中，他以音樂講述婦女對於「針對咖啡這種飲料的詆毀誹謗」表達抗議。在當時，新教徒於德國敦促禁止婦女飲用咖啡，說它會造成不孕！後來，政府以諸多令人討厭的禁令圍困咖啡的生產、銷售，還有飲用。

巴哈的《咖啡清唱劇》是《世俗清唱劇》第二百一十一號，在 1732 年於萊比錫出版。德文名是「*Schweigt stille, plaudert nicht*」（安靜，別說話）。這部清唱劇是為女高音、男高音，還有男低音獨唱及管弦樂團所寫的。巴哈用皮坎德的詩做為清唱劇的本文。

清唱劇其實是一種獨幕輕歌劇；用詼諧演出的方式，描繪了一位嚴格的父親阻止他女兒新養成的習慣——喝咖啡。很少人認為巴哈是一位幽默作家；不過，《咖啡清唱劇》的音樂帶有滑稽地模仿英雄風格的傾向，宣敘調和詠歎調都帶著愉快的韻味，暗示著劇中主人翁的所作所為。

歌詞顯示這位父親 Schlendrian（意喻「困於泥淖」）——笨伯，嘗試了各種威脅的方法，想勸阻他的女兒繼續沉溺在這種新的惡習中，最後藉由威脅將讓她失去丈夫而獲得了成功。

不過他的勝利是暫時的。當母親和祖母也沉溺於咖啡時，終曲的三重唱問道：誰能責怪這女兒呢？

巴哈用的拼字是 coffee 而非 kaffee。這齣清唱劇最近一次演出是在 1921 年 12 月 8 日，紐約市一場由維也納音樂之友協會舉辦的演奏會上，由亞瑟・博丹茨基指揮演出。

Lieschen，即劇中的女兒貝蒂，有一段吸引人的詠歎調，開頭唱到：「啊，如此甜美的咖啡！比一千個吻還要令人愉快，遠比麝香葡萄酒更甜美！」

由於本文並不長，所以以我在此完整將它印出。

角色列表

報信者與旁白：男高音
笨伯：男低音
貝蒂，笨伯之女：女高音

男高音（宣敘調）：安靜，別說話，但注意即將發生的事！來者是老笨伯和他的女兒貝蒂。他咕咕噥噥，像一隻粗鄙的熊。聽聽他在說些什麼。

（笨伯進場，一邊嘀咕抱怨）。孩子是多麼引人煩惱的存在！他們有千百種搞蛋的方法！我對女兒貝蒂說的事還不如去對月亮說！

（貝蒂進場。）

笨伯（宣敘調）：妳這個淘氣的孩子，妳這個調皮的女孩，噢，妳什麼時候才能聽我的——戒掉妳的咖啡！

貝蒂：親愛的爸爸，請不要這麼嚴厲！如果我沒有辦法一天喝上 3 杯小杯黑咖啡，我就會跟一塊乾巴巴的烤羊肉沒什麼兩樣！

貝蒂（詠歎調）：啊！如此甜美的咖啡！比一千個吻還要令人愉快，遠比麝香葡萄酒更甜美！我一定不能沒有咖啡，如果有任何人想讓我開心，讓他給我——來杯咖啡吧！

笨伯（宣敘調）：如果妳不願放棄妳的咖啡，年輕的小姐，我就不讓妳參加任何婚宴，我甚至不會讓妳出門散步！

貝蒂：噢……沒有錯！拜託，給我來杯咖啡吧！

笨伯：妳這個胡鬧的小傢伙，無論如何！我不會讓妳有任何一條當今流行的鯨魚骨裙！

貝蒂：噢，這很容易就能解決！

笨伯：可我也不會讓妳站在窗前看最新的流行款式！

貝蒂：那對我也不會造成困擾。但發發善心，讓我喝杯咖啡吧！

笨伯：可妳不會從我手中拿到銀色或金色緞帶髮飾！

貝蒂：噢……好吧！我對現在擁有的就已經很滿意了！

笨伯：貝蒂妳這個小壞蛋，妳！妳就不能對我服軟嗎？

笨伯（做作地）：噢，這些小女孩！她們的性格也太頑固了！不過如果你抓住她們的軟肋，噢好吧，或許可以成功！

笨伯（宣敘調，帶著一副這回一定勢在必得的神態）現在聽妳父親的話。

貝蒂：任何事，除了咖啡以外。

笨伯：那好吧，看來妳已經下定決心不要丈夫了。

貝蒂：噢！什麼？老爸，丈夫？

笨伯：我跟妳保證妳沒辦法有丈夫！

貝蒂：直到我放棄咖啡嗎？噢，好吧，咖啡，就讓它隨風而去吧！親愛的好爸爸，我不會再喝了——一滴也不會！

笨伯：那麼妳就能有個如意郎君！

貝蒂（詠歎調）：今天，親愛的老爸，今天就幫我找個老公吧。（他離開下場）啊，一個如意郎君！這的確是最適合我的！在他們知道我一定得喝咖啡時，哎呀，今晚我上床睡覺前就能有個英勇的愛人啦！（離場）

男高音（宣敘調）：現在趕緊出門物色佳婿吧，老笨伯，看看他怎麼幫女兒找到一個如意郎君——因為貝蒂已經偷偷散播「除非他能夠保證，而且在婚姻契約裡寫明白，他會讓我在任何我想要的時候製作咖啡，否則我不會讓任何追求者上門！」的說法。

（笨伯與貝蒂進場，與**男高音**合唱）

三重唱：貓咪不會放過老鼠，老處女會繼續當「咖啡好姊妹」！當媽的熱愛她的咖啡，當祖母的也是個咖啡狂，現在誰能怪當女兒的！

1925 年的時候，英國國家歌劇院公司在英國里茲演出了巴哈《咖啡清唱劇》的獨幕歌劇版本，劇名是「咖啡與邱彼特」。由桑福德－泰瑞翻譯及改編，由珀西‧皮特編曲的音樂合併了耳熟能詳的《咖啡清唱劇》以及由巴哈世俗作品中挑選出的其他選曲。

在原版作品中，貝蒂為了幸福的婚姻放棄了咖啡。但桑福德－泰瑞先生在詮釋作曲家附加的樂章時，讓情節有了更進一步的發展。

這位小姐表面上屈從了父親的意思並簽署了一份婚姻契約，而笨伯愚蠢地因他自以為的勝利而自滿，但一旦貝蒂確認愛神的來臨，她便著手準備讓她的父親和婚宴賓客知道，她打算一如既往地喝她的咖啡。

在讓笨伯徹底地崩潰挫敗的情況之下，咖啡被傳遞給聚集前來的賓客。他在盛怒之下將假髮砸向裝著咖啡杯的托盤，並且將它扔在地上，而我們最後看見的畫面，則是這位專制的父親不知所措、光著頭，而且無能為力地站在他憎惡的飲料中。

瓜地馬拉帶給我們一首發源自阿爾坎塔拉，名為「咖啡花朵」的華爾滋。

咖啡是美國流行歌曲發源地——錫盤街——靈感啟發的重要來源。最早有被數部時事諷刺劇採用的〈1 杯咖啡、1

份三明治和你〉。〈你是我咖啡上的奶油〉則是音樂喜劇《抓住一切！》的主題曲；歐文‧柏林的〈讓我們再來杯咖啡吧〉風靡全國；〈早晨的咖啡與夜晚的吻〉則是成功的電影主題曲；而《一切盡在 1 杯咖啡中》是一則用音樂講述生活中的小小悲喜劇如何與我們的國民飲料有所連結的故事。

研究發現，只有一件與咖啡相關的雕塑作品——奧地利英雄哥辛斯基的雕像，他是維也納咖啡館的守護聖人。它裝飾在法沃萊特街角一棟兩層樓房上，是由維也納咖啡師聯合工會為紀念哥辛斯基而設立的。這位偉大的「兄弟之心」雕像的姿勢是他正將咖啡從一個東方式咖啡供應壺倒入托盤上的杯中。

維也納的哥辛斯基塑像。

供應咖啡的美麗藝術樣本

遠近馳名的佩德羅基咖啡館,是十九世紀初期義大利城市帕多瓦的生活中心,也是矗立在義大利最美麗的建築物之一;建築的用途在第一眼看見時就十分明顯。

這間咖啡館於 1816 年開始動工,1831 年 6 月 9 日開幕,並且在 1842 年正式完工。安東尼奧‧佩德羅基(1776～1852 年)是一位默默無聞的帕多瓦咖啡館老闆,被亟欲取得榮耀的想法糾纏,他想出了一個建造全世界最美咖啡館的主意,並且付諸實行。

自從咖啡的發現伊始,所有世代的藝術家與能工巧匠都將他們的天賦發揮在製作與製備咖啡相關的設備裝置上。有用銅、銀,還有金製作的咖啡烘焙器和磨豆器;黃銅的研缽;還有煮製及供應咖啡的壺具,有著銅、白鑞、陶、瓷,以及銀等材質的美麗設計。

美國國家博物館的彼得典藏中,可以發現一個由銅箔製成、用來煮製及供應咖啡的精美巴格達咖啡壺樣本;另外

全世界最美麗的咖啡館。羅馬帝國時期,義大利帕多瓦的佩德羅基咖啡館,由卑微的檸檬水小販兼咖啡商人安東尼奧‧佩德羅基所建立。

土耳其式咖啡套組，彼得典藏，美國國家博物館，華盛頓。

還有一組美麗的土耳其咖啡套組。紐約的大都會博物館中有一些美麗的波斯與埃及彩陶大口水壺，可能是用來供應咖啡的。

此外，在美國與歐洲大陸的博物館中能發現許多十七世紀德國、荷蘭，還有英國的黃銅研缽及杵的樣本，是用來「搗碎」咖啡豆的。

大都會博物館收藏了一個非常美麗的東方式咖啡磨豆器樣本，由銅和柚木

鑲嵌珠寶的咖啡磨豆器。紐約大都會藝術博物館館藏。

所製成，鑲嵌著紅、綠色的琉璃珠寶，柚木中還有以象牙及黃銅鑲嵌的花樣。這是十九世紀印度－波斯的設計風格。

大都會博物館也展示了許多十七及十八世紀時，在印度、德國、荷蘭、比利時、法國、俄羅斯和英國使用的白鑞咖啡壺樣本。

我們可以透過從 1754 年 3 月 20 日到 1755 年 4 月 16 日這段期間，路易十四購買了不下 3 個拉扎爾·杜沃的金質咖啡壺的記錄，猜測出整個十八世紀法國人所使用咖啡壺的奢華程度。

這些咖啡壺有雕刻的枝葉裝飾，而且配備有「拋光的鋼製暖鍋」，此外還有紅酒酒精燈。它們的價格分別是 1950 法郎、1536 法郎，以及 2400 法郎。在「薩克森的瑪麗·約瑟芬，法國王太子妃的財產清單中」，我們同時也注意到「皮箱中的金質 2 杯份咖啡壺及其酒精燈用暖鍋」。

十七世紀的義大利鍛鐵咖啡烘焙器通常可說是藝術作品。右頁上圖中的樣本有豐富的佛羅倫薩藝術裝飾圖案。

龐巴杜夫人的財產清單透露了一個「金質的咖啡磨臼，以彩金雕刻描繪出一株咖啡樹的枝幹」，試圖裝飾一切事物的金匠工藝並未輕視這些普通家常的用具。在巴黎的國立中世紀博物館裡，我們可以看見在造型優美的磨臼當中，有一個年代可追溯到十八世紀的雕刻鐵製咖啡磨臼，上面鐫刻的是描繪四季的圖樣。然而我們被告知，它因「在龐巴杜夫人死亡後被拍賣」而增光，當然，這一點也讓它更有價值。

義大利鍛鐵咖啡烘焙器。原圖刊登於《愛迪生月刊》。

「茶壺、咖啡壺,還有巧克力壺剛開始在英國使用的時候,形式上是非常相似的,」查爾斯·詹姆斯·傑克遜在他的著作《英式餐盤歷史圖解》當中說,「每一種在設計上都是圓形的,愈往上端愈尖細,而且把手與壺嘴固定在呈直角的位置。」他進一步說:

最早的樣本是東方式器具,而這些器具的形式被英國電鍍工人採用,做為給其他銀製器具的模版。

顯然一直到茶和咖啡在這個國家(英國)被飲用多年之後,茶壺才被製作成比例上較咖啡壺的高度矮而直徑則較大的形狀。這種可能複製自中國瓷製茶壺的

區別後來被保留下來,而直到今日,高度持續是茶壺和咖啡壺之間的一項主要差異。

下圖中 1681 年的咖啡壺之前屬於東印度公司,被收藏在維多利亞和亞伯特博物館。

這個咖啡壺幾乎與收藏在同一間博物館的一個茶壺(1670 年)一模一樣,除了它筆直的壺嘴被固定的位置更靠近底部之外,和它以皮革包覆的把手一樣,把手隨著放置的托座形成一條長長的向後彎曲的渦卷,固定在壺嘴對面且與壺嘴呈一直線的地方。

它的壺蓋以鉸鏈連接在上側把手的托座,高度很高,就和 1670 年的茶壺一樣;但外型不像茶壺蓋一樣平直,咖啡壺蓋稍微有點波浪形,而且頂端裝有一個鈕釦狀的球形突出物。

它的壺身上雕刻著一個盾形紋章、三片交錯鳶尾花紋上的回文狀雕飾,圍繞著一圈連結在一起的羽毛。壺身上的銘文是「理查·斯特恩贈予同樣可敬的東印度公司」。

這個壺的尺寸是高 9¾ 吋乘壺底直徑 4⅞ 吋;帶有 1681 年到 1682 年間的倫

十七世紀的茶壺和咖啡壺。(左至右)茶壺,1670 年;咖啡壺,1681 年;咖啡壺,1689 年。

敦市戳記，以及製作者的特定盾狀徽章標誌「G. G.」，傑克遜認為這是喬治・嘉爾索恩的標記。

　　前頁右下圖中 1689 年的咖啡壺是國王喬治五世的財產。

　　上面帶有 1689 年到 1690 年的倫敦市戳記，還有弗朗西斯・嘉爾索恩的標記。它有著又高又圓、愈向上愈尖細的壺身，底部和邊緣有實用的飾條。壺嘴是平直的，並且愈向上接近壺邊緣的高度愈細。

　　把手是黑檀木的，被做成新月形，並以鉚釘釘牢在與壺嘴呈直角固定住的兩個托座中。壺蓋是一個高圓錐，頂端有一個小小的瓶狀尖頂，並用鉸鏈固定在把手的上端托座。

　　整個壺除了威廉三世與瑪麗皇后的皇家花押字之外，就沒有任何其他的裝飾了，花押字是鏨刻在壺身的背面。這個樣本到壺蓋頂端的尺寸是 9 吋高，形式上與剛才所提過東印度公司的茶壺非常相似；不過由於壺身更矮的茶壺似乎在 1689 年之前開始流行，這個壺可能從一開始就是做為咖啡壺使用。

　　1692 年的提燈形咖啡壺是 H・D・艾利斯的財產，它的壺嘴在最頂端彎曲朝上，裝配有一個小小的、以鉸鏈固定的口蓋和一個裝在壺蓋邊緣的渦卷形壺蓋按壓片。壺身和壺蓋原本都相當樸素，浮雕與鏨刻的對稱洛可可裝飾花紋，可能是後來在大約 1740 年加上的。

　　傑克遜說壺上的木質手柄並非原裝的，原來的手柄可能是 C 形的。壺上帶有 1692 年平常的倫敦市戳記，而製作者

提燈形咖啡壺，1692 年。

的標記為「G. G.」，刻在一個盾形紋章上面，這是記錄在銅片上、屬於金匠的公司的標記，克理普斯認為 G. G. 指是喬治・嘉爾索恩。這個提燈形咖啡壺的特色有：

1. 平直的側邊，由底座到頂端逐漸轉為尖細，以至於在只有 6 吋高的情況下，直徑由底座的 4⅜ 吋過渡到上端邊緣的不到 2.5 吋。
2. 近乎完全平直的壺嘴，裝配了口蓋或遮板。
3. 蓋子是形狀周正的圓錐體。
4. 壺蓋按壓片，這是那個時期的大啤酒杯所具備的一項熟悉的特徵。

5. 手柄的位置與壺嘴垂直。

艾利斯先生於倫敦古董學會前報告、關於咖啡壺最早型制的文章中說：

如果咖啡一開始是由土耳其商人引進這個國家的，那麼很可能他們也同時將供應這個飲料的器皿也一同帶了進來。這一類器皿的形狀從 200 前至今都未曾有過改變—— 如我們已很熟悉的土耳其大口水壺，這是因為在東方，改變的速度是很緩慢的。

而在查理二世的整個統治期間，由於人們在家中飲用咖啡的進一步推廣受到英國女士們的反對而受阻，同時藉由來自朝廷的強大影響力，從土耳其進口的器皿就能輕易滿足數量由一隻手就數得過來的咖啡館的少量需求。

由市政廳博物館畢佛伊典藏中的咖啡館代幣可看出，許多 1660 年到 1675 年的貿易商都採用「從咖啡壺中倒咖啡的一隻手」做為他們的交易標誌，標誌上的咖啡壺無一例外都是土耳其大口水壺的形式。雖然沒有證據顯示土耳其人是否曾用大口水壺來供應咖啡，但英國咖啡館業者似乎不可能把一種與咖啡完全無關、也無法向大眾傳達任何與咖啡相關含意的容器用在其交易標誌上。

不過，一旦咖啡的廣泛飲用創造了需求，進而刺激了咖啡壺的國內生產，顯而易見的，一項新的業務便就此出現了。東方人所喜愛的波浪形外觀、如短彎刀一般的彎曲弧度，以及和他們優美流暢的書寫筆跡相似的曲線，都無法在當時嚴苛的西方品味中留下好印象——當時的西方品味偏好的是銀匠作品中的簡明線條，就像我們在水盆、杯子，還有特別是當時的平頂大啤酒杯型制中所看到的。

流行的趨勢在在受到那種直線的美感所影響，1692 年的咖啡壺就是在這種感受下所製作出來的。咖啡壺平直的線條持續流行到下一個世紀中葉，自那時起，才開始了一股重新支持滾圓壺身與彎曲壺嘴的風潮。

市政廳博物館中還有一些更為著名的咖啡館業者所發行之代幣，已由本書進行翻攝。這些代幣在先前的章節中已加以敘述及圖示。

有其他存於維多利亞和亞伯特博物館的銀質咖啡壺，由福金罕（1715 ～ 1716 年，下圖）以及瓦斯特爾（1720 ～

福金罕咖啡壺，1715 年到 1716 年。

1721 年，下圖）而來，後者的咖啡壺是八角形的。

　　右上的插圖還展示了以磁磚呈現的設計，鑲嵌在斯皮塔佛德紅磚巷的一間古老咖啡館牆內，在市政廳博物館的倫敦古董典藏目錄中的顯示名稱為「咖啡侍童的盤子」。

　　艾利斯先生認為這個作品屬於較早的年代，但絕不會晚於 1692 年；圖像中描繪的咖啡壺正是提燈形式的。那是一片矩形的戴爾夫特磁磚構成的招牌，以藍色、棕色還有黃色粉刷，描繪的圖像是一個正在倒咖啡的年輕人。在他旁邊的一張桌子上擺放著 1 份公報、2 支菸斗、1 個碗、1 個瓶子，還有 1 個大杯子；左上方，在 1 個捲軸上寫著「咖啡侍童的盤子」。

　　提燈形咖啡壺的修改在英國開始以

咖啡侍童的盤子，於戴爾夫特磁磚公司設計，1692 年。

瓦斯特爾壺，1720 ～ 1721 年。

迅雷不及掩耳的速度出現。右頁左上圖的中國式瓷製咖啡壺可能是按照英國原型在中國製作的，時間大概晚於那 1692 年的咖啡壺數年。艾利斯先生觀察到「壺嘴已經喪失了它的平直性，極端變細的程度也有所減少，而壺蓋設計從最初的趨勢悖離，從平直的圓錐體變成如穹頂般彎曲的外形」，他補充說：

　　這些變化迅速增強，而在十八世紀開始的時候，我們發現壺身變尖細的程度依舊較少，而壺蓋則變成完美的半球形。當時間接近安妮女王統治末期，壺蓋按壓片消失不見，而手柄與壺嘴的相對位置也不再呈直角。

　　整個喬治一世統治時期除了壺身變

中國瓷咖啡壺。十七世紀晚期。

尖細的趨勢愈來愈小之外，只有出現少
許修改。在喬治二世年代，我們發現變
尖細的趨勢幾乎完全消失，因此壺的側
邊近乎是平行的，同時壺蓋上的半球被
壓平到非常低的程度。十八世紀上半葉
後期蔚為風尚的是梨型的咖啡壺。喬治
三世年代的早期，銀匠的作品當中有許
多新穎而且美麗的設計，咖啡壺發生全
面改革，新樣式的流暢外觀讓人回想起
土耳其大口水壺的型制，這個樣式在之
前的將近 100 年間是被棄置不用的。

　　這個變革的歷程由 1731 年斯威特林
男爵的咖啡壺；1736 年的咖啡罐；1738
年的文生壺；沃爾斯利子爵夫人的銅製

銀質咖啡壺，十八世紀早期。翻攝自傑克遜的
《英式餐盤歷史圖解》。左：文生壺，有蓋戳記，
倫敦，1738 年。右：斯威特林男爵的咖啡壺，
1731 年。

愛爾蘭咖啡壺，1760 年，帶有都柏林戳記；穆
爾·布拉巴贊中校財產。

1779 年到 1780 年的史考菲壺。

鍍銀咖啡壺；1760 年的愛爾蘭咖啡壺；
還有 1773 ～ 1776 年及 1779 ～ 1780 年
的銀質咖啡壺……可以看出。

　　關於這方面的樣本，還有右頁插圖
顯示由埃勒斯製作的粗陶咖啡壺（1700
年），與阿斯特伯里製作的鹽釉壺，以
及大約 1725 年時期的另一個鹽釉壺。這
些咖啡壺都收藏在大英博物館的英國與
中古世紀古文物部門，在那裡，還可以
看到一些以威爾頓器皿形式製作的咖啡
供應套組樣品，以及緯緻活的浮雕玉石
器皿。

　　同樣在插圖中展現的，還有一些將
陶藝家的藝術作品應用在咖啡供應器具
上的美麗範例，就像是那些在大都會博
物館中從許多國家帶來的展品。其中包
括了：十八世紀、十九世紀，與二十世
紀來自里茲與斯塔福郡的樣品。

　　238 頁和 239 頁的插圖所展現的，包
括了：一個十八世紀到十九世紀的 Sino-
Lowestoft 咖啡壺；一個十八世紀的義大
利（卡波迪蒙特）咖啡壺；十八世紀及
十九世紀的德國咖啡壺；一個十八世紀
的維也納咖啡壺；一個 1744 年到 1793

子爵夫人的咖啡壺。

年的法國（塞納河）咖啡壺，一個 1792
年到 1804 年的塞維魯斯咖啡壺；以及一
個十八世紀以銅色光瓷裝飾的西班牙咖
啡壺。

　　在大都會博物館內還可以看到十八
世紀到十九世紀的哈特菲爾德及鍍銀銅
板製作的咖啡壺：還有由美國銀匠製作
的許多銀質的茶和咖啡供應器具，以及
咖啡壺範例。

　　十八世紀中葉之前，銀質的茶壺和
咖啡壺在美國的數量十分稀少。

　　早期的咖啡壺樣本型制幾乎都是圓
柱形的，而且愈往上形狀愈尖細，後來
則漸漸和茶壺的形狀相符合，有著隆起
如鼓的壺身、鑄模製作的底座、帶有裝
飾的壺嘴，還有裝有尖頂飾、鑄模製作
的壺蓋。

　　由 R. T. Haines Halsey 及約翰・巴克

十八世紀到二十世紀的陶壺和瓷壺。

上左：約翰・阿斯特伯里作品，鹽釉壺。上中：埃勒斯粗陶器，1700 年。上右：鹽釉壺，約 1725 年。
下：1. 斯塔福郡。2. 英國，十八世紀到二十世紀。3. 英國，十八世紀到十九世紀。4. 里茲，1760 年
到 1790 年。5. 斯塔福郡，十九世紀到二十世紀。

所註記、弗洛倫斯・利維為 1909 年哈德遜－富爾頓慶典收集並編纂的大都會藝術博物館展覽目錄介紹中我們得知：

新英格蘭最早的銀器可能是由在國外服刑的英國或蘇格蘭移民所製作的。而傳承這些技藝的，要不是在此地出生

紐約大都會博物館中的瓷製咖啡壺。
上排：Sino-Lowestoft 系列，十八世紀到十九世紀。中排：義大利卡波迪蒙特瓷器，十八世紀。下排左 1：塞納河，1744 年。左 2：塞維魯斯；1792 年。左 3 及左 4 德國咖啡壺，十八世紀。

維也納咖啡壺，1830 年。收藏於大都會藝術博物館。

十八世紀西班牙咖啡壺。收藏於大都會博物館。

的人，便是如約翰·赫爾這種年紀輕輕就來到此地學得手藝的能工巧匠。

在英國，每一位金匠大師都被要求應該擁有自己的標誌，並且在他的作品被檢驗並蓋上國王的標誌（戳記）證明金屬的良好品質之後，將自己的標誌標記在作品上。

殖民地的銀匠將他們的姓名首字母放在盾形、圓圈等形狀中間，標記於他們製作的器皿上，不一定帶有紋章圖案，並沒有製造地點或日期的任何指引。在大約 1725 年之後，以姓氏做為標記成為慣例，不一定會帶有首字母，有時候還會以全名做為標記。

自從美國建立之後，城鎮的名稱通常會被加入標誌之中，還有以圓圈圈起的字母 D 或 C，這可能是代表元或錢幣的意思，表示該器皿製作所根據的標準或錢幣種類。

紐約殖民地中演化出一種設計獨特的銀質茶壺，這種茶壺並未在整個殖民地的其他地方使用。

Halsey 先生說這種壺可以隨意當做茶壺或咖啡壺使用。在風格方面，它們在一定程度上採用了英國在 1717 年到 1718 年間梨型茶壺的設計，但高度和容量都有所增加。

殖民地的銀匠在茶壺、咖啡壺，還有巧克力壺上做出許多美麗的設計。在出借給大都會博物館的 Halsey 與清水市典藏中能看到精細的樣本。

清水市典藏當中，還包括了一個由 Pygan Adams（1712～1776 年）所製作

的咖啡壺；同時，近日還加入了一個由 Ephraim Brasher 製作的咖啡壺，他的名字出現在 1786 年到 1805 年的紐約市工商名錄之中。

Ephraim Brasher 是金銀匠協會的會員，他曾經為著名的達布隆金幣製作鑄模，後來此鑄模被以他的名字稱呼，一個鑄模的樣品在費城賣出 4000 美金的價格。他的兄弟 Abraham Brasher 是大陸軍的軍官，曾經寫作許多在獨立革命時期很受歡迎的歌謠，同時也是一名報紙的長期撰稿人。

在大都會博物館中的清水市殖民地銀器典藏非常的豐富；而這個由 Ephraim Brasher 製作的咖啡壺，完全配得上這個典藏。

它的壺高 13.5 吋，重量有 44 盎司，有獨一無二的黑檀木手柄，曲線型的壺身和喇叭口形的底座，底座帶有一圈加德龍裝飾圖案，壺蓋邊緣也有類似的裝飾。壺嘴經過精心製作並且是彎曲的；壺蓋有一個甕狀的尖頂飾；還雕刻了一

左：鍍銀銅板製作的咖啡壺，十八世紀。收藏於大都會博物館。
右：Ephraim Brasher 製作的銀質咖啡壺。大都會博物館清水市典藏。

塊被緞帶所形成的情人結花環圍繞的圓形浮雕。

Halsey 典藏中展示了一個由山繆・米諾特製作的咖啡壺，還有數個保羅・里維爾所製作的手工藝品，保羅・里維爾之名更常與著名的「夜奔」，而非銀匠技藝連結在一起。

在所有的美國銀匠當中，保羅・里維爾是最有意思的一位。不只是因為他是一位有名望的銀匠，還因為他同時是一位愛國人士、一個軍人、一位共濟會總導師、麻薩諸塞灣政府機密探員、雕刻師、畫框設計師，他還是一位制模大師呢！

他在 1735 年出生於波士頓，於 1818 年去世。他是所有波士頓銀匠中最負盛名的——儘管他做為一位愛國人士的名聲更為響亮。

他在一個有 12 個小孩的家庭中排行老三，同時很早就進入他父親的店裡做事。他的父親在他 19 歲時就過世了，不過，他有足夠能力將生意繼續下去。他在銀器上的雕刻足以證明他的才能，他也會在銅器上雕刻，還繪製了許多政治漫畫。

保羅・里維爾在克朗波因特加入了抵抗法國人的遠征隊，並且在獨立革命時擔任砲兵隊中校。在戰爭結束後，他在 1783 年重操金匠與銀匠的舊業。他明顯是一位行動派的男士，他能很好地扮演多種角色；而他各式各樣的任務都以傑出的成功完成。因此，由他所製作的銀器都結合了浪漫與愛國的元素，使其深受擁有它們的人的喜愛。

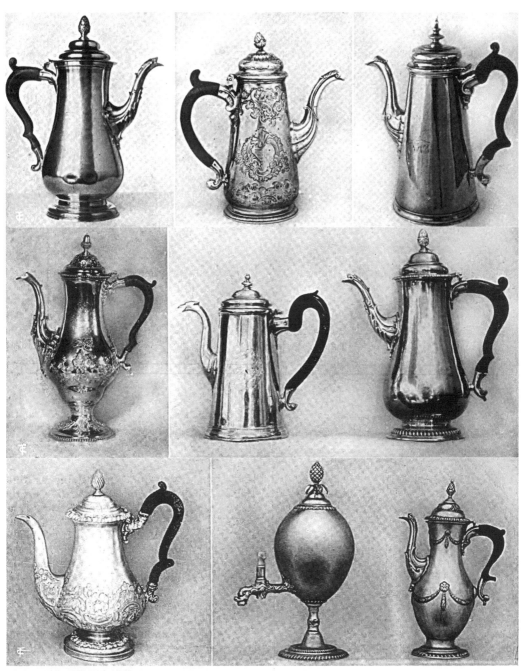

美國典藏中的銀質咖啡壺。
上左：山繆・米諾特作品，海爾希典藏。上中：查爾斯・哈特菲爾德作品，大都會藝術博物館。上右：Pygan Adams 作品，清水市典藏。
中排：選自法蘭西斯・希爾・畢格羅的「殖民地歷史銀器」。左，倫敦壺，1773～1744 年；中，雅各・赫爾德作品；右，保羅・里維爾作品。
下排：英國鍍銀銅板製咖啡壺及咖啡甕，十八世紀。

由美國銀匠所製作的咖啡壺。
左：一位無名銀匠的作品。中：保羅 · 里維爾的作品。右：保羅 · 里維爾的作品。　　　二十世紀
美國咖啡服務。樸茨茅斯樣式，由高勒姆公司製造。

里維爾具有真正的非凡天賦，讓他得以賦予自己的作品不同尋常的優雅，同時，他以做為一位美麗紋飾的雕刻師聞名，紋章設計以及花環為他的作品增色不少。

里維爾咖啡壺能在波士頓美術館以及紐約大都會博物館看到。

波士頓美術館還有一個由威廉·蕭和威廉·普利斯特在 1751 年到 1752 年為彼得·法乃爾所製作的咖啡壺，法乃爾是那個年代最富有的波士頓人，波士頓的法乃爾廳——被稱為「新英格蘭的美國自由精神搖籃」——便是以他的名字命名的。

其他在咖啡壺製作上有引人注目設計的美國銀匠當中，值得一提的有 G·艾肯（1815 年）；Garrett Eoff（紐約，1785～1850 年）；查爾斯·費瑞斯（他在大約 1790 年時於波士頓工作）；雅各·赫爾德（1702～1758 年，在波士頓被叫做赫爾德船長）；約翰·麥穆林（在 1796 年費城的《工商名錄》中被提及）；詹姆斯·馬斯格雷夫（在 1797 年、1808 年，及 1811 年費城的《工商名

由威廉·蕭與威廉·普利斯特製作的咖啡壺。為彼得·法乃爾製作（時間約在 1751～1752 年間），波士頓法乃爾廳以他的名字命名，此處被稱為美國自由精神的搖籃。

二十世紀美國咖啡服務。樸茨茅斯樣式，由高勒姆公司製造。

錄》中被提及）；梅爾·梅耶斯（1746年以自由人身分獲准進入紐約市；活躍至 1790 年；1786 年擔任紐約銀匠協會會長）；以及安東尼·羅序（已知 1815 年時曾於費城工作）。

在整個美國境內的許多歷史學會博物館中，能夠看見咖啡壺以白鑞、不列顛金屬，還有錫製器具，以及陶、瓷及銀等材質製作的有趣樣本。

和十七世紀及十八世紀的其他藝術分支一樣，美國在早期的陶器與瓷器方面，受惠於英國、荷蘭以及法國等國家良多。

埃勒斯、阿斯特伯里、威爾頓、威治伍德，還有他們的模仿者，以及後來的斯塔福郡陶藝家，用他們的陶器作品淹沒了美國市場。

瓷器在十九世紀之前並未在這個國家製作，然而從早期開始，裝飾性陶器就已在此地製造。不列顛金屬於 1825 年開始取代白鑞製品的地位；而上過漆的錫製器皿與陶器的引進逐漸讓白鑞的製造被中止。

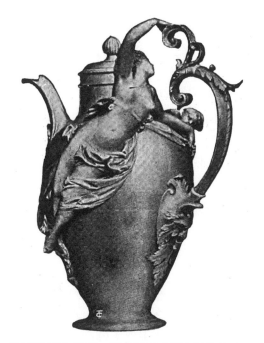

法國銀質咖啡壺。這個壺是 1886 年的 Union Centrale 首獎。

一些歷史遺物

一件有趣的遺物被存放於波士頓協會的典藏中。那是一個謝菲爾德器具風格的咖啡甕，從前被放置於 1697 年到1832 年都矗立在聯合街上的綠龍旅舍裡，綠龍旅舍是獨立革命愛國人士的著名集會場所。

咖啡甕的形狀是球形的，被支撐在一個底座之上；裡面還有一塊圓柱形的鐵，這塊鐵被加熱的時候，能夠讓甕內裝著的甘美汁液保持熱度，直到它被供應給旅舍的常客。鐵塊會裝在一個鋅或錫製的保護罩之內，以避免人們將咖啡倒入甕中的時候，附在鐵塊中的灰燼直接碰觸到咖啡。

綠龍旅舍的咖啡甕。

綠龍旅舍的所在地現在被一棟商業建築所佔據，這塊地皮的所有人是波士頓共濟會聖安德魯斯分部；最近一次的分部聚會是在聖安德魯日，咖啡甕在聚會上被展示給集會的弟兄們。

當旅舍裡的東西被拍賣之時，咖啡甕被伊莉莎白·哈靈頓夫人買下，她隨後在珍珠街上、一棟昆西家族擁有的建築內開設了一家有名的膳宿公寓。公寓在1847 年時被拆除，取而代之的是昆西大樓。

哈靈頓夫人搬遷到高街，又從那裡搬到昌西地區。某些波士頓著名的人物都長年向她租賃房屋。她去世的時候將咖啡甕給了她的女兒，約翰·R·貝德福德夫人。它被伊莉莎白·哈靈頓夫人的孫女——菲比·C·貝德福德小姐贈送給協會。

另一個有點類似，但是以白鑞製成的甕，被收藏在緬因州的奧勒岡歷史協會博物館；還有一個則是在麻薩諸塞州塞勒姆的艾塞克斯學會博物館中。

在亞伯拉罕·林肯的許多寶貴遺物當中，有一個老舊的不列顛金屬咖啡壺，在他還是與拉特利奇家族同住在伊利諾伊州新塞勒姆（現今的默納德）拉特利奇客棧裡的房客時，經常使用這個使用咖啡壺來飲用咖啡。這是一個重要的用具，而且據說林肯從前十分喜愛這個壺。

現在這個壺是伊利諾伊州匹茲堡舊塞勒姆林肯聯合會的財產，它是被加州錫斯闊克的桑達士夫人連同其他遺物給一同捐獻出來的——桑達士夫人是詹姆

斯與瑪麗安‧拉特利奇唯一存活下來的
孩子。

　　拉特利奇夫人十分仔細地保存這個
壺和其他新塞勒姆時期的遺物；而在她
於 1878 年過世前沒多久，她將這些遺
物贈與她的女兒桑達士夫人保存，勸告
她要好好保存它們，直到回歸新塞勒姆
的感恩人群為它們提供一個永久居所為
止，在那裡，它們將會把不朽的林肯與
他悲劇性的傳奇和這位夫人的女兒──
安──聯繫在一起。

咖啡年表

提供在傳說、旅遊、文學、栽種、莊園處理方法、貿易，以及從最早到現在製備與飲用咖啡的歷史相關日期與事件。（以下日期均為西元記年）

* 大約（或傳說中）的日期

900 年*：拉齊，著名的阿拉伯醫師，是第一位提及咖啡的作家，稱咖啡為 bunca 或 bunchum。

1000 年*：阿維森納，穆罕默德教派醫師兼思想家，第一位解釋咖啡豆藥用性質的作者，他也將其稱為 bunchum。

1258 年*：謝赫‧奧馬，Sheik Schadheli 的門徒、摩卡的守護聖者兼傳奇的奠基者，在阿拉伯擔任教長時偶然發現做為飲料的咖啡。

1300 年*：咖啡是一種用烘烤過的漿果，在研缽中以杵搗碎後，將粉末放進沸水中熬製成的飲料，飲用時連同咖啡渣與其他物質一同喝下。

1350 年*：波斯、埃及，以及土耳其的陶製大口水壺首次被用來供應咖啡。

1400～1500 年：有小孔的圓形漏杓狀陶製或金屬製咖啡烘焙盤在土耳其及波斯開始被置於火盆上方使用。常見的土耳其圓筒狀咖啡磨臼和原始的金屬製土耳其燒咖啡壺也大約在這個時期出現。

1428～1448 年：以四隻腳站立的香料研磨器首度被發明；隨後被用在咖啡研磨上。

1454 年*：亞丁的穆夫提 Sheik Gemaleddin 在前往阿比西尼亞的旅途中發現咖啡漿果的效用，並認可咖啡在南阿拉伯的使用。

1470～1500 年：咖啡的使用擴展到麥加及麥地那。

1500 年～1600 年：有長手柄和小腳墊的鐵質長柄淺杓開始在巴格達和美索不達米亞被使用在咖啡烘焙上。

1505 年*：阿拉伯人將咖啡植株引進錫蘭。

1510 年：咖啡飲料被引進開羅。

1511 年：麥加總督凱爾‧貝在諮詢過由律師、醫師，以及模範市民所組成的委員會之後，發布了譴責咖啡的公告，並禁止這種飲料的使用。禁令隨後被開羅蘇丹下令撤銷。

1517 年：蘇丹塞利姆一世在征服埃及後，將咖啡帶到君士坦丁堡。

1524 年：麥加的下級法官基於擾亂秩序的理由關閉了公共咖啡館，但允許咖啡在家中及私底下飲用。他的繼任者准許咖啡館在獲得許可的前提下重新開業。

1530 年*：咖啡的飲用被引進大馬士革。

1532 年*：咖啡的飲用被引進阿勒波。

1534 年：一群開羅的宗教狂熱分子譴責咖啡，並領導一群暴民攻擊咖啡館，許多咖啡館都受到破壞。城市分裂為兩派，支持咖啡與反對咖啡的；但在諮詢學者之後，首席法官在會議中供應咖啡，自己也飲用了一些，並以這樣的方式平息了爭端。

1542 年：蘇里曼二世在誘惑一位宮廷女士時，禁止了咖啡的使用，但完全沒有效果。

1554 年：第一間咖啡館由大馬士革的森姆斯及阿勒波的 哈克姆 在君士坦丁堡設立。

1570～1580 年*：因咖啡館日漸受到歡迎，君士坦丁堡的宗教狂熱分子宣稱烘焙過的咖啡是一種炭，並且穆夫提決意用法律禁止咖啡。基於宗教立場，穆拉德三世隨後下令關閉所有的咖啡館，將咖啡分類歸於《可蘭經》禁止的酒類當中。這項命令並未被嚴格遵守，咖啡的飲用仍在關閉的店門後及私人住宅中繼續。

1573 年：德國醫師兼植物學家勞爾沃夫，是第一位提到咖啡的歐洲人，他曾經旅行至黎凡特。

1580 年：義大利醫師兼植物學家——帕斯佩羅・阿爾皮尼旅行至埃及，並且帶回了咖啡的消息。

1582～1583 年：關於咖啡的第一篇出版參考文獻以 chaube 之名出現在勞爾沃夫的著作《旅程》中，該書在德國法蘭克福及勞英根出版。

1585 年：擔任君士坦丁堡城市地方行政官的吉安法蘭西斯科・莫羅西尼向威尼斯元老會報告土耳其人使用的一種「黑水，是用一種叫做 cavee 的豆子浸泡製成的」。

1587 年：第一則關於咖啡起源真實可靠的紀錄由阿布達爾・卡迪寫下，記錄在一份收藏於巴黎法國國家圖書館的阿拉伯文手稿中。

1592 年：第一份關於咖啡植株（稱為 bon）與咖啡飲料（稱為 caova）敘述的出版品出現在帕斯佩羅・阿爾皮尼的作品《埃及植物誌》中，以拉丁文寫就，在威尼斯出版。

1596 年*：貝利送給植物學家 de l'Ecluse 一種「埃及人用來製作他們稱為 cave 這種飲料的種子」。

1598 年：將咖啡稱為 chaoua 的第一篇關於咖啡的英文參考文獻是巴魯丹奴斯作品《林斯霍騰的旅程》中的註釋，由荷蘭文翻譯而來，於倫敦出版。

1599 年：安東尼・雪莉爵士是第一位提到東方咖啡飲用的英國人，他由威尼斯航行至阿勒波。

1600 年*：大口咖啡供應壺出現。

1600 年：設計為站立在明火中使用、以足支撐的鐵蜘蛛被用來烘焙咖啡。

1600 年*：咖啡種植被一位穆斯林朝聖者巴巴布丹引進南印度的麥索爾奇庫馬嘎魯爾。

1600～1632 年：木製和金屬製（鐵、青銅，還有黃銅）研缽與杵開始在歐洲被廣泛用來製作咖啡粉。

1601 年：第一篇以更近代形式單字稱呼咖啡的英文參考文獻出現在 W・派瑞的著作《雪莉的旅程中》，其中敘述「一種他們稱做咖啡的特別飲料。」

1603 年：英國探險家兼維吉尼亞殖民地奠基者約翰・史密斯上尉，在他於同年出版的遊記中，提到土耳其人的飲料「coffa」。

1610 年：詩人喬治・桑德斯爵士造訪土耳其、埃及，還有巴勒斯坦，並記錄下土耳其人「以可忍受範圍內最熱燙的溫度，由陶瓷小盤中啜飲一種叫做 coffa（即製作該飲料的漿果）的飲料。」

1614 年：荷蘭貿易商造訪亞丁，探查咖啡種植及咖啡貿易的可能性。

1615 年：皮耶羅・德拉瓦勒由君士坦丁堡寫信給他在威尼斯的友人馬利歐・席帕諾，說他會在回程時帶上一些咖啡，他相信此物「在他的故鄉是一種未知的事物」。

1615 年：咖啡被引進威尼斯。

1616 年：彼得・范・登・布盧克將第一批咖啡帶到荷蘭。

1620 年：裴瑞格林・懷特的木製研缽及杵（用來「搗碎」咖啡的）由搭乘五月花號的懷特雙親帶到美國。

1623～1627 年：法蘭西斯・培根在他的著作《生與死的歷史》（1623 年）中談到土耳其人的「caphe」；同時在他的《木林集》（1627 年）中寫道：「在土耳其，他們有一種叫做 coffa 的飲料，是用一種同名的漿果

製作的，和煤煙一樣漆黑，而且有強烈的氣味……這種飲料能撫慰頭腦和心臟，並有助於消化。」

1625 年：在開羅，糖首次被加進咖啡中使其變甜。

1632 年：伯頓在他的著作《憂鬱的解剖》中說：「土耳其人有一種叫做 coffa 的飲料，由一種黑如煤煙且同樣苦澀的漿果命名。」

1634 年：亨利・布朗特爵士航行至黎凡特，並在土耳其獲得飲用「cauphe」的邀請。

1637 年：德國旅行家兼波斯學者亞當・奧利瑞爾造訪波斯（1633～1639 年）；同時在他回歸後講述在這一年中，於波斯人的咖啡館內對他們飲用 chawa 的觀察。

1637 年：牛津貝里奧爾學院的納桑尼爾・科諾皮歐斯將咖啡的飲用帶進英國。

1640 年：帕金森於他的著作《植物劇院》中，發表了對咖啡植株的首篇英文植物學描述：談到咖啡是「Arbor Bon cum sua Buna，土耳其漿果飲料。」

1640 年：荷蘭商人沃夫班在阿姆斯特丹拍賣第一批從摩卡經商業運輸進口的咖啡。

1644 年：P・德・拉羅克由馬賽將咖啡引進法國，他還從君士坦丁堡帶回了製作咖啡的器材與用具。

1645 年：咖啡開始在義大利被普遍飲用。

1645 年：第一家咖啡館在威尼斯開張。

1647 年：亞當・奧利瑞爾以德文出版了他的著作《波斯旅途記述》，當中包括對 1633 年到 1639 年間波斯咖啡禮儀及習慣的說明。

1650 年*：荷蘭在奧圖曼土耳其宮廷的常駐公使瓦爾納發表了一本以咖啡為主題的專門著作。

1650 年*：單人手搖式金屬（馬口鐵或鍍錫銅）烘焙器出現；形狀與土耳其咖啡研磨器類似，用於開放式明火。

1650 年：英國的第一家咖啡館由一位名叫雅各伯的猶太人在牛津開設。

1650 年：咖啡被引進維也納。

1652 年：倫敦第一家咖啡館由帕斯夸・羅西開設在康希爾聖馬丁巷。

1652 年：英國的第一份咖啡廣告印刷品以傳單形式出現，由帕斯夸・羅西製作，稱讚「咖啡飲料的功效。」

1656 年：大維其爾庫普瑞利在對坎迪亞的戰爭期間，基於政治因素，對咖啡館展開迫害，並對咖啡下達禁令。首次違反禁令者所受的刑罰是用棍棒鞭打；再犯者會被縫進皮革口袋中，丟進博斯普魯斯海峽。

1657 年：咖啡的第一則報紙廣告出現在倫敦的《大眾諮詢報》。

1657 年：咖啡被尚・德・泰弗諾祕密地引進巴黎。

1658 年：荷蘭人開始在錫蘭種植咖啡。

1660 年*：第一批法國商業進口的咖啡由埃及成包運抵馬賽。

1660 年：咖啡首次在一國法規書籍中被提及，每加侖被製作並販售的咖啡要課徵 4 便士的稅，「由製造者支付。」

1660 年*：荷蘭派往中國的大使紐霍夫首先嘗試將牛奶加進咖啡，模仿加牛奶的茶。

1660 年：Elford 用來烘焙咖啡的「白鐵」機器在英國被大量使用，這個機器「用一個插座點燃火焰。」

1662 年：歐洲的咖啡烘焙是用沒有火焰的炭火，在烤爐中及火爐上進行烘焙；「在無蓋陶製塔盤、舊布丁盤，還有平底鍋中使其變成棕色。」

1663 年：所有的英國咖啡館被要求要獲得許可證。

1663 年：荷蘭阿姆斯特丹開始定期進口摩卡咖啡豆。

1665 年：改良式的土耳其長型黃銅咖啡磨豆器組合（包括折疊手柄及放置生豆的杯型容器——可供煮沸及供應咖啡）最早在大馬士革被製造出來。大約在這個時期，包括了長柄燒水壺和放置於黃銅杯架上之瓷杯的土耳其咖啡組合開始流行。

1668 年：咖啡被引進北美洲。

1669 年：咖啡被土耳其大使蘇里曼·阿迦公開引進巴黎。

1670 年：大量咖啡烘焙在有鐵質長手柄的小型密閉鐵皮圓筒中進行，手柄的設計讓它們能在開放明火中旋轉。此裝置首先在荷蘭使用。其後在法國、英國，以及美國。

1670 年：在法國第戎的首次歐洲咖啡種植嘗試得到失敗的結果。

1670 年：咖啡被引進德國。

1670 年：咖啡首度在波士頓販售。

1671 年：法國第一家咖啡館開設在馬賽，鄰近交易所處。

1671 年：第一篇專為咖啡所做的權威性專論是由羅馬東方語文教授安東·佛斯特斯·奈龍以拉丁文撰寫而成並在羅馬出版。

1671 年：第一篇以法文寫作，大部分專門敘述咖啡的專論，《關於咖啡、茶與巧克力的新奇論文》，是由菲力毗·西爾韋斯特·達弗爾所著，於里昂出版。

1672 年：一位名為巴斯卡的亞美尼亞人是第一位在巴黎聖日耳曼市集公開販賣咖啡的人，同時他開設了第一家巴黎的咖啡館。

1672 年：大型銀質咖啡壺（伴隨著屬於它

們、以同樣材質製成的所有用具）在巴黎聖日耳曼市集中使用。

1674 年：《女性反對咖啡訴願書》在倫敦出版發行。

1674 年：咖啡被引進瑞典。

1675 年：查理二世簽署了一份公告，以煽動叛亂的溫床為由關閉所有倫敦咖啡館。這項命令在 1676 年因貿易商的請願而撤銷。

1679 年：一次由馬賽醫師站在純粹飲食營養立場所發起敗壞咖啡名聲的企圖並未奏效；咖啡的消耗以如此驚人的速度增加，使得里昂和馬賽的貿易商只能開始由黎凡特進口整船的生豆。

1679 年*：德國的第一家咖啡館由一位英國商人在漢堡開設。

1683 年：咖啡在紐約公開販售。

1683 年：哥辛斯基開設了第一家維也納的咖啡館。

1685 年：法國格勒諾布爾的一位著名醫師西厄爾·莫寧首次將咖啡歐蕾當做一種藥物推薦使用。

1686 年：約翰·雷是最早在科學專論中頌揚咖啡功效的英國植物學家之一，於倫敦出版了他的著作《植物編年史》。

1686 年：德國雷根斯伯格開設了當地的第一家咖啡館。

1689 年：普羅可布咖啡館是第一家真正的法式咖啡廳，由來自佛羅倫斯的西西里人弗朗索瓦·普羅可布所開設。

1689 年：波士頓開設了第一家咖啡館。

1691 年：口袋型便攜式咖啡製作裝置在法國廣受歡迎。

1692 年：有著圓錐體壺蓋、壺蓋按壓片，手柄與壺嘴呈直角的「提燈型」平直外觀咖啡

壺被人引進英國，接替了有曲線的東方式咖啡供應壺。

1694 年：德國萊比錫的第一家咖啡館開張。

1696 年：第一家在紐約開張的咖啡館（國王之臂）。

1696 年：首批咖啡幼苗是從馬拉巴海岸的坎努爾而來，並從鄰近巴達維亞的克達翁引進爪哇，但在不久之後被洪水摧毀。

1699 年：第二批由亨德里克・茨瓦德克魯從馬拉巴運送到爪哇的咖啡植株成為所有荷屬印度咖啡樹的祖先。

1699 年：最早關於咖啡的阿拉伯文手稿由加蘭德翻譯的法文版本出現在巴黎，書名為《咖啡的緣起及發展論述》。

1700 年：耶咖啡館是費城的第一家咖啡館，由山繆・卡本特建造。

1700～1800 年：以鐵皮製成的小型攜帶式焦炭或木炭爐具，搭配用手轉動的水平旋轉圓筒開始在家庭烘焙中使用。

1701 年：有著完美半球形壺蓋、壺身沒有那麼尖細的咖啡壺在英國出現。

1702 年：第一家「倫敦」咖啡館在美國費城開設。

1704 年：可能將煤炭首次應用在商業烘焙上的布爾咖啡烘焙機在英國獲得專利。

1706 年：阿姆斯特丹植物園接收了爪哇咖啡的第一份樣本，以及一株原本生長在爪哇的咖啡樹。

1707 年：第一本咖啡期刊《新興及奇特的咖啡館》由西奧菲爾・喬其在萊比錫發行，是第一個咖啡茶話會的某種機關刊物。

1711 年：爪哇咖啡第一次在阿姆斯特丹公開拍賣。

1711 年：一種將研磨好的咖啡粉裝在粗斜條棉布（亞麻）袋中，用浸泡式製作咖啡的新方法被引進法國。

1712 年：德國斯圖加特當地的第一家咖啡館開張。

1713 年：德國奧格斯堡當地的第一家咖啡館設立。

1714 年：一株由在 1706 年被阿姆斯特丹植物園所接收咖啡植株的種子培育出的咖啡樹，被獻給法國國王路易十四，並在巴黎植物園中培育。

1715 年：尚・拉羅克在巴黎出版了他的作品《歡樂阿拉伯之旅》，當中描述了許多關於咖啡在阿拉伯，以及它被引進法國的許多珍貴資訊。

1715 年：咖啡種植被引進海地及聖多明哥。

1715～1717 年：咖啡種植被一位聖馬洛的船長引進波旁大島（現在的留尼旺），他遵照法屬印度公司的指令，將咖啡植株從摩卡帶出來。

1718 年：咖啡的種植被引進蘇利南（荷屬圭亞那）。

1718 年：紀姆堯・馬修的《咖啡詩歌》，關於咖啡最早且最著名的詩作，以拉丁文譜寫完成，並在法蘭西文學院朗誦。

1720 年：弗洛里安諾・法蘭西斯康尼在威尼斯開設弗洛里安咖啡館。

1721 年：德國柏林的第一家咖啡館開幕。

1721 年：梅瑟發表了一本探討咖啡、茶及巧克力的專論。

1722 年：咖啡種植從蘇利南被引進開宴。

1723 年：葡萄牙殖民地開始在巴西帕拉以從開宴（法屬圭亞那）運來的植株首次進行咖啡種植，結果以失敗告終。

1723 年：諾曼步兵團的海軍上尉加百列・狄

克魯帶著獻給路易十四的其中一株爪哇咖啡樹幼苗由法國啟航，並在前往馬丁尼克的漫長旅程中，與它分享了自己的飲水。

1727 年：咖啡的種子與幼苗從法屬圭亞那開宴，被帶進位於亞馬遜河口的葡萄牙殖民地帕拉，開啟了咖啡種植第一次成功引進巴西的開端。

1730 年：英國人將咖啡種植引進牙買加。

1732 年：英國國會藉由減少內陸賦稅，試圖鼓勵英國在美洲的殖民地種植咖啡。

1732 年：巴哈著名的《咖啡清唱劇》在萊比錫出版。

1737 年：貿易商咖啡館在紐約創建；有些人稱其為美國自由精神真正的搖籃及美國的誕生之地。

1740 年：咖啡文化由西班牙傳教士從爪哇引進菲律賓。

1740 年：瑞典頒布了一條皇家敕令，反對「茶與咖啡的濫用與過度飲用。」

1748 年：咖啡種植由唐·荷西·安東尼奧·吉列伯特引進古巴。

1750 年：咖啡種植由爪哇引進蘇拉威西。

1750 年：在英國，平直外觀的咖啡壺開始被偏愛滾圓壺身與彎曲壺嘴的藝術反動運動取代；壺的側邊近乎是平行的，壺蓋的半球被壓平到在壺邊緣非常低的高度。

1750～1760 年：咖啡種植被人引進了瓜地馬拉。

1752 年：葡萄牙殖民地的密集咖啡種植在巴西帕拉及亞馬遜州重新展開。

1754 年：在送往駐紮於馬賽的國王軍隊的貨物中，提到有一個 8 吋長、直徑 4 吋的白銀製烘焙器。

1755 年：咖啡種植由馬丁尼克被引進到波多黎各。

1756 年：咖啡飲用在瑞典被皇家命令禁止，但是非法咖啡製作販賣和稅收的損失最終迫使禁令被解除。

1760 年：熬製——即煮沸咖啡，在法國普遍被泡製法所取代。

1760 年：朱奧·亞伯特·卡斯特羅·布朗庫種下一棵從葡屬印度果阿帶到里約熱內盧的咖啡樹。

1761 年：巴西豁免咖啡的出口關稅。

1763 年：一位法國聖班迪特的錫匠唐馬丁發明了一種咖啡壺，壺的內裡「被一個細緻的麻布袋整個填滿」。還有一個閥門可以倒出咖啡。

1764 年：皮特羅·維里伯爵在義大利米蘭創立一本哲學與文學期刊，刊名為《Il Caffè》（咖啡）。

1765 年：龐巴杜夫人財產目錄中的金磨臼被提及。

1770 年：英國咖啡供應壺風格的徹底改革；回歸到土耳其大口水壺的流暢線條。

1770 年：荷蘭首次將菊苣與咖啡一同使用。

1770～1773 年：里約、米納斯，以及聖保羅開始進行咖啡種植。

1771 年：John Dring 因複合咖啡而獲得一項英國專利。

1744 年：一位名為毛奇的比利時修士將咖啡植株由蘇利南引進里約熱內盧的卡普欽修道院花園中。

1744 年：一封由通訊委員會從紐約貿易商咖啡館發出，送往波士頓的信函中，做出組建美利堅合眾國的提議。

1775～1776 年：威尼斯十人議會以不道德、邪惡，還有貪腐為由，對咖啡館下達禁

令。然而，咖啡館從所有打壓它們的企圖中存活了下來。

1777 年：普魯士的腓特烈大帝發表他著名的咖啡與啤酒宣言，建議社會下層階級飲用後者以取代前者。

1779 年：理查‧迪爾曼因一項製作研磨咖啡磨豆器的新方法被核發英國專利。

1779 年：咖啡種植被西班牙航海家納瓦洛從古巴引進哥斯大黎加。

1781 年：普魯士的腓特烈大帝在德國創辦了國營咖啡烘焙工廠，宣布咖啡業為皇家獨占事業，並禁止一般人自己烘焙咖啡。「咖啡好鼻師」則讓違背法律者的日子極不好過。

1784 年：咖啡種植被引進委內瑞拉，使用的是從馬丁尼克來的種子。

1784 年：科隆選侯國的統治者馬克西米利安‧弗里德里希頒布了一項禁令，禁止富人階級之外的所有人使用咖啡。

1785 年：麻薩諸塞州的州長詹姆斯‧鮑登將菊苣引進美國。

1789 年：美國開始徵收咖啡的進口關稅，每磅 2½ 美分。

1789 年：喬治‧華盛頓以美國總統當選人的身分，在 4 月 23 日於紐約市的貿易商咖啡館被正式迎接。

1790 年：咖啡種植由西印度群島被人引進了墨西哥。

1790 年：美國第一家批發咖啡烘焙工廠在紐約市大碼頭街 4 號開始營運。

1790 年：第一則美國的咖啡廣告出現在《紐約廣告日報》中。

1790 年：美國的咖啡進口關稅被提高到每磅 4 美分。

1790 年：第一份粗糙的包裝咖啡被放在「窄口粗陶壺和粗陶罐中，」由紐約商人販賣。

1791 年：一位名為約翰‧霍普金斯的英國貿易商將里約熱內盧的第一批咖啡出口至葡萄牙里斯本。

1792 年：通天咖啡館於紐約市創建。

1794 年：美國的咖啡進口關稅上漲到每磅 5 美分。

1798 年：湯瑪斯‧布魯福二世因改良的咖啡研磨磨臼獲得了第 1 項美國專利。

1800 年*：菊苣在荷蘭開始被當做咖啡替代品使用。

1800 年*：後來改為瓷製的錫製德貝洛依咖啡壺出現——最原始的法式滴漏咖啡壺。

1800*～1900 年*：在英國，手柄與壺嘴呈直角的咖啡供應壺風格有回歸的趨勢。

1802 年：第一項咖啡濾器的法國專利被核發給德諾貝、亨理恩和胡許——發明了「以浸泡方式的藥物學：化學咖啡製作器具」。

1802 年：查爾斯‧瓦耶特以一種蒸餾咖啡的器具獲得一項倫敦的專利。

1804 年*：第一批由摩卡送出的咖啡貨運以及其他東印度出產物，被放置於船艙底層，送往麻薩諸塞州塞勒姆。

1806 年：詹姆斯‧亨克被核發一項咖啡乾燥機的英國專利，「一項由一位外邦人傳達給他的發明。」

1806 年：無須煮沸，以過濾方式製作咖啡的改良法式滴漏咖啡壺所獲得的第一項法國專利被核發給阿德羅。

1806 年：居住在巴黎，被流放的美籍科學家倫福德伯爵（班傑明‧湯普森）發明咖啡滲濾壺（即改良後的法式滴漏咖啡壺）。

1808 年：咖啡在哥倫比亞庫庫塔附近小規模種植，這裡的咖啡是在十八世紀後半葉由委

內瑞拉引進的。

1809 年：美國第一批由巴西進口的咖啡抵達麻薩諸塞州塞勒姆。

1809 年：咖啡在巴西成為貿易商品。

1811 年：一位倫敦食品雜貨商兼茶葉商華特·洛克弗德因壓縮咖啡塊在倫敦獲得了一項專利。

1812 年：英國的咖啡是在鐵鍋或在以鐵皮製作的空心圓筒中烘焙；然後再用研缽搗碎，或用手搖磨臼研磨。

1812 年：安東尼·施依克獲得一項關於烘焙咖啡法（或者說步驟）的英國專利，但規格說明書從未被提出。

1812 年：咖啡在義大利是被人放在配有鬆鬆的軟木塞的玻璃瓶中烘焙的，玻璃瓶被保持在木炭燃燒的澄澈火焰上，並且被不間斷地進行攪動。

1812 年：美國的咖啡進口關稅由於戰爭稅收措施的原因，上漲到每磅 10 美分。

1813 年：一項研磨和搗碎咖啡的磨豆機美國專利被核發給康乃狄克州紐海文的亞歷山大·鄧肯·摩爾。

1814 年：戰爭時期茶和咖啡投機生意的狂熱，令費城的居民組成了一個不消費協會，每個立誓加入的人都必須保證不會為每磅咖啡付出比 25 美分還高的價格，還有不喝茶，除非是已經運進國內的。

1816 年：美國的咖啡進口關稅下降到每磅 5 美分。

1817 年*：咖啡比金（據說是由一位名叫比金的人所發明的）在英國開始被普遍使用。

1818 年：供咖啡現貨交易及取得咖啡的利哈佛咖啡市場被創建。

1819 年：巴黎錫匠莫里斯發明了一種雙重滴漏、可翻轉咖啡壺。

1819 年：勞倫斯因最早的泵浦式滲濾器具而獲得了一項法國專利，水在這個器具中會被蒸氣壓推高並滴流在磨好的咖啡上。

1820 年：巴爾的摩的佩瑞格林·威廉森因在 1820年對咖啡烘焙做出的改良而被核發了在美國的第一項專利。

1820 年：另一種早期的法式滲濾壺由巴黎錫匠格德獲得專利。

1822 年：緬因州的內森·里德被核發咖啡脫殼機的美國專利。

1824 年：理查·伊凡斯因烘焙咖啡的商用方法獲得了英國專利，此項專利包括了裝有供混合用的改良式凸緣的圓筒形鐵皮烘焙器；在烘焙的同時為咖啡取樣的中空管子及試驗物；以及將烘焙器徹底翻轉以便清空內容物的方法。

1825 年：藉由蒸氣壓力和部分真空原理作用的泵浦式滲濾壺在法國、德國，奧地利以及其他地方開始流行。

1825 年：第一項咖啡壺的美國專利被人核發了給紐約的路易斯·馬參利。

1825 年：咖啡種植由里約熱內盧被人引進了夏威夷。

1827 年：巴黎一位鍍金珠寶製造商 Jacques Augustin Gandais 發明了第一臺真正能實際使用的泵浦滲濾壺。

1828 年：康乃狄克州梅里登的查爾斯·帕克開始著手研究最初的帕克咖啡磨豆機。

1829 年：第一項咖啡磨豆機的法國專利被核發給法國莫爾塞姆的 Colaux & Cie。

1829 年：Lauzaune 公司開始在巴黎製作手搖式鐵製圓筒咖啡烘焙機。

1830 年：美國的咖啡進口關稅調降至每磅 2

美分。

1831 年：大衛・塞爾登因一臺有鑄鐵製研磨錐的咖啡磨豆機而被核發一項英國專利。

1831 年：英國的約翰・惠特莫公司開始製造咖啡種植機械。

1831 年：美國的咖啡進口關稅調降至每磅 1 美分。

1832 年：康乃狄克州梅里登的愛德蒙・帕克與赫曼・M・懷特帕克因一種新式的家用咖啡與香料研磨器，被核發了 1 項美國專利。（查爾斯・帕克公司也在同年奠定基礎。）

1832 年：由強制勞動力進行官方咖啡種植的方式被引進爪哇。

1832 年：咖啡被列在美國的免稅清單上。

1832～1833 年：康乃狄克州柏林鎮的 Ammi Clark 因改良家用咖啡及香料研磨器獲得美國專利。

1833 年：康乃狄克州哈特福的阿莫斯・藍森在1833年獲得一項咖啡烘焙器的美國專利。

1833～1834 年：詹姆斯・威爾德在紐約建立了一家全英式咖啡烘焙及研磨工廠。

1834 年：這一年標示著哥倫比亞最早有紀錄的咖啡出口。

1834 年：約翰・查斯特・林曼因將裝配有金屬鋸齒的圓形木盤用在咖啡脫殼機上而獲得一項英國專利。

1835 年：波士頓的湯瑪斯・迪特森獲得脫殼機的美國專利。隨後還有另外十項專利。

1835 年：爪哇及蘇門答臘開始出現最早的私人咖啡莊園。

1836 年：第一項咖啡烘焙機的法國專利核發給了巴黎的 François RenéLacoux 的陶瓷製複合式咖啡烘焙研磨機。

1837 年：里昂的 François Burlet 因法國第一

種咖啡替代品獲得專利。

1839 年：詹姆斯・瓦迪和莫理茲・普拉托因一種採用真空步驟製作咖啡、且上層器皿為玻璃製作的甕形滲濾式咖啡壺，而被核發了一項英國專利。

1840 年：咖啡種植被引進薩爾瓦多。

1840 年：中美洲開始將咖啡運往美國。

1840 年*：羅伯特・納皮爾父子克萊德造船公司的羅伯特・納皮爾發明了一種藉由蒸餾和過濾來製作咖啡的納皮爾真空咖啡機，然而，此器具從未被註冊專利。（見 1870 年條目。）

1840 年：紐約州波蘭的阿貝爾・史提爾曼獲得1項美國專利，專利內容是在家用咖啡烘焙器上加上讓操作者得以在烘焙過程中觀察咖啡的雲母片視窗。

1840 年：英國人開始在印度種植咖啡。

1840 年：威廉・麥金能開始製造咖啡農莊種植機械。（他的公司創立於 1798 年）

1842 年：第一個玻璃製咖啡製作器具的法國專利被核發給里昂的瓦雪夫人。

1843 年：巴黎的 Edward Loysel de Santais 因改良式咖啡製作機器獲得專利，機器的原理隨後被體現在一個 1 小時沖煮 2000 杯咖啡的流體靜力滲濾壺上。

1846 年：波士頓的詹姆斯・W・卡特因他的「拉出式」烘豆機而被核發 1 項美國專利。

1847 年：巴爾的摩的 J・R・雷明頓獲得 1 項咖啡烘焙機的美國專利，專利內容是採用以箕斗輪將咖啡生豆用單一方向推送穿過一個以木炭加熱的槽，生豆在通過轉動的箕斗輪的同時被烘焙。

1847～1848 年：威廉和伊莉莎白・達金因一個有金、銀、白金，或合金內襯的烘焙圓

筒，還有架設在天花板軌道上，將烘豆器由烘爐中移進和移出的移動式滑動臺架設計的烘豆機在英國獲得專利。

1848 年：湯瑪斯·約翰·諾里斯因鍍有琺瑯的有孔滲濾式烘焙圓筒獲得 1 項英國專利。

1848 年：咖啡研磨機器的第一項英國專利被核發給路克·赫伯特。

1849 年：利哈佛的 Apoleoni Pierre Preterre 將咖啡烘焙機架設在秤重器具上，以顯示烘焙過程中的重量流失並自動中斷烘焙過程，因而獲得 1 項英國專利。

1849 年：辛辛那提的湯瑪斯·R·伍德因改良一臺為廚房爐具設計的球形咖啡烘焙機獲得1項美國專利。

1850 年：約翰·戈登有限公司開始在倫敦製造咖啡農園機械。

1850 年*：咖啡種植被引進瓜地馬拉。

1850 年*：約翰·沃克為咖啡種植事業引進他的圓筒碎漿機。

1852 年：愛德華·吉因一款烘焙改良式複合烘豆裝置在英國獲得 1 項專利；烘豆機有一個打有孔洞的圓筒，並裝配了供烘焙時翻轉咖啡豆之用的傾斜凸緣。

1852 年：Robert Bowman Tennet 因一臺雙圓筒式碎漿機在英國獲得 1 項專利。隨後還有其餘專利

1852 年：塔維涅因一種咖啡塊獲得了 1 項法國專利。

1853 年：拉卡薩涅與 Latchoud 因製作咖啡的固態及液態萃取物獲得 1 項法國專利。

1855 年：紐約州 Fishkill Landing 的 C·W·范·弗利特在 1855 年因一臺採用了上層為斷裂錐、下層是研磨錐的家用咖啡磨豆機而被核發了1項美國專利。此專利被讓渡給了康乃狄克州梅里登的查爾斯·卡特。

1856 年：偉特和謝內爾的老自治領式咖啡壺在美國註冊專利。

1857 年：諾威公司咖啡清洗機械的專利在美國提出專利申請。隨後還有 16 項其他專利。

1857 年：喬治·L·史奎爾於紐約州水牛城開始製造咖啡農園機械。

1859 年：約翰·戈登因咖啡碎漿機而獲得 1 項英國專利。

1860 年*：包裝式研磨咖啡的先驅奧斯彭的馳名調製爪哇咖啡，由路易士·A·奧斯彭投放至紐約市場上。

1860 年：一位在哥斯大黎加聖荷西的美籍機械工程師馬可斯·梅森發明梅森咖啡碎漿清潔機。

1860 年：約翰·沃克獲得為去除阿拉伯咖啡豆果肉所製作圓盤式碎漿機的英國專利。

1860 年：Alexius van Gülpen 開始在德國埃默里希生產咖啡生豆分級機器。

1861 年：由於戰爭稅收措施的原因，美國的咖啡進口關稅來到每磅 4 美分。

1862 年：美國第一家為散裝咖啡製作紙袋的公司在布魯克林開始營運。

1862 年：費城的 E·J·海德獲得 1 項美國專利，專利內容是咖啡烘焙機與裝配有起重機的火爐之組合，烘焙圓筒在有起重機的火爐上能夠被旋轉，並可水平迴轉以清空與重新裝填。

1864 年：紐約的傑貝茲·伯恩斯因伯恩斯咖啡烘焙機獲得了 1 項美國專利，這是第一臺在清空咖啡豆時，不需由火源處移開的機器；這在咖啡烘焙裝置的製造方面是一項獨特的發展。

1864 年：詹姆斯·亨利·湯普森、霍博肯及

約翰・利傑伍德因一臺咖啡脫殼機獲得 1 項英國專利。

1865 年：約翰・艾伯克將獨立包裝的烘焙咖啡引進匹茲堡的同業中，即名為「Ariosa」包裝咖啡的先驅。

1866 年：美國駐里約熱內盧代理大使 William Van Vleek Lidgerwood 獲得 1 項咖啡脫殼清洗機的英國專利。

1867 年：傑貝茲・伯恩斯獲得一臺咖啡冷卻機、一臺咖啡混合機，以及一臺研磨機——或可說造粒機的美國專利。

1868 年：紐約的湯瑪斯・佩吉開始製造與卡特烘豆機類似的一款拉出式咖啡烘焙機。

1868 年：與 J・H・藍辛及 Theodor von Gimborn 合夥的 Alexius van Gülpen，開始在德國埃默里希製造咖啡烘焙機器。

1868 年：康乃狄克州米德爾頓的 E・B・曼寧在美國註冊他的茶與咖啡兩用壺的專利。

1868 年：約翰・艾伯克因一種烘焙咖啡塗布層配方獲得 1 項美國專利，配方中包括鹿角菜、魚膠、明膠、糖，以及蛋。

1869 年：紐約的 Élie Moneuse 與 L・Duparquet 因一個以銅片製成、內裡有純錫片內襯的咖啡壺獲得 3 項美國專利。

1869 年：紐約的 B・G・阿諾德策劃了第一宗大批生豆投機買賣；他做為操盤手的成功為他贏得了咖啡貿易之王的稱號。

1869 年：費城威克爾&史密斯香料公司的讓與人亨利・H・史麥澤獲得一個可同時供咖啡使用之香料盒的美國專利。

1869 年：倫敦的咖啡販售執照被廢止。

1869 年：咖啡葉斑病侵襲錫蘭的咖啡莊園。

1870 年：費城的約翰・古迪克・貝克是賓夕凡尼亞州 Enterprise Manufacturing 公司的創辦人之一，因一臺由 Enterprise Manufacturing 公司以「冠軍一號」研磨機之名引進給同業的咖啡磨豆器而獲得一項專利。

1870 年：Delephine, Sr., Marourme 因一種可在火焰上翻轉的管狀咖啡烘豆器而獲得 1 項法國專利。

1870 年：德國埃默里希的 Alexius van Gülpen 製作出一款有孔洞及排氣裝置的球形咖啡烘焙器。

1870 年：蘇格蘭格拉斯哥的 Thos, Smith & Son 公司（後繼者是艾爾金頓公司）為了以蒸餾方式煮製咖啡，開始生產納皮爾真空咖啡機。

1870 年：俄亥俄州哥倫布的巴特勒，艾爾哈特公司註冊了美國第一個咖啡香精的商標。

1870 年：巴西第一家咖啡穩價企業最終以失敗收場。

1871 年：紐約的 J・W・吉利斯因在咖啡烘焙及處理過程當中，加入了冷卻處理過程而獲得 2 項美國專利。

1871 年：美國第一個咖啡商標被核發給俄亥俄州哥倫布巴特勒，艾爾哈特公司於 1870 年首度開始使用的「Buckeye」。

1871 年：G・W・亨格弗爾德因一臺咖啡清潔磨光機獲得 1 項美國專利。

1871 年：美國的咖啡進口關稅調降至每磅 3 美分。

1872 年：紐約的傑貝茲・伯恩斯因一臺改良式咖啡造粒磨粉機獲得 1 項美國專利。另一項專利於 1874 年取得。

1872 年：瓜地馬拉喬科拉的 J・瓜迪歐拉因一臺咖啡碎漿機及一臺咖啡乾燥機首次獲得他的美國專利。

1872 年：美國取消咖啡進口關稅。

1872 年：紐約的羅伯特・休伊特二世出版了美國第一本關於咖啡的著作，《咖啡：它的歷史、種植與用途》。

1873 年：費城的 J・G・貝克是賓夕凡尼亞州 Enterprise Manufacturing 公司的讓與人，他因一臺後來被業界稱為「全球企業冠軍〇號」的研磨磨粉機獲得 1 項美國專利。

1873 年：馬可斯・梅森開始在美國生產咖啡農莊種植機械。

1873 年：第一個成功的包裝咖啡全國性品牌「Ariosa」被匹茲堡的約翰・艾伯克投放到美國市場上。（於 1900 年註冊）

1873 年：巴爾的摩的 H・C・拉克伍德因一種以紙製成，並加上錫箔內襯的咖啡包裝獲得1項美國專利。

1873 年：第一個為控制咖啡而成立的國際聯盟在德國法蘭克福由德國貿易公司成立組織，同時此組織成功地運行了 8 年。

1873 年：Jay Cooke 股票市場恐慌導致里約咖啡豆在紐約市場的價格於一天內，從 24 美分降到 15 美分。

1873 年：喬治亞州格里芬的E・達格代爾因咖啡替代品獲得 2 項美國專利。

1873 年：設計用來取代小酒吧成為勞工的休閒場所的第一間「咖啡宮殿」——愛丁堡城堡在倫敦開張。

1874 年：約翰・艾伯克因一臺咖啡清潔分級機獲得 1 項美國專利。

1875 年：咖啡種植被引進瓜地馬拉。

1875～1876～1878 年：賓夕凡尼亞州新布萊頓的 Turner Strowbridge 因首度由 Logan & Strowbridge 公司製造的箱式咖啡磨粉機獲得 3 項美國專利。

1876 年：約翰・曼寧在美國生產他的閥門式滲濾咖啡壺。

1876～1878 年：水牛城的亨利・B・史蒂文斯是水牛城人士喬治・L・斯奎爾的讓與人，他因咖啡清潔與分級機器而獲得美國專利。

1877 年：一臺商用咖啡烘焙機的第 1 項德國專利被核發給 G. Tuberman 之子。

1877 年：巴黎的馬尚和伊涅特因一臺圓形，或說球形咖啡烘豆機獲得 1 項法國專利。

1877 年：瓦斯咖啡烘豆機的第一項法國專利被核發給馬賽的魯雷。

1878 年：咖啡種植被引進英屬中非。

1878 年：《香料磨坊》是第一份提獻給咖啡及香料行業的報紙，由傑貝茲・伯恩斯在紐約創立。

1878 年：康乃狄克州新不列顛的 Landers, Frary & Clark 公司讓與人魯道弗斯・L・韋伯因改良家用箱式咖啡研磨器而獲得 1 項美國專利。

1878 年：波士頓的咖啡烘焙商 Chase & Sanborn 是第一家將烘焙咖啡以密封容器包裝及運送的公司。

1878 年：費城的約翰・C・戴爾因一臺供店面使用的咖啡磨粉機獲得1項美國專利。

1878 年：英國人開始在中非地區種植咖啡。

1879 年：英國蘭卡斯特斯托克波特的 H・福爾德因第一臺英國燃氣式咖啡烘焙機獲得 1 項英國專利，這臺機器目前由 Grocers Engineering & Whitmee 公司製造。

1879 年：英國的弗勒里和巴克公司發明了一種新的燃氣式咖啡烘焙機。

1879 年：里約熱內盧的 C・F・哈格里夫斯因脫殼、光亮，以及分離咖啡豆的機械裝置獲得 1 項英國專利。

1879 年：紐約的查爾斯・霍爾斯特德是第一

位生產有陶瓷內襯之金屬咖啡壺的人。

1879～1880 年：康乃狄格州紹辛頓佩克‧斯托‧威爾考克斯公司的奧森‧W‧斯托因對咖啡及香料磨粉器進行改良而獲得 1 項美國專利。

1880 年：由於巴西、墨西哥，以及中美洲等地的咖啡種植與採購企業聯合組織的緣故，美國因此在咖啡貿易上遭到了極為沉重的打擊。

1880 年：配有蓋子、底部有可供澄清與過濾之平紋細布的咖啡壺首次由 Duparquet, Huot & Moneuse 公司在美國製造。

1880 年：英國曼徹斯特的彼得‧皮爾森因將一款咖啡烘焙器的燃料由煤炭改為瓦斯而獲得 1 項英國專利。

1880 年：費城的亨利‧史麥澤因一臺包裝充填機獲得 1 項美國專利，此機器是秤重包裝機的先驅，約翰‧艾伯克因掌控此機器而開啟了與哈弗邁爾的咖啡與糖之爭端。

1880 年：有著花俏外型的咖啡包裝紙袋首次在德國使用。

1880～1881 年：G‧W‧亨格弗爾德與 G‧S‧亨格弗爾德因清潔、沖刷與亮光咖啡的機器獲得美國專利。

1880～1881 年：北美以「三位一體」（O‧G‧金博爾、B‧G‧阿諾德，以及鮑伊‧達許，全都來自紐約）為人所知的第一個大型咖啡貿易聯盟以轟動社會的方式解體，聯盟的失敗是由於巴西、墨西哥，以及中美洲等地的咖啡種植與採購企業聯合組織的緣故。

1881 年：史提爾與普萊斯公司首先引進全紙製（硬紙板）的咖啡罐。

1881 年：布魯克林的 C‧S‧菲利普斯因咖啡的陳化與熟成獲得 3 項美國專利。

1881 年：德國埃默里希的 Emmericher Machinenfabrik und Eisengiesserei 公司開始製造附有瓦斯加熱器的密封球形烘豆器。

1881 年：傑貝茲‧伯恩斯因對他自己的烘豆器進行結構改良而獲得 1 項美國專利，包括了一個可同時供重新裝填及清空使用的可翻轉前端頂部。

1881 年：艾德加‧H‧摩根與查爾斯摩根兄弟開始製造家用咖啡磨粉機，後來（1885 年）被伊利諾伊州弗里波特的 Arcade 製造公司購得。

1881 年：紐約的弗朗西斯‧B‧特伯出版了美國第二重要的咖啡著作，《咖啡：從農場到杯中物》。

1881 年：布魯克林的哈維‧里克將被稱為「老大」的「1 分鐘」咖啡壺及咖啡甕引進這個行業，「老大」隨後改名為「1 分鐘」，而加以改良後，以「半分鐘」咖啡壺之名註冊專利（1901 年）：它是使用厚底棉布袋的過濾裝置。

1881 年：紐約咖啡交易所成立。

1882 年：紐約的克里斯多弗‧阿貝爾因對一款與被稱為 Knickerbocker 初始伯恩斯機型（專利已於 1864 年過期）類似的咖啡烘豆機進行改良而在美國獲得 1 項專利。

1882 年：亨格弗爾德父子製作出一款與最早的伯恩斯機型相似的咖啡烘焙機，與克里斯多弗‧阿貝爾競爭。

1882 年：柏林的艾米爾‧諾伊施塔特因最早的咖啡萃取液製作機獲得 1 項德國專利。

1882 年：第一個法國咖啡交易——或說集散市場，在利哈佛開幕。

1882 年：紐約咖啡交易所開始營業。

1883 年：伯恩斯改良式樣本咖啡烘焙機由傑貝茲‧伯恩斯在美國註冊專利。

1884 年：後來被稱為「馬里昂‧哈蘭德」的「星辰」咖啡壺被引進咖啡業。

1884 年：Chicago Liquid Sac 公司將最初紙與錫罐的組合咖啡容器引進美國。

1885 年：F‧A‧哥舒瓦將一款陶瓷內襯的咖啡甕引進美國市場。

1885 年：紐約咖啡交易所的資產被移轉至紐約市咖啡交易所，經由特殊許可進行合併。

1885 年：咖啡種植被引進比屬剛果。

1886 年：沃克父子有限公司開始在錫蘭實驗一種賴比瑞亞盤狀咖啡碎漿機；在 1898 年徹底完善。

1886～1888 年：「咖啡大爆發」迫使里約第七類咖啡期貨的價格由 7.5 美分上升到 22¼ 美分，其後的恐慌將價格削減到 9 美分。1887 年到 1888 年紐約咖啡交易所的總銷量是 4 萬 7868.75 袋；同時在 1886 年到 1887 年間，價格上揚了 1485 點。

1887 年：倫敦的 Beeston Tupholme 因一臺直火瓦斯咖啡烘豆機獲得 1 項英國專利。

1887 年：咖啡種植被引進東京，印度支那。

1887 年：咖啡交易所在阿姆斯特丹及漢堡開始營業。

1888 年：巴西奴隸制度的廢止令咖啡工業蒙受損害，並為君主政體的衰落鋪路，其後在 1888年被共和體制承接。

1888 年：巴西聖保羅皮拉西卡巴的 Evaristo Conrado Engelberg 因一臺咖啡脫殼機（於 1885年發明）獲得 1 項美國專利；同年，紐約雪城的 Engelberg 脫殼機公司以製造並販售 Engelberg 機器為目的而組織成立。

1888 年：荷蘭海牙的 Karel F. Henneman 因一款直火式瓦斯咖啡烘豆機而獲得 1 項西班牙專利。

1888 年：1 項法國專利因一臺燃氣式烘豆機被核發給 Postulart。

1889 年：1886 年由蘇格蘭格拉斯哥來到美國的大衛‧福瑞澤創辦了亨格福德公司，接替了亨格福德的生意。

1889 年：伊利諾伊州弗里波特的 Arcade 製造公司生產出第一臺「磅」級咖啡磨粉機。

1889 年：荷蘭海牙 Karel F. Henneman 的直火式瓦斯咖啡烘豆機獲得比利時、法國，以及英國專利。

1889 年：C‧A‧奧圖因一臺可在 3.5 分鐘內將咖啡烘好的螺旋線圈加熱瓦斯咖啡烘豆機獲得 1 項德國專利。

1890 年：法國巴勒迪克的 A. Mortant 開始製造咖啡烘焙用機械。

1890 年*：咖啡交易所於安特衛普、倫敦，及鹿特丹開始營運。

1890 年：Sigmund Kraut 開始在柏林生產新式的防油紙質內襯咖啡包裝袋。

1891 年：波士頓的新英格蘭自動度量衡機械公司開始製造將咖啡秤重裝填至硬紙盒或其他包裝的機械。

1891 年：瓜地馬拉安提瓜的 R. F. E. O'Krassa 因一臺為咖啡碎漿的機械獲得 1 項重要的英國專利。

1891 年：英國肯特郡布萊克希思的約翰‧李斯特因一臺被描述為納皮爾系統改良版的蒸氣式咖啡甕獲得 1 項英國專利。

1892 年：德國埃默里希的 T‧馮‧金伯因在旋轉式圓筒中採用無遮罩瓦斯火焰的咖啡烘豆機而獲得 1 項英國專利。

1892 年：德國馬德堡市 Buckau的Fried.

Krupp A. G. Grusonwerk 公司開始製造咖啡種植機械。

1893 年：紐奧良的 Cirilo Mingo 因藉由使袋子潮溼的方式，讓咖啡生豆熟成或陳化的加工方法獲得 1 項美國專利。

1893 年：美國第一臺直火瓦斯咖啡烘豆機（Tupholme的英國機械）由 F・T・荷姆斯安裝在紐約 Potter-Parlin 公司的工廠中，他也以日租為基礎的方式，在全美各地安裝類似的機器，將租約限制在一個城市只有一間公司，他由 Waygood, Tupholme 公司——現今倫敦的 Whitmee 機械股份有限公司，取得美國獨家代理權。

1893 年：荷蘭海牙 Karel F. Henneman 的直火式瓦斯咖啡烘豆機獲得美國專利。

1894 年：第一臺能秤量貨品並裝填至硬紙盒中的自動秤重機被裝設在波士頓的 Chase & Sanborn 公司。

1894 年：費城的約瑟夫・M・沃爾什出版了《咖啡：它的歷史、分類與性質》。

1895 年：荷蘭海牙的 Gerritt C. Otten 及 Karel F. Henneman 因一臺咖啡豆機獲得1項美國專利。

1895 年：Adolph Kraut 將德國雙層（防油內襯）咖啡紙袋引進美國。

1895 年：紐約馬可斯・梅森公司的讓與人馬可斯・梅森因咖啡碎漿及亮光的機械獲得美國專利。

1895 年：費城的 Thomas M. Royal 是第一位在美國製造新式雙層內襯咖啡紙袋的人。

1895 年：埃德列斯坦・賈丁在巴黎出版了他關於咖啡的作品《咖啡店及它們的店主》。

1895 年：麻薩諸塞州昆西的電子度量衡公司開始製作氣動式秤量機械；生意由麻薩諸塞州 Norfolck Downs 的氣動式度量衡股份有限公司接續。

1895 年：荷蘭機械 Henneman 直火式瓦斯咖啡烘焙機由麻薩諸塞州菲奇堡的 C・A・克羅斯引進美國。

1896 年：天然氣在美國首次被用來做為烘焙咖啡的燃料，於賓夕凡尼亞州與印第安納州將改良式瓦斯爐放置在煤炭烘焙圓筒下方。

1896 年：咖啡在東非肯亞進行實驗性栽種。

1896～1897 年：Beeston Tupholme 因他的直火瓦斯咖啡烘焙機獲得美國專利。

1896 年：咖啡種植被小範圍的引進了澳洲昆士蘭。

1897 年：佛蒙特州的約瑟夫・蘭伯特開始在密西根州巴特爾克里克製造並販賣蘭伯特獨立式咖啡烘豆機，這款機器沒有當時咖啡烘焙機器必備的磚砌鑲嵌底座。

1897 年：一款特殊的瓦斯爐（後成為專利申請的依據）首次被附加在一般的伯恩斯烘豆機上。

1897 年：賓夕凡尼亞州的 Enterprise Manufacturing 公司是第一個習慣性採用以電動馬達經由所安裝之皮帶輪驅動的商用咖啡磨粉機公司。

1897 年：紐澤西霍博肯的卡爾・H・杜林是紐約 D. B. Fraser 的讓與人，他因一款咖啡烘焙機獲得 1 項美國專利。

1898 年：俄亥俄州特洛依的霍博特製造公司將最早接有電動馬達且經由所附加皮帶輪驅動的首批咖啡磨粉機投放到市場上。

1898 年：布魯克林的米拉爾德・F・漢姆斯利因一款改良式直火瓦斯咖啡烘焙機獲得 1 項美國專利。

1898 年：紐約的愛德恩・諾頓因罐裝食物的

真空加工步驟獲得了 1 項美國專利，此步驟後來也被應用在咖啡包裝上。其後還有其他專利。

1898 年：一位傑出的委內瑞拉男士 J・A・奧拉瓦里亞首先提出限制咖啡生產計畫，以及調節受咖啡生產過剩之苦國家咖啡出口的主張。

1898 年：一項賣空行動迫使里約第七類咖啡期貨在紐約咖啡交易所的價格下跌到了 4.5 美分。

1899 年：黑死病的爆發讓咖啡價格暫時停止下滑。

1899 年：紐澤西菲利普斯堡的瓶罐公司開始為咖啡製造纖維本體、錫底的正方形及矩形罐頭。

1899 年：一位東京化學家佐藤加藤在芝加哥發明可溶性咖啡。

1899 年：紐約的大衛・B・福瑞澤獲得兩項美國專利，其一是核發給一臺咖啡烘焙機，另一項則是咖啡冷卻機。

1899 年：紐約的埃利斯・M・波特因將某些改良體現在 Tupholme 的機器上，改進製作出直火瓦斯咖啡烘焙機獲得了 1 項美國專利，在這臺改良的機器中，瓦斯火焰大範圍地延伸，如此可避免燒焦，並確保更徹底與均勻的烘焙。

1900 年：裝配有獲得專利、位置在正中央，供充填及清空咖啡豆之用的搖擺柵門頂端的伯恩斯直火瓦斯咖啡烘豆機首度被引進咖啡業內。

1900 年：第一臺齒輪傳動電動咖啡磨粉機由賓夕凡尼亞州的 Enterprise Manufacturing 公司引進美國市場。

1900 年：伯恩斯搖擺柵門咖啡試樣烘焙裝備

在美國註冊專利。

1900 年：舊金山的希爾斯兄弟是首先在諾頓專利授權下，將咖啡真空包裝的公司。

1900 年：伊利諾伊州弗里波特的查爾斯・摩根因一款配有可拆卸玻璃量杯的玻璃罐咖啡磨粉器獲得1項美國專利。

1900 年：瓜地馬拉安提瓜的 R. F. E. O'Krassa 因咖啡去殼及乾燥的機器獲得英國及一項美國的專利。

1900 年：以化學方法純化及中和後的松香被用做使烘焙咖啡保持新鮮及美味的亮光劑（harz-glasur）在德國首先被發現並應用。

1900 年：查爾斯・路易斯因他的「Kin Hee」過濾式咖啡壺獲得1項美國專利。

1900 年：肯亞開始進行商業規模咖啡種植。

1900～1901 年：咖啡在聖多斯咖啡永久取代里約咖啡，成為世界最大咖啡供應來源時，邁入了一個全新的紀元。

1901 年：佐藤加藤的可溶性咖啡由在水牛城參加泛美博覽會的加藤咖啡公司投放至美國市場。

1901 年：美國瓶罐公司開始在美國製造並販售錫製咖啡罐。

1901 年：改良版全紙質咖啡罐（以硬紙板、純色刨花板，或以馬尼拉紙製成的刨花板製作而成）由聖路易的 J. H. Kuechenmeister 引進美國市場。

1901 年：專門關注茶葉及咖啡貿易的《咖啡與茶貿易期刊》第一期在紐約出現。

1901 年：咖啡種植由留尼旺島被引進英屬東非地區。

1901 年：紐約的羅伯特・伯恩斯因一臺咖啡烘豆機及冷卻機獲得 2 項美國專利。

1901 年：密西根州馬歇爾的約瑟夫・蘭伯特

將一款瓦斯咖啡烘焙機引進美國咖啡業界，那是最早採用瓦斯為燃料進行非直火烘焙的機器之一。

1901 年：英國米德爾薩克斯賓福特的T・C・穆爾伍德因一臺配有可拆卸取樣管的瓦斯咖啡烘焙機獲得 1 項英國專利。

1901 年：F・T・荷姆斯加入位於紐約西爾弗克里克的韓特利製造公司，隨後開始為咖啡業打造「監測者」咖啡烘豆機。

1901 年：Landers, Frary & Clark 的通用滲濾式咖啡壺在美國註冊專利。

1902 年：寇爾斯製造公司（Braun 公司的接續者）與費城的 Henry Troemner 開始製造及銷售齒輪傳動電動咖啡磨粉器，

1902 年：在墨西哥市舉行的泛美會議提議進行研究咖啡的國際會議，於 1902 年 10 月在紐約集會。

1902 年：10 月 1 日到 10 月 30 日於紐約舉辦了一場國際咖啡會議。

1902 年：羅布斯塔咖啡由布魯塞爾植物園被引進爪哇。

1902 年：Union Bag & Paper 公司製造首批使用整捲紙、以機械製作的新式雙層紙袋。

1902 年：Jagensberg 機械公司開始將德國製的一種咖啡自動包裝標籤機引進美國。

1902 年：明尼亞波利斯的 T・K・貝克因一款布質濾器咖啡壺獲得 2 項美國專利。

1903 年：一項關於濃縮咖啡及製作濃縮咖啡步驟（可溶性咖啡）的美國專利被核發給芝加哥的佐藤加藤，他是芝加哥加藤咖啡公司的讓與人。

1903 年：F・A・哥舒瓦將科菲的可溶性咖啡引進美國咖啡業界，此產品乃是將事先研磨好的烘焙咖啡與糖混合在一起，並使其變為粉末。

1903 年：巴西咖啡豆的過量生產使聖多斯第四類咖啡期貨在紐約交易所的價格降至 3.55 美分，是咖啡有史以來的最低價。

1903 年：紐約的約翰・艾伯克因一臺採用風扇強制「熱火氣」進入烘焙圓筒的咖啡烘焙裝置獲得1項美國專利。

1903 年：紐約的喬治・C・萊斯特因一臺電氣式咖啡烘豆機獲得 1 項美國專利。

1904 年：E. Denekmap博士因一種旨在保存咖啡風味及香氣的松香亮光劑而獲得 1 項美國專利。

1904 年：所謂的「棉花群眾」在 D・J・蘇利的領導下，強迫生豆價格上漲到 11.85 美分，所有紐約咖啡交易所的商業紀錄都因 2 月5日超過百萬袋的銷售而崩盤。

1904 年：紐約 S. Sternau 公司的讓與人Sigmund Sternau、J. P. Steppe，以及 L. Strassberger 因一款滲濾式咖啡壺獲得 1 項美國專利。

1904～1905 年：紐約馬可斯・梅森公司的讓與人道格拉斯・戈登因一臺咖啡碎漿機及一臺咖啡乾燥機獲得美國專利。

1905 年：水牛城的 A. J. Deer 公司（現在位於紐約霍內爾）開始以分期付款的方式，直接對經銷商銷售自家的「皇家」電氣式磨粉機，徹底改革了從前必須透過設備批發商販售咖啡磨粉器的做法。

1905 年：H・L・約翰生獲得了 1 項核發給咖啡磨粉機的美國專利，他的這項專利之後又被讓渡給位於俄亥俄州特洛依的霍博特製造公司。

1905 年：費德利克・A・哥舒瓦引進他的「私人莊園」咖啡濾器，這是一款採用日製

濾紙的過濾裝置。

1905 年：費城的 Finley Acker 因一款採用
「有孔或吸水的紙張」做為過濾材料、且有
側邊過濾功能的滲濾式咖啡壺獲得了 1 項美
國專利。

1905 年：咖啡交易所在奧匈帝國的里雅斯特
開始營運。

1905 年：不來梅的 The Kaffee-Handels
Aktiengesellschaft 因一種將咖啡因由咖啡中去
除的加工步驟而獲得 1 項德國專利。

1906 年：密蘇里州堪薩斯市的 H・D・凱
利因「凱倫姆自動測溫」咖啡甕獲得 1 項美
國專利，此甕採用了一個底層咖啡在以真空
步驟進行滲濾前，會持續被攪動的咖啡萃取
器。隨後還有 16 項專利。

1906 年：一位雙親為英國人、出生於比利時
的美籍化學家 G・華盛頓在暫住瓜地馬拉市
期間，發明精製的可溶性咖啡。

1906 年：韓特利製造公司的讓與人法蘭
克・T・荷姆斯因一項對咖啡烘焙機器的改良
獲得 1 項專利。

1906 年：發明於 1900 年、Moegling 上尉的
電力咖啡烘豆機在德國進行實機展示。

1906 年：聖路易 Essmueller Mill Furnishing
公司的讓與人 Ludwig Schmit 因一臺咖啡烘焙
機獲得 1 項美國專利。

1906 年：首屆巴西咖啡生產州大會在 2 月
29 日於聖保羅陶巴特舉行。

1906～1907 年：巴西的咖啡收成達到破紀
錄的 2190 萬袋，而聖保羅州展開一項穩定咖
啡價格的計畫。

1907 年：純淨食品和藥品法在美國生效，所
有咖啡都有義務正確加以標示。

1907 年：米蘭的 Desiderio Pavoni 因對用來

快速泡製單 1 杯咖啡的 Bezzara 咖啡製備供應
系統所做出的改良而獲得 1 項義大利專利。

1907 年：芝加哥的 P. E. Edthauer（Edthauer
夫人）因一臺雙層自動秤量機獲得 1 項美國
專利，這是第一臺用來秤量咖啡簡單、迅
速、正確，同時價格中庸的機器。

1908 年：約翰・弗雷德里克・梅爾二世博
士、路德維希・羅斯利烏斯，以及卡爾・海
因里希・維莫爾因一種去除咖啡豆中咖啡因
的加工方法獲得1項美國專利。

1908 年：巴西開始在英國藉由發給為宣傳咖
啡之目的而組織起來的英國公司津貼，來進
行咖啡宣傳活動。

1908 年：波多黎各咖啡農向美國國會提交一
份備忘錄，要求所有外來咖啡都享有每磅 6
美分的保護性關稅。

1908 年：巴西政府透過赫爾曼・西爾肯向
英國、德國、法國、比利時，以及美國借貸
7500 萬美金，因此和銀行家建立聯盟，促使
咖啡企業物價穩定措施得以恢復。

1908 年：密西根州巴特爾克里克 J・C・普
林斯為一項設計給零售商店使用的小容量
（50 到 130 磅）瓦斯兼煤炭咖啡烘焙機的波
浪狀圓筒改良取得專利。

1908 年：一臺由開放式穿孔圓筒搭配可彎曲
後頂部及前部平衡軸承構成的伯恩斯烘豆機
改良款獲得1項美國專利。

1908 年：芝加哥的 I・D・里克海姆引進他
的「Tricolator」，這是一款使用日製濾紙的
改良裝置。

1908～1911 年：瓜地馬拉安提瓜的 R. F. E.
O'Krassa 因去殼、清洗、乾燥和分離咖啡的
機器獲得數項英國專利。

1909 年：G・華盛頓精製特調可溶性咖啡被

投放至美國市場。

1909 年：A. J. Deer 公司取得普林斯咖啡烘豆機，並以「皇家」咖啡烘豆機之名重新引進咖啡業界。

1909 年：伯恩斯傾斜式樣品咖啡烘焙機因瓦斯或電力加熱組件而在美國獲得專利。

1909 年：紐約的費德利克‧A‧哥舒瓦因一個配有供重複注水使用離心泵浦的咖啡甕獲得1項美國專利。

1909 年：聖路易的 C‧F‧布蘭克因一個配有過濾袋的陶瓷咖啡壺獲得 2 項美國專利。

1910 年：德國的無咖啡因咖啡首次由紐約的默克公司引進美國咖啡業界，品牌名稱為 Dekafa，後改為 Dekofa。

1910 年：B‧貝利在義大利米蘭出版一部關於咖啡的作品《咖啡館》。

1910 年：紐約霍內爾 A. J. Deer 公司的讓與人法蘭克‧巴爾茲因平面與凹面的咖啡研磨盤——裝備有以同心圓方式排列的傾斜鋸齒，獲得 2 項美國專利，此研磨盤用於電氣式咖啡磨粉機上。

1911 年：給咖啡使用之全纖維、羊皮紙襯裡的「Damptite」罐頭被美國罐頭公司引進。

1911 年：美國的咖啡烘焙師組織了一個全國性協會。

1911 年：巴爾的摩的羅伯特‧塔布特是位於華盛頓 J. E. Baines 的讓與人兼受託管理人，他因一款電氣式咖啡烘豆機獲得了 1 項美國專利。

1911 年：紐約的愛德華‧阿伯恩引進他的「Make-Right」咖啡濾器，並因此濾器獲得 1 項美國專利。

1912 年：瓜地馬拉安提瓜的羅伯特‧E‧O'Krassa 因清洗、乾燥、分離、脫殼以及亮光咖啡的機器獲得 4 項美國專利。

1912 年：聖路易的 C‧F‧布蘭克茶與咖啡公司生產「Magic Cup」，後來被稱為「浮士德可溶」咖啡。

1912 年：美國政府提起訴訟，強迫在美國的咖啡庫存銷售需依據物價穩定措施協議。

1912 年：底特律的約翰‧E‧金因一款採用過濾附加裝置的改良式滲濾咖啡壺獲得 1 項美國專利。

1912 年：依合約交付羅布斯塔咖啡被紐約咖啡與糖交易所禁止。

1913 年：加州洛杉磯的 F‧F‧韋爾完善了一款咖啡製作裝置，此裝置採用了一個可供濾紙鋪設的金屬製有孔夾具，放置於法式滴漏壺的英式陶製改良版咖啡壺的底部。

1913 年：瓜地馬拉市的 F‧倫霍夫‧懷爾德與 E‧T‧卡貝勒斯在比利時布魯塞爾組織了「Société du Café Soluble Belna」，將商品名為「Belna」的精製可溶性咖啡投放到了歐洲市場。

1913 年：俄亥俄州特洛依霍伯特電氣製造公司的讓與人赫伯特‧L‧約翰生因一臺精製咖啡的機器獲得1項美國專利。

1914 年：The Associated Nationale du Commerce des Cafés 在哈佛爾 Place Jules Ferry 五號成立，成立目的是為了保護全法國咖啡貿易的利益。

1914 年：資本額 100 萬美金的 Kaffee Hag 公司在紐約組織成立，目的是繼續在美國以原始德國品牌名稱銷售德國的無咖啡因咖啡。

1914 年：傑貝茲‧伯恩斯父子公司的讓與人，紐約的羅伯特‧伯恩斯因一臺咖啡造粒磨粉機獲得 1 項美國專利。

1914 年：採用改良法式滴漏原理的「Phylax」咖啡濾器由底特律的 Phylax 咖啡濾器公司引進咖啡業界，此公司在 1922 年由賓夕凡尼亞州的 Phylax 公司繼承。

1914 年：首次的全國咖啡週活動在美國由全國咖啡烘焙師協會發起。

1914～1915 年：芝加哥的赫伯特・高特因高特咖啡壺被核發 3 項美國專利，此咖啡壺為全鋁製，分為兩個部分；一部分是採用了法式滴濾原理的可拆卸圓筒，另一部分則是咖啡收集壺。

1915 年：伯恩斯的「Jubilee」內部加熱式瓦斯咖啡烘豆機在美國進行了專利註冊並投放到市場上。

1915 年：全國咖啡烘焙師協會採用了一組以齒輪－棘輪作用原理螺絲的家用咖啡磨粉機被引進業界。

1915 年：第二屆全國咖啡週在美國舉行，由全國咖啡烘焙師協會主辦。

1916 年：Federal Tin 公司開始製造與自動包裝機器使用相關的錫製咖啡容器。

1916 年：密爾瓦基的 National Paper Can 公司將一種供咖啡使用的新型不透氣密封全紙質罐頭引進美國咖啡業界。

1916 年：1 項美國專利被核發給 I・D・里希海姆，因他對自己「Tricolator」進行改良。

1916 年：倫敦的咖啡貿易協會是為了將掮客、商人，以及大盤批發商都囊括在內而成立的。

1916 年：紐約市咖啡交易所更名為紐約咖啡與糖交易所，加入了糖的貿易。

1916 年：紐約 S・布里克曼的讓與人索爾・布里克曼因一項製作並分配咖啡的裝置獲得 1 項美國專利。

1916 年：紐奧良的奧維爾・W・張伯倫因一款自動滴漏咖啡壺獲得 1 項美國專利。

1916 年：印第安納州達靈頓的朱爾斯・勒佩吉因使用切割滾筒對咖啡進行切割（而非研磨或搗碎）而獲得兩項美國專利，後來由芝加哥的 B. F. Gump 公司以「理想」鋼切咖啡磨碎機之名行銷。

1916～1617 年：第一個供咖啡使用的不透氣密封全紙製罐頭被引進美國咖啡業界（由密爾瓦基的 National Paper Can 公司於 1919 年註冊專利）。

1617 年：設在明尼亞波利斯和紐約的貝克進口公司將「Barrington Hall」可溶性咖啡投放至美國市場。

1617 年：紐約的理查・A・格林和威廉・G・伯恩斯是傑貝茲・伯恩斯父子公司的讓與人，因伯恩斯伸縮臂冷卻機（供批量烘焙咖啡用）獲得美國專利，可達範圍內的所有地方皆能連接到冷卻箱，提供最大風扇吸力。

1918 年：密西根州底特律的約翰・E・金因一種咖啡不規律研磨方式獲得 1 項美國專利，產品中包括 10% 粗磨咖啡粉與 90% 細磨咖啡粉。

1918 年：費城的查爾斯・G・海爾斯公司生產海爾斯可溶咖啡。

1918 年：最早的加藤可溶性咖啡推廣者及加藤專利權所有人 L・D・里希海姆組建了美國可溶性咖啡公司，為海外的美國陸軍提供可溶性咖啡的補給；停戰之後，在加藤專利的約束下授權給了其他貿易商，或為貿易商處理他們的自有可溶性咖啡——如果對方願意的話。

1918 年：美國政府將咖啡進口商、掮客、批發商、烘焙商，以及大盤商納入戰時許可證

交易系統中管理，以管控出口及價格。

1918 年：巴西聖保羅州遭受前所未見的霜害，造成咖啡花的嚴重傷害以及後續咖啡豆的減產。

1918～1919 年：美國政府對咖啡的管制造成咖啡在巴西港口堆積了超過 900 萬袋；即便如此，巴西投機商人迫使巴西咖啡評級上升至 75% 到 100%，導致美國貿易商蒙受數百萬美金的損失。

1919 年：Kaffee Hag 公司在外僑財產監管官將公司股票售出 5000 股，而剩餘 5000 股被俄亥俄州克里夫蘭的喬治‧岡德買入後，成為一家美國化公司。

1919 年：賓夕凡尼亞州匹茲堡的威廉‧A‧哈莫爾以及查爾斯‧W‧特里格是密西根州底特律之約翰‧E‧金的讓與人，他們因製作一種新式可溶性咖啡的加工步驟獲得 1 項美國專利。此加工步驟包括讓揮發性的咖啡焦油與凡士林吸收媒材接觸，如此咖啡焦油可保存在其中，直到需要與蒸發的咖啡萃取物結合為止。

1919 年：底特律的佛洛伊德‧W‧羅比森因藉由以微生物處理咖啡生豆，以增加其風味及萃取物價值的陳化方法獲得 1 項美國專利。所得到的產品被稱為熟成咖啡投放至市場上。

1919 年：費城的威廉‧富拉德因一種供烘焙咖啡之用的「加熱新鮮空氣系統」獲得 1 項美國專利。

1919 年：由巴西咖啡農與聯合咖啡貿易宣傳委員會合作的一項百萬美金等級宣傳活動開始在美國進行。

1920 年：第三屆全國咖啡週在美國舉辦，此次的活動是由聯合咖啡貿易宣傳委員會出資贊助。

1920 年：紐約的愛德華‧阿伯恩因一款「Tru-Bru」咖啡壺，即體現改良過後之法式滴濾原理的裝置，獲得 1 項美國專利。

1920 年：紐約的阿爾弗雷多‧M‧薩拉查因一款咖啡甕獲得 1 項美國專利，咖啡在要供應的同時，於此甕內藉由使用蒸氣壓力，迫使熱水通過龍頭上所附加布袋中的咖啡粉製作咖啡。

1920 年：聯合咖啡貿易宣傳委員會在美國展開了一場以冰咖啡為主打特色的活動。

1920 年：麻省理工學院的 S‧C‧普雷斯科特教授在聯合咖啡貿易宣傳委員會的贊助下，開始進行對咖啡性質的科學研究。

1920 年：一個總部設在紐約的全國性大盤與零售咖啡商組織──咖啡俱樂部，為了促進聯合咖啡貿易宣傳委員會的工作而成立。

1920 年：舊金山 M‧J‧布蘭登史坦公司的讓與人威廉‧H‧皮薩尼因包裝烘焙咖啡的真空加工步驟獲得 1 項美國專利。

1920 年：里約熱內盧咖啡交易所舉行了開幕儀式。

1921 年：為促進咖啡的消費，法國成立了 Comité Français du Café。

1921 年：美國農業部化學局裁定，只有種植在爪哇群島的小果咖啡在販售時可以被稱做「爪哇」咖啡。

1921 年：第一批由巴西直接運往波士頓的 2 萬 3000 袋咖啡是由「自由之光」號所負責載運的。

1922 年：聖保羅的立法機關在 Sociedade Promotora da Defeza do Café 的教唆下，通過了一項將咖啡由聖多斯出口的關稅調整至每袋 200 雷亞爾的法案，以繼續在美國進行 3

年咖啡推廣活動。

1922 年：由華特・瓊斯、華萊士・摩利、羅伯特・梅爾，以及 Felix. Coste 組成的外交使節團代表全國咖啡烘焙師協會訪問巴西。

1922 年：威廉・H・烏克爾斯的作品《關於咖啡的一切》是 30 年來第一部關於咖啡的重要著作，於 10 月出版。

1922 年：紐約奧辛寧的路易斯・S・貝克在美國註冊了 1 項兩件式真空型自動咖啡機的專利。

1922 年：荷蘭阿姆斯特丹的亨利・羅斯利烏斯因一項由咖啡中移除咖啡因的加工步驟拿到 1 項美國專利；同時，舊金山的路易斯・安傑爾・羅梅羅為製作咖啡萃取液的步驟註冊了 1 項專利。

1923 年：S・C・普雷斯科特教授進向聯合咖啡貿易推廣委員會提出報告，表示他對咖啡性質的研究顯示，咖啡對絕大多數人來說，是一種合乎身心健康、有益的，且會帶來滿足感的飲料。

1923 年：威廉・H・烏克爾斯因他的著作《關於咖啡的一切》獲得一面由巴西百年博覽會頒發的金牌。

1923 年：義大利政府將咖啡種植引進非洲厄利垂亞。

1923 年：紐約的愛德華・艾伯恩因一款過濾式咖啡壺獲得 1 項美國專利，同時，紐約的艾薩克・D・里希海姆為一款咖啡單杯浸煮器註冊專利。

1924 年：全國咖啡貿易協調會在美國組織成立，目的在將生豆商與咖啡烘焙師納入單一指導組織。

1924 年：聖路易的 Cyrus F. Blanke 在美國註冊了 1 個咖啡壺的專利；紐約的咖啡產品公司則註冊了 1 個製備無咖啡因咖啡豆的加工步驟專利；俄亥俄州特洛依的霍伯特製造公司註冊了一臺咖啡磨豆機的專利；而密西根州馬歇爾的艾伯特・P・葛羅漢斯則註冊了兩款咖啡烘豆機的專利。

1924 年：巴西政府將對咖啡的保護轉移到聖保羅州。

1925 年：紐約咖啡與糖交易所准許水洗羅布斯塔咖啡的交易。

1925 年：紐約的威廉・G・伯恩斯和哈利・羅素・麥柯生是紐約傑貝茲・伯恩斯父子公司的讓與人，他們因一款咖啡烘豆機及卸載烘焙豆的方法獲得 1 項美國專利。同時，同為傑貝茲・伯恩斯父子公司讓與人的理查・A・格林註冊了 1 個可以獨立排空之烘焙圓筒多功能性的專利。

1925 年：麻薩諸塞州莫爾登 Silex 公司的讓與人，威廉・A・藍姆在美國註冊一款咖啡機和加熱裝置的專利；英國倫敦的恩尼斯特・H・史提爾註冊的是一款供咖啡使用的加壓式浸煮器的專利；而紐澤西菲利普斯堡的喬治・H・皮爾則是註冊了一款裝配有棉繩與標籤的滲濾式咖啡浸煮器之專利。

1925 年：一個由貝倫特・弗瑞爾、F. J. Ach，以及 Felix Coste 組成的美國咖啡人代表團，為了安排重新在美國進行咖啡廣告宣傳而訪問巴西。

1926 年：聖保羅州在倫敦籌資 1000 萬英鎊貸款。

1926 年：《茶與咖啡貿易期刊》以特刊（9月號）方式慶祝發行 25 週年。

1927 年：為促進巴西與美國間的商業關係而成立了美國－巴西關係協會。

1927 年：巴西慶祝引進咖啡種植的第 200 年

紀念。

1927 年：傑貝茲・伯恩斯父子公司的讓與人 J・L・柯普夫註冊了一種與咖啡造粒方法有關的專利。

1927 年：普羅維登斯的 Gorham 製造公司在美國註冊了一款電氣式滲濾壺的專利；瑞士的 Fritz Kündig 註冊了製作無咖啡因咖啡的加工步驟專利；紐約的司洛斯完美咖啡製造者公司註冊了 1 個複合式咖啡甕的專利；德拉維爾的 Compact Coffee 企業則是註冊了一款咖啡塊的專利。

1928 年：紐約的艾薩克・D・里希海姆因一個非噴灑式咖啡壺壺嘴獲得 1 項美國專利；洛杉磯的查爾斯・E・佩吉因一款滴漏壺獲得專利；而紐約的亞伯特・W・梅爾是因一款單杯咖啡機獲得專利。

1929 年：巴西－美國咖啡推廣委員會在紐約成立，旨在推廣巴西咖啡在美國的銷售。委員會是由法蘭克・C・羅素擔任主席；Sebastião Sampaio 博士擔任副主席；還有伯倫特・弗瑞爾、R・W・馬克里里、約翰・M・漢考克，及 Felic Coste 等其他成員組成。

1929 年：紐約布羅克頓的韓特利製造公司因改良式三滾筒咖啡研磨機而獲得了 1 項美國專利。

1929 年：法屬西非種植第一批咖啡。

1929 年：紐約羅徹斯特 Robeson Rochester 股份有限公司的讓與人蘭威廉・A・藍金因改良的滲濾式咖啡壺被核發 1 項美國專利，同時，同一家公司的另一位讓與人弗雷德里克・J・克羅斯則被核發一項電氣式滲濾咖啡壺底座的專利；芝加哥 B. F. Gump 公司的讓與人威廉・M・威廉斯獲得一臺造粒機的專

利；而西雅圖的約翰・N・蕭則因改良式咖啡甕獲得專利。

1930 年：紐約的愛德華・阿伯恩因一款滴漏壺獲得 1 項美國專利；俄亥俄州馬西隆的理查・F・克羅斯因一臺滴漏咖啡機獲得專利；義大利的安傑羅・托利那尼因改良式「快速」咖啡濾器獲得專利；以及紐約的艾薩克・D・里希海姆，因為替自己的「Tricolator」咖啡壺設計的改良式咖啡支撐架獲得專利。

1931 年：俄亥俄州春田市的鮑爾兄弟公司註冊了一臺咖啡研磨磨粉機的1項美國專利；紐約的艾薩克・D・里希海姆因一款改良式咖啡滲濾壺而獲得專利；鮑爾兄弟公司的讓與人 Richard S. Iglehart 註冊了一臺咖啡磨粉機的專利；以及紐約的亞伯特・W・梅爾，註冊了專為咖啡壺設計的滲濾式咖啡儲存器之專利。

1931 年：國際咖啡代表大會在巴西聖保羅市召開。會議中建議成立作物控管、宣傳活動等方面的合作社，以及一個國際性的咖啡辦事處，但並未達成任何實質的成果。

1931 年：美國物價平穩法人（聯邦農場委員會）以 2500 萬蒲式耳小麥以物易物交換了 105 萬袋巴西咖啡，引發對政府與私人企業爭利的抗議。

1931 年：在全國咖啡師協會大會上，為能代表所有美國咖啡同業的目標，制訂了發展「更大且更好」協會的計畫。

1932 年：美國咖啡工業聯合會接替了全國咖啡烘焙師協會及全國咖啡貿易協調會的角色，聯合會中包括了生咖啡、連鎖商店，以及物流等行業，當然還有咖啡烘焙。

1932 年：紐約咖啡與糖交易所以在華爾道夫

飯店舉辦紀念晚會及發行《茶與咖啡貿易期刊》特刊（3 月號）的方式慶祝其成立十五週年

1932 年：一份每年經費達 100 萬美金的巴西咖啡美國廣告宣傳 3 年合約在由巴西全國咖啡協調會簽署時公布。

1932 年：紐約布羅克頓的韓特利製造公司因一款改良式咖啡研磨機而獲得了 1 項美國專利。

1932 年：傑貝茲・伯恩斯父子公司讓與人威廉・G・伯恩斯和理查・A・格林獲得一項咖啡攪拌冷卻機的美國專利。此外，傑貝茲・伯恩斯父子公司讓與人喬治・C・赫茲則獲得一臺將石頭等雜物由咖啡中去除之氣動分離器的專利。

1932 年：Landers, Frary & Clark公司讓與人約瑟夫・F・藍伯獲得一款自熱式滲濾咖啡壺的專利；俄亥俄州馬西隆的理查・F・克羅斯獲得滴漏咖啡機的專利；而芝加哥 B. F. Gump 公司讓與人尤金・G・貝瑞與何瑞斯・G・伍德海德則獲得一款咖啡切割磨粉機的專利。

1933 年：巴西全國咖啡協調會遭到廢除，全國咖啡部取代了它的位置。巴西咖啡在美國可能存在的任何廣告宣傳活動計畫都遭到了擱置。

1933 年：東非的肯亞咖啡理事會成立，總部設在奈洛比。

1933 年：巴西對海外咖啡買家提供了 10% 的特別補助，但隨後又很快因業界的反對而撤銷。

1933 年：由璜安・艾伯托上尉、弗雷德利戈・考克斯先生，以及阿弗列德・里納利斯先生組成的外交使節團為了在芝加哥世界博覽會中安排巴西咖啡的展示，並探討巴西咖啡廣告宣傳在美國重新開始的可能性而訪問美國。

1933 年：為了合作行銷他們的咖啡，烏干達咖啡農組成烏干達咖啡銷售合作社，總部設在坎帕拉。

1933 年：位於紐約康寧、康寧玻璃製品公司的讓與人哈利・C・貝茲在美國註冊 1 項全玻璃滲濾式咖啡壺的專利；舊金山 Geo. W. Caswell 有限公司讓與人約瑟夫・F・昆恩因一種烘焙咖啡的步驟獲得專利；俄亥俄州伍斯特的 Buckeye 鋁業公司讓與人柯克・E・波特因一款滴漏咖啡機獲得專利；康乃狄克州新不列顛 Landers, Frary & Clark 公司的讓與人約瑟夫・F・藍伯獲得一款電氣式滲濾咖啡壺的專利；賓夕凡尼亞州沙勒羅伊馬克白－伊凡斯玻璃公司的讓與人雷蒙・W・凱爾及查爾斯・D・巴斯因一臺真空式咖啡機獲得專利；還有俄亥俄州特洛依比玻璃製造公司的讓與人亞瑟・D・納許因一款玻璃咖啡壺獲得專利。

1934 年：針對美國咖啡工業的公平競爭法規在全國工業復興法之下訂立。

1934 年：因巴西全國咖啡部的邀請，代表美國咖啡貿易業界的代表團訪問了巴西，並在 3 週的時間內參訪咖啡產區及重要的咖啡貿易城市。

1934 年：布魯克林的美國咖啡合作社讓與人愛德華・J・鄧特，因一種烘焙方法獲得1項美國專利；芝加哥 Batian Blessing 有限公司讓與人厄爾・M・埃弗萊斯獲得 1 項咖啡甕的專利；俄亥俄州馬西隆的 Enterprise 鋁業有限公司讓與人艾伯特・C・威爾考克斯因一臺自動電氣式滴漏咖啡機而獲得專利；紐約

的艾薩克‧D‧里希海姆則因咖啡固定器及灑水器獲得專利；哈特福 Silex 公司的讓與人法蘭克‧E‧沃考特獲得一臺真空型咖啡機的專利；紐約美國咖啡合作社的讓與人愛德華‧J‧鄧特獲得 1 項烘焙裝置的專利；芝加哥 B. F. Gump 公司讓與人何瑞斯‧G‧伍德海德獲得了一臺咖啡造粒機的專利；匹茲堡馬克白－伊凡斯玻璃公司讓與人喬治‧D‧馬克白獲得 1 項真空型咖啡機的專利；哈特福Silex公司的讓與人法蘭克‧E‧沃考特獲得一臺真空型咖啡機的專利；還有巴特爾克里

克的家樂氏有限公司讓與人哈洛德‧K‧懷爾德因去除咖啡豆中咖啡因的加工技術而獲得專利。

1935 年：紐約傑貝茲‧伯恩斯父子公司的讓與人 J‧L‧柯普夫及萊斯利‧貝克因一種新式咖啡烘焙法獲得 1 項美國專利。

1935 年：隨著 NRA 的解體，美國聯合咖啡工業公司在於芝加哥召開的年會中採行了公平執業法規。